2022

管理資訊系統

Management Information Systems

推薦序

　　很高興能夠有這個機會，推薦這本由國立臺中教育大學管理學院朱海成特聘教授撰寫有關資訊管理之專業教科書。朱海成特聘教授之前任教於東海大學EMBA，教授資訊管理相關課程連續 8 年，深獲學生熱烈回響。朱海成教授此次之新書不但內容新穎，而且與業界知識緊密結合，是一本難能可貴的關資訊管理專業教材。

　　朱海成特聘教授也在國立臺中教育大學管理學院 EMBA 開設相關課程，曾公費赴美國哈佛大學商學院進修(Harvard University - Business School/PCMPCL V Graduated)，為哈佛大學商學院在臺灣個案教學種子教師。朱海成特聘教授在國立臺中教育大學主政國際暨兩岸交流，超過 10 餘年，足跡遍及全球，國際暨兩岸事務交流經驗，更反映出本書之國際視野深度與廣度。

　　相信此書之更新再版，與時俱進之 ICT 實務知識，必如往常讓學生與企業經營管理者，在資訊管理方面，有滿滿之收穫！

　　這是市面上難得一見的好書，我強力推薦本書！

張國雄 教授
前東海大學 EMBA 執行長

AUTHOR

作者簡介

學歷

- 美國紐約州立大學(SUNY Binghamton University)系統科學與工業工程博士
- 美國紐約州立大學(SUNY Binghamton University)電腦科學碩士
- 東海大學資訊科學系學士

現職

- 國立臺中教育大學【研發長兼國際長】Since 2003
- 國立臺中教育大學管理學院/EMBA 國際企業學系/特聘教授
- 副編輯(Associate Editor)：Security and Communication Networks (ISSN: 1939-0122) (SCI)。

經歷

- 考試院高階文官培訓飛躍方案 105 年訓練-決策發展訓練(STD)結業，以國家高階文官訪問團團員身份，一同前往比利時聯邦行政訓練學院交流，並促進臺灣與比利時外交間關係(2016)
- 公費赴美國哈佛大學商學院進修(Harvard University - Business School/ PCMPCL V Graduated) (2007), MA, USA。為哈佛大學商學院在臺灣個案教學種子教師
- 加拿大 UNBC 管理學院教師
- 美國 NYIT 在臺灣認證教師
- 中國鄭卅大學西亞斯國際學院每年定期公開演講
- 東海大學/逢甲大學國際經營與貿易系副教授
- 東海大學高階經營人員研究專班班主任
- 經濟部工業局 94 年度物流體系 e 化專案審察委員
- 90~92 年度經濟部中小企業處認證之資訊管理諮詢輔導師
- 股票上市公司-久大資訊(3085)電子商務首席顧問/企業輔導
- e 天下雜誌專訪並邀約演講-企業資訊安全
- 天下趨勢電子商務 e-learning (電子商務課程)臺灣區主持人
- 美國紐約 Cheyenne Software Inc. (NASDAQ 上市公司)資深軟體系統工程師

- 全球頂尖備份軟體 ARCServe 中 Alert 系統程式設計者(在美國代表作)
- 美國紐約州立大學(Binghamton University)教學助教、研究助理
- 臺灣評鑑協會訪視委員
- 國立臺中教育 109 年度教學優良教師

官方重要活動

- 講題：【資訊安全與知識管理】2004 財政部中區國稅局
- 講題：【資訊管理與企業 e 化】- 91 年度(2002)行政院僑務委員會北美洲僑營事業經營輔導巡迴服務團特聘講座：09/14~09/15 加拿大多倫多 09/17~09/18 加拿大溫哥華 09/20~09/21 美國西雅圖
- 講題：【知識經濟新興產業與技術展】，經濟部中區辦公室，07/16/2001
- 講題：【The Integration of E-Business(EB) and Information Technology (IT)：New Millennium's Strategy】，11/03，1999，台中，經濟部技術處
- 講題：【數位神經系統在外交及外貿上的運用】，外交部大禮堂，09/30，1999
- 出訪略記：拜訪日本(京都、大阪、東京、廣島)、韓國(首爾市、光州市)、印尼(雅加達市、泗水市)、馬來西亞(吉隆坡市、沙拉越、沙巴)、寮國(永珍市、龍坡邦)、柬埔寨(金邊市)、泰國(曼谷、孔敬)、越南(河內、胡志明市、芽莊、海防)、菲律賓(馬尼拉)、緬甸(仰光、曼德勒)、丹麥(哥本哈根)、瑞典(馬爾默)、俄羅斯(莫斯科、聖彼得堡、海參崴)、英國(倫敦、OXFORD 校長室)、法國(巴黎、University of Burgundy 校長室)、荷蘭(阿姆斯特丹、奈梅亨 Radboud University 校長室)、瑞士(日內瓦)、德國(柏林)、比利時(布魯塞爾、布魯日、安特惠普、根特)、奧地利(維也納)、捷克(布拉格)、西班牙(塞維亞)、美國(UCLA、BYU、NYIT、NJIT、Kent State University、Ashland 校長室)、加拿大(溫哥華 Royal Roads University、甘露 Thompson River University 校長室)、中國(哈爾濱市、長春市、大連市、瀋陽、北京市、上海市、長熟市、杭州市、鄭州市、新鎮市、福州市、廈門市、泉州市、漳州市、武漢市、長沙市、襄陽市、廣州市、湛江市、西安市，湘潭市、香港、澳門等)、蒙古國(烏蘭巴托市)，與當地教育、商務組織交流密切。

相關著作

- 系統分析與設計 / 管理資訊系統 / 電子商務 / 全球運籌管理 / 商業自動化 / 商用英文寫作

作者序

　　感謝全國各大專院校，教授管理資訊系統的老師們，在過去的支持，採用本人所編輯的系列叢書，而《管理資訊系統》一書經過多次的更新，提供商管學院之相關教授，作為選擇教科書的參考，而此次更新版之主旨在於使用更簡單、更清晰以及更容易了解的專業術語，來協助同學們學習管理資訊系統。本教材採哈佛大學商學院個案教學模式，適合商管學院教授進行哈佛大學個案教學，本人為公費於美國哈佛大學商學院受訓，成為在臺灣之哈佛大學商學院種子教師。

　　市面上的管理資訊系統書籍很多，有些流於冗長之理論敘述，甚至無法趕上時代的需求。因此本書持續與時俱進改版，加入最新的資訊通訊科技(Information Communication Technology, ICT)相關知識，讓學生在學習後，能夠與公司實務運作快速接軌。

　　此書改版，加入了最新的 ICT 元素，讓學生能在未來能在企業工作可快速上手，同時本書撰寫方式，可提升學生在資訊管理方面之思辨判斷的能力。與「管理資訊系統」相關之延伸熱門議題如 Mobile Commerce、Web 3.0、RFID、5G、6G、IoT、SaaS、O2O、Big Data、Alibaba、Information Security、Spiral Marketing、Artifical Intelligence，循環經濟(Circular Economy)、企業社會責任(Corporate Social Responsibility, CSR)、永續發展目標(Sustainable Development Goals, SDGs)、元宇宙(Metaverse)也都在本書中一一呈現，新穎度極高。

　　書中，也專章介紹 ERP、KM、SCM、CRM、大數據、BI、Data Warehousing、Data Mining、e-Marketplace、e-Marketing、工業 4.0/工業 5.0、跨境電商(Cross-Border e-Commerce)、特斯拉(Tesla)level 5 電動車、工智慧物聯網(Artificial IoT, AIoT)與 5G/6G 的結合、在家工作(Work From Home, WFH)、智慧遠距醫療(Telemedicine)、智慧家居、智慧物流、智慧農業、愛沙尼亞小型機器人社區住宅點餐配送、Amazon 創辦人傑夫/貝佐斯(Jeff Bezos)轉型成藍色起源(Blue Origin)太空旅遊...等熱門議題。

　　對於本書之更新再版，要感謝國立臺中教育大學，提供本人完善之教學、研究環境。在此也感謝台北碁峰資訊之全力協助，以及採用前幾版的各大專院校之教授們採用本書，一路走來，始終如一，在此深表謝意。

朱海成 特聘教授

(企業 e 化實務首席顧問、美國哈佛大學商學院 PCMPCL V 結業)

e-mail：ayura66@gmail.com

目錄

Chapter 1 數位時代的氛圍

Chapter 2 管理資訊系統基本理論與實務

Chapter 3 資訊通信科技與資料庫

Chapter 4 電子商務與跨境電商

Chapter 5 網路採購

Chapter 6 知識經濟與大數據

Chapter 7　企業資源規劃

Chapter 8　供應鏈管理

Chapter 9　客戶關係管理

Chapter 10 剖析管理資訊系統之資訊安全

Chapter 11 工業 4.0、工業 5.0

數位時代的氛圍

1

本章學習重點

- 數位時代、數位經濟時代的來臨
- 資訊系統之定義
- 無所不在網路與電子商務
- 無所不在運算（Ubiquitous Computing）環境
- Web 1.0~Web 3.0
- 元宇宙（Metaverse）的興起

1-1 數位時代的來臨

1.1.1 資料與資訊

- **資料（Data）**：是構成資訊的原始材料（Raw Material），表示資料尚未經過處理，是用來說明事實、觀念、或事件。它可能是數字、文字、符號、訊號、聲音、影像等屬性或特性。資料是組織（Organization）中極為重要的資源。因此，資料的管理及處理，可以使組織得到利益。

- **資訊（Information）**：是將資料加以分析、處理，使之成為有意義（Meaningful）的訊息。換而言之，資料為資訊的元素，而經由處理分析後的資料，方可成為資訊。正如相關學者們，對資訊所提出的定義為：「資訊是經過記錄（Recorded）、分類（Classified）、組織（Organized）、解釋（Explained）與關聯（Associated）的資料，而且就某一個論點之下，具有其意義。」

- **資料處理**（Data Processing, DP）：是利用人力或機器，將蒐集到的資料，加以有系統的處理，其過程有：分類（Classify）、合併（Merge）、排序（Sort）、更新（Update）、摘要（Summarize）、計算（Calculate）、傳送（Transmit）、編輯（Edit）等，使資料成為較有義意與利用價值的資訊。其目的是，從一大堆資料裡，以最短的時間，依上述方法整理，如圖 1-1。

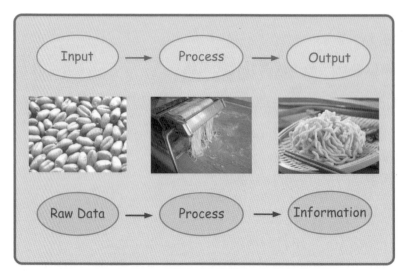

圖 1-1　將資料加以處理，使之成為有意義的訊息。

接下來，我們舉例說明資料與資訊之關係。例如：台北今天天氣 32 度，那麼 32 度為一資料。如果，能將台北與其他縣市的天氣做比較，假設台中 30 度、高雄 31 度、花蓮 29 度，且全省當天平均氣溫為 30.5 度，那麼台北的天氣，和高雄比較起來，較為炎熱，但是，當日均溫為 30.3 度，還算稍微舒適，在相互比較下，均溫為 30.5 度，這就是一種資訊（Information）。

1.1.2　資料處理之作業方式

- **記錄**（Record）：包含記錄的資料種類、數量項目、要求之格式以及登錄至儲存媒體中。例如：資料庫之寫入動作。

- **輸入**（Input）：將所蒐集並記錄好的資料，輸入資料處理的設備中，包含傳輸（Transmit）及轉換（Transform）等兩個步驟。例如：鍵盤輸入、智慧型手機掃描 QR Code。

- **分類**（Classify）：將所有的資料分為各種不同的類別，以方便處理。例如：資料庫分類。

- **排序**（Sort）：將所有資料，加以重新排列組合，而此一特定值，我們通常稱之為主鍵值（Primary Key）。主鍵值，具備搜尋任何一筆資料之唯一性（Uniqueness），而結果輸出可按升冪或降冪之順序，例如：電子商務購物網站商品之出現順序。

- **搜尋**（Search）：依據某一項特定值，例如：主鍵值（Primary Key），去尋找資料庫中，符合該項需求的資料。例如：Google 上網資料查詢。

- **合併整合**（Merge & Integrate）：將已經處理過的數組資料，存放在一起，並加以重新整理，產生另一組新的資料。例如：資料庫合併。

- **更新**（Update）：對已處理過之資料，進行新增（Add）、插入（Insert）、刪除（Delete）或更改（Modify）資料。例如：資料庫中任何一筆資料之運作。

- **對照**（Collate）：比較多組類似的資料，並加以檢查錯誤，或找出相同或相似之處。例如：線上購物之比較。

- **計算**（Calculate）：利用數學公式，對資料內容，加以運算處理。例如：求平均值。

- **總計**（Summarize）：對於所蒐集之資料，加以統計、分析。例如：銷售總和。

- **儲存**（Store）：儲存處理後之資料，以便於日後查詢、更新及處理。例如：資料庫儲存與備份（Back Up）。

- **輸出**（Output）：將處理過後的資料，提供使用者參考運用。例如：遠端備份、e-mail 傳遞、上網分享、列印等運作。

- **轉換**（Transform）**與編輯**（Edit）：所謂轉換，就是將存在於某種媒體上的資料，經過電腦轉存至另一個儲存媒體上，同時對於輸入資料，進行檢查，其目的在於改變資料的儲存型式和存取效率，以便於後續作業之處理。例如：將藍光影片（Blu-ray）轉換成 AVI、mp4 等檔案格式，並加以旁白或標題，成為個人化數位資料。

1.1.3　資訊之相關性、完整性、正確性

　　一般而言，並非所有經過整理的資料，都可以成為有利用價值的資訊。因此，資訊的品質就變得非常重要。至於資訊的可使用價值，可以從下列幾點來看：

- **相關性的**（Relevant）：資訊對於整個事件的相關性，必須滿足使用者需求。例如：在歐洲，有一架輕型飛機的駕駛者，因為暴風雨的關係，在飛行的途中，被迫降落在當地的平坦麥田中，碰巧遇到一個農夫，並向他詢問：「這裡是什麼地方？」，而農夫回答：「這是麥田」，雖然此地真的是「麥田」，但是對迷路的冒險家而言，卻是毫無相關性，他所想要知道的是什麼城市，「麥田」這個資訊這位冒險家而言，是沒有用的資訊。

- **完整性的**（Complete）：所得到的資訊來源，必須是整體考量，而且具完整性，這樣的資訊才會有義意。例如：瞎子摸象的經典故事，每位參與者，從事件狹隘的角度，來傳遞所收集的資訊。結果所得到的資訊，很容易造成有所偏差、不客觀，這種資訊偏差，嚴重的話，可能會導致整個管理決策者考量錯誤，對組織企業造成無法彌補的損失。

- **正確性的**（Accurate）：在收集資料或資訊的過程中，必需考量這些資訊是否正確、是否為最新的資訊，否則這些資訊，對組織或企業而言是毫無任何意義的。

- **即時性的**（Current）：資訊的收集、整理、分析，要快速而有效率，因為資料的時效性，是非常重要的。

- **經濟性的**（Economical）：資訊的取得是要符合成本效益的，如果市場上的總產值為二億元台幣，為了分析市場的結構及接受程度，卻花了近三億元的代價，對組織企業而言，是不符合成本的。

　　如果一個組織企業花了許多成本，包含了人力、物力、時間，結果得到的是一個很平凡的資訊（Mediocre Information），那麼成本的浪費，對組織而言是一種傷害，因為競爭對手是不會等待、亦不會手下留情的。

1-2 資訊系統之定義

1.2.1　資訊系統之定義

　　資訊系統是由人力資源、相關軟體、硬體及資料，這些元素所組成，並完成輸入（Input）、處理（Process）、輸出（Output）、儲存（Store）、回饋（Feedback）

和控制（Control）等活動，並將處理的資料轉換成為資訊產品。其中，人力資源（Human Resource），包括了終端使用者（End User）與資訊系統的專家。硬體資源，則包含了電腦與周邊設備。而軟體資源，包含了應用程式與程序作業。資料資源，包含了資料庫（Database）與知識庫（Knowledge Base），並配合軟、硬體資源。例如：電腦網路、網路周邊設備，資訊經由處理程序，轉換成為資訊，並輸出以供使用者利用。

而簡單的說，資訊系統就是運用資訊通訊科技（Information Communication Technology, ICT），且配合軟體系統，執行具有共同目標的統稱。例如：自動櫃員機（Automatic Teller Machine, ATM），當人們在提款時，插入提款卡及輸入密碼，就是輸入的動作；而輸入資料的判讀、查詢確認處理、帳款的結餘，即是一種處理，而送出紙鈔及明細表，就是一種輸出。

1.2.2　資訊系統的類型

資訊系統的類型，大致上可以依組織企業的作業與管理上的不同，而分為二個類型：管理支援系統（Management Support System）、作業支援系統（Operational Support System）。如圖 1-2 所示，為資訊系統的分類。

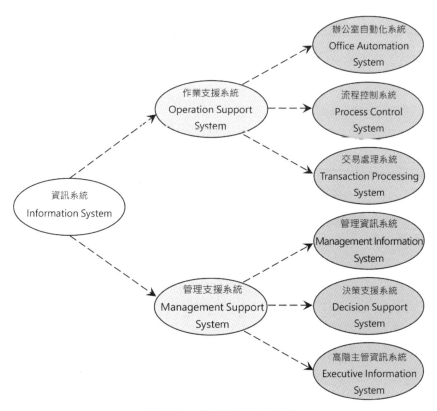

圖 1-2　資訊系統的分類

　　管理支援系統中，包含了管理資訊系統（Management Information System, MIS）、決策支援系統（Decision Support System, DSS）、高階主管資訊系統（Executive Information System, EIS）或稱之為高階主管支援系統（Executive Support System, ESS）。

　　作業支援系統（Operation Support System）包含了交易處理系統（Transaction Processing System, TPS）、流程控制系統（Process Control System）、辦公室自動化系統（Office Automation System, OAS）。

　　在相關的文獻中更指出，TPS、MIS、DSS、ESS 在組織企業中，有密切之關係。TPS 可以稱得上是最基本的資料運作基礎，舉凡資料之輸入、儲存、報表產生，完全依賴 TPS 的正常運作，如果 TPS 發生運作中止，那麼組織企業幾乎就沒有任何資訊運作可言。TPS 的基本運作有人戲稱為「Garbage-in / Garbage-out」，換言之，TPS 並沒有提供給系統使用者任何的建議，相對地，一旦有了 TPS 的正常運作，MIS 就可以在其上方架構起來，提供系統使用者建議與諮詢，也方便系統使用者擷取資訊。

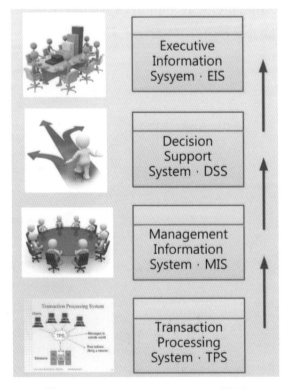

圖 1-3　TPS、MIS、DSS 之關係

在另一方面，如果有了 TPS、MIS 的正常運作，就可以協助 DSS 的運作架構成功。換句話說，DSS 可以一方面直接擷取 TPS 的交易資料，也可以參考 MIS 所提供的資訊，進而協助組織企業之中的高階主管進行決策的判斷。

你如果 TPS、MIS、DSS 正常運作，組織企業內的最高核心成員，例如：董事會成員，可以透過 ESS 進行決策判斷。也就是說 ESS 是架構在 TPS、MIS、DSS 之上，透過 Web-Based 運作機制，在中國工廠運作的 TPS，可以提供給當地的幹部，進行資訊擷取功能，而在臺灣的中高階主管，則可以透過 DSS 來進行決策的判斷，遠在歐洲開會的董事會成員，則可以在任何時間，透過 ESS 來進行重大決策的考慮。如圖 1-3 所示，就是以上敘述最好的詮釋。

1.2.3　資訊系統在商業界應用

資訊通訊技科（Information Communication Technology, ICT）日新月異，進步的腳步神速，短短幾年的演變，有如指數型的發展，在商業界的應用，更是普及。例如：會計資訊系統（Accounting Information System）、財務金融資訊系統（Finance Information System）、行銷資訊系統（Marketing Information System），以及在人力資源（Human Resource）方面的即時請假系統；在生產線上的排程（Scheduling）控制系統，以及電子化供應鏈管理（Electronic Supply Chain Management）等，在未來，產業界會運用資訊科技發展出更新的應用程式（Application Program），這些系統，都是資訊系統的應用。

當企業在推行資訊化的過程中，一定會面臨工作流程的改進，及人力的重新調配。例如：公文檔催、電子化採購（e-procurement）。若更進一步全面地進行企業流程再造（Business Process Reengineering, BPR）、供應鏈規劃（Supply Chain Planning, SCP），並且導入企業資源規劃（Enterprise Resource Planning, ERP），都必需先改善舊有之工作流程。因此，企業在導入資訊化時同時，亦是企業進行流程改造、重新評估現有流程的最佳時刻。一般而言，企業流程再造，意謂著組織企業需要將現有的作業流程加以簡化，來提升作業績效。企業流程再造，並不是一定要使用資訊科技，但是如果適當地運用資訊科技，則可以使企業流程再造如虎添翼。

1-3 無所不在網路（Ubiquitous Networks）與 電子商務（ElectronicCommerce）

1.3.1   網際網路的來源簡介

網際網路（Internet）的重要技術為 TCP/IP（Transmission Control Protocol/Internet Protocol），起源於美國國防部早在 30 多年前所發展的 ARPANET（Advanced Research Projects Agency Net），當時主要是用於連結國防軍事、學術研究單位之專家學者，而如今運用在網際網路上，連結了全世界數以百萬計的個別網路。因此，創造了無限的商機，而 Internet 事實上包含了早期文字模式的 Telnet、Gopher 及 www（World Wide Web，全球資訊網路），如圖 1-4 所示。而 www 自 1995 年末開始在商業界普及，但今日人們已經將 internet 與 www 混合一起，不太區分名詞的差異性。

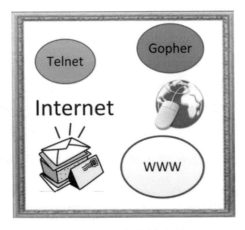

圖 1-4   Internet 事實上包含了早期文字模式的 Telnet、Gopher 及 www

綜觀過去歷史，從 1998 年迄今，由網際網路服務提供者（Internet Service Provider, ISP）→網際網路內容提供者（Internet Content Provider, ICP）→應用程式服務提供者（Application Service Provider, ASP）→軟體即服務（Software as a Service, SaaS），造就了無數年輕創業家（Entrepreneur）的夢想。

1.3.2   ISP（Internet Service Provider, 網際網路服務提供者）

網際網路服務提供者（Internet Service Provider, ISP）就是可以提供使用者連上 Internet 及各種網路服務的供應商。提供專線（Leased Line）、xDSL、無線寬頻方式上網（例如：WiFi、5G/6G），但無論使用者是用何種方法連接上網，都須經由該網路公司的伺服器主機（Server）連接。像臺灣的中華電信、遠傳電信、臺灣

之星、亞太電信等等,都是屬於 ISP 服務公司,但由於企業以多角化經營,目前大多數的 ISP 網路公司均會增加服務項目,以符合大眾的需求,並藉以提升競爭力。最明顯的例子就是手機 1 元,搭配 2 年資費方案,讓消費者衝動下訂,進而遭綁約 2 年,後悔不已。如此一來,ISP 業者穩賺不賠。

1.3.3　ICP（Internet Content Provider, 網際網路內容提供者）

由於 ISP 的興起,使得網際網路使用的人口大量劇增,無形中開創了無限的網路商機,因為上網人口增加,使得網站上的內容更加重要。因此網際網路內容提供者（Internet Content Provider, ICP）提供了使用者上網時,可以看到的數位內容（Digital Content）,協助公司企業網頁內容的設計,以增加網頁的可看性及實用性,進而吸引網友目光,以達到廣告的效果。例如:momo 購物網,如圖 1-5 所示,提供 24 小時內,宅配到府之線上購物。

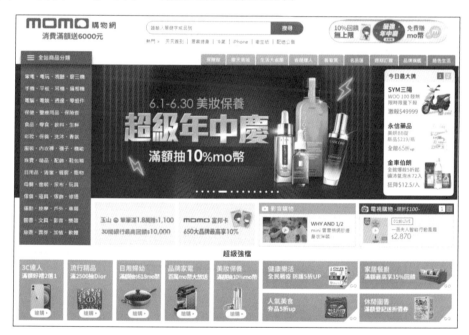

圖 1-5　momo 購物網
(資料來源:https://www.momoshop.com.tw/)

ICP 大部份是以提供搜尋引擎、最新消息、網路分類索引的功能為主,以廣告收入為其主要營運來源,其目標是成為入口網站（Portal）,且不斷地增加許多的免費服務,例如:超大電子郵件信箱、通訊錄、行事曆、還有雲端硬碟及網頁空間,讓網友免費使用。

1.3.4 ASP（Application Services Provider, 應用服務提供者）- 雲端運算模式

　　應用服務提供者（Application Service Provider, ASP）可以說是 e 世紀、e 企業之超級大管家，就是透過網際網路，提供應用程式服務的供應商，就個人或企業而言，可以經由網際網路，接受軟體解決方案提供者（Software Solution Provider）提供的服務而使用應用程式，或是直接在 ASP 提供的伺服器中運算處理，使用者不需要自行購置或安裝軟體於企業內部主機，可以採用軟、硬體之租賃模式，同時可以透過 Web-Based 的應用程式執行該商務軟體，用多少，繳多少，如同使用水電之概念，上網就可以直接使用供應商所提供之應用軟體，並將資料存放於 ASP 的儲存裝置內，ASP 之商業模式（Business Model）是整合當下電子商務相關軟、硬體及服務的供應商。

　　因此，公司企業中，只要具有可上網的電腦，就可以節省軟體版權及昂貴的主機、儲存備設，並且不需擔心主機一旦年代久遠，需花費大量資金，以更新設備的問題，也不用花費大量資金成立資訊中心，及太多的資訊人力成本。

　　ASP 除了能夠提供企業或個人客戶所需的資訊應用服務，使企業不必自行開發（In-House），更不用購買專屬軟體之外，只要付租金，就可以委託全世界最好的軟體公司來幫忙管理公司的大小事務，例如：會計、薪資、採購、人事等軟體系統。經由網路，ASP 業者與企業客戶的連結，形成了公司的「虛擬機房」，並提供相關的技術服務人員。

　　雖然，企業在執行上，有一些安全及道德上的考量。例如：客戶們的極高度商業機密，都在 ASP 業者的機房中，而如今，相關業者也紛紛投入 ASP 產業。ASP 的重點不在於技術，而是在於創新的商業模式，凡是透過網路，提供服務的生意模式，都可以泛稱為 ASP。ASP 的商務模式，正好能夠整合相關軟、硬體及服務的廠商，並且利用網際網路作為通路，提供電子商務相關企業，一條便宜快速的捷徑，沒有地理位置或距離上之考量。而相關軟、硬體可採租賃服務，用多少，付多少，不用一次買斷，也大大地降低經營電子商務的門檻需求。ASP 的商務模式，就是現在所說的雲端運算（Cloud Computing），換句話說，組織企業所需要的應用程式，可以不需要透過組織企業內程式的運算，直接透過網路在雲端上面來執行，結果再傳回到組織企業使用者端，達到無所不在的網路運算（Ubiquitous Computing）。

　　ASP 在.COM 泡沫後，改以軟體即服務（Software as a Service, SaaS）名稱重新出發。SaaS 是雲端運算三大模式之一，乃將傳統必須自行在本地伺服器

（Local Server）安裝、執行、維護軟體的慣用模式，改而透過在遠端資料中心安裝、執行、維護軟體，再以瀏覽器（Browser）接取使用的軟體遞送模式（Delivery Model）。而大數據（Big Data）又是當下超級熱門之研究議題。就實際部署而言，相關軟體業者直接採用套裝軟體（Suite Software），此一模式，應是目前成熟度較高的運作方式。而在雲端架構下的主機代管（Co-Locatoin）與軟體即服務（SaaS），則正在快速成長當中。

1.3.5　電子商務（Electronic Commerce, EC）

　　所謂電子商務，簡單地說，是透過數位媒體（Digital Media）藉由無所不在運算（Ubiquitous Computing）環境，進行買或賣產品、資訊、服務的商業行為，主要存在於 Business 與 Consumer 之間的關係。因此，有人稱 EC 的商業模式，以 B2C（Business to Consumer）為主軸。EC 的商業模式，與一般商業販賣、銷售行為過程相同，皆包含了銷售（Sale）、配送（Distribution）、付款（Payment），差別在於，EC 是建構在數位媒體上。現在由於無所不在網路之普及，透過行動裝置下單之機會大增，電子商務逐漸演變成行動商務（Mobile Commerce）。行動商務應該自基本面考量透過數位媒體之快速傳播，如何掌握個人的消費忠誠度，以及品牌的昇華程度是否能雋永人心，實為行動商務是否能夠蓬勃發展的關鍵成功因素。智慧型手機與網路普及，與各位息息相關的，應該就是 Uber Eats、food panda。

◎ 發展電子商務的目的

　　電子商務發展的第一目的，在於縮短 Business 與 Consumer 之間的距離，將節省下來的傳統配銷成本回饋給消費者，讓消費者能夠買到價廉物美的產品。第二個目的，在使得消費者，能夠透過數位媒體的協助，快速取得各家廠商所提供的規格、售價、服務、下單等，方便消費者在購買過程中，減少時間、路程、體力等成本耗費。

　　簡單地說，只要是在數位媒體上進行買賣產品（Product）、資訊（Information）、服務（Service）的商業行為，都可以稱為電子商務。當然，並非所有產品都能夠完全適用於電子商務的商業模式，像是需要試穿，或親自觸摸，以判定質感的商業項目，在數位媒體上的發展空間就十分有限。

◉ 電子商務的安全

電子商務要獲得讓消費者的認同並使用，資訊安全的考量是首要的工作。目前，網路購物的安全性及物流配送機制問題多仍待加強，其中「安全性」可以說是許多消費最關心的問題，現有的網路商店，多標榜著有絕佳的安全機制，目前常用的安全機制，有安全電子交易（Secure Electronic Transaction, SET）及網路安全協定（Secure Socket Layer, SSL），二種電子交易安全規格。

SET（Secure Electronic Transaction）是 VISA 國際組織與 MasterCard、Microsoft、IBM、NetScape、GTE、SAIC、Terisa、Verisign 等公司，所共同制定的安全電子交易規格，用來保護網路上，信用卡付款交易的開放式規格，經由 SET 的數位簽名認證，商家可以認定消費者的身份，且商家不會看見消費者的卡號。因為，具有 SET 規格的軟體，是儲存在持卡人的個人電腦，及持約商店的電腦網路中，而收單的銀行電腦，也能夠解讀金融資訊密碼，以確認 VISA、MasterCard 或其他認證單位所發出的電子證書。

SSL（Secure Socket Layer）也是目前在網路上較受到廣泛採用的機制之一。SSL 在傳輸資料時，需經鑰匙加密處理，可以防止資料被第三者截取，且加密過的資料，不會受到竄改或破壞，但其缺點，就是商家可以知道信用卡號碼，會有被冒用盜刷的疑慮。

以上兩種加密機制，各有優缺點，雖有 SET 或 SSL，但不表示網路的交易可以高枕無憂，個人仍需了解風險依然存在。舉個最簡單的例子，離職的系統管理員，可以輕鬆掌握上萬筆信用卡交易記錄，在其他網站大肆消費。在電子商務的運作環境中，不管使用哪一種安全交易機制，在技術上都已成熟，但是回歸到人的層面，則會造成個人資料（Personal Information）的遺失，造成具爭議性的電子商務問題。在此情況之下，網路犯罪層出不窮，也慢慢有更多人對網路的安全交易機制失去信心。

1-4 無所不在運算（Ubiquitous Computing）環境：5G 與行動商務（Mobile-Commerce）

1.4.1　無線通訊（Wireless Communication）

近年來，網際網路已成為現代人們生活的一部份，直接地影響到人們的生活作息，靠著一台電腦、一片網路卡或網路線，或具有 Wi-FI 晶片內建（Build-in）

之筆記型電腦，透過 5G/6G 網路系統，就可以隨時遨遊多采多姿的網路世界，但是人們的需求是無止盡的，從原先電話撥接，到現在 ADSL 寬頻、無線寬頻，人們已經無法滿足必須在固定的地方上網，他們希望不單單只能在家裡或辦公室上網，他們也希望在公園、校園、咖啡廳及機場等任何地方，到處都可以上網，因此無線上網的需求日益迫切。在 COVID-19 肆虐全球之時，分流之行動辦公成為主流，在家工作（Work From Home, WFH）成為全世界標準工作模式。

　　無線上網，簡單地來說，就是電腦/智慧型手機透過無線電波來傳送網路訊號，讓我們使用的電腦或行動裝置可以連上區域網路。傳統的區域網路，是利用網路線來傳送訊號，而無線上網，則是利用無線電波。無線區域網路（Wireless Local Area Network, WLAN），簡稱無線區域網路，無線網路的組成必須要有電腦、無線網路卡、無線網路橋接器（Access Point, AP）。我們的電腦，經由無線網路卡，透過無線網路路由器來發送網路訊號，就可以形成區域網路，再透過 ADSL，就可以與網際網路連接，如圖 1-6 所示。

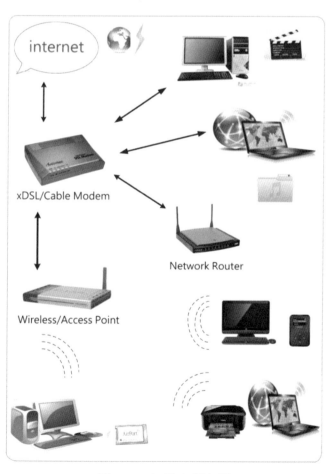

圖 1-6　無線上網架構

　　而現在新型的無線網路路由器（Wireless Router），它的傳輸速度可以到達300 Mbps（Mega bits per second, Mbps），高安全性的設計提供完整防火牆功能外，還具備多種虛擬私有網路（Virtual Private Network, VPN）之安全連線機制，一般而言，在該路由器的背後，會有一個 WAN 埠（直接接上網際網路），4 個 LAN 埠（可以支援有線的上網機制）。如圖 1-7 所示，為 D-Link 之整合型雙頻無線寬頻路由器，整合 802.11n 無線技術，並採用 2T3R 天線技術，提供高達300Mbps 無線傳輸速率。只要到有設存取點（Access Point, AP）的大眾服務區域，隨時都可以上網。享受無線網路的方便並不困難，現在世界各地的機場，都有提供免費/付費的無線上網服務。而國內的大都會地區，例如：臺灣各大都市均提供了大都會無線區域網路（Metroploitan Wireless LAN），而所有的大專院校，幾乎都有校園內高速無線上網的服務。

圖 1-7　無線網路路由器
(資料來源：http://www.dlinktw.com.tw)

　　無線網路的普及，使得愈來愈多的公共場所、大專院校，都裝設有無線基地台，然而無線網路安全機制的認知缺乏，卻一直被人忽略，無線網路恐怕會成為個人隱私、企業資訊安全的大漏洞。專家警告，由於缺乏安全保護機制，因此，只要拿著有無線網路卡的筆記型電腦，在電波訊號有效範圍內，幾乎就可以輕易地侵入他人的無線網路，窺探他人隱私，甚至進行破壞。有的人買了咖啡店無線上網帳號，但卻捨不得花點錢進去喝杯咖啡，寧願在店門外面，拿著筆記型電腦上網。如果換成是有心人士的話，透過網路內的分享資料夾，檔案資料就有可能被拷貝或破壞。因此，國內、外安全軟體大廠無不加緊在針對無線網路研發相關保護軟體，希望能確保無線網路傳輸的安全。正因如此，資訊安全（Information Security）也變成了熱門的相關議題。

1.4.2 第五代通訊：5G

5G 是第五代（The Fifth Generation）行動通訊的簡稱。原則上，5G 與早期的 2G、2.5G、3G 和 4G 行動網路一樣，而 5G 網路是數位訊號蜂巢式網路，在這種網路架構中，供應商（Carrier）覆蓋的服務區域，切割為許多被稱為蜂窩的小區域。基地台藉由高頻寬光纖或無線，與電話網路和網際網路相連。當使用者從一個蜂窩移動到另一個蜂窩時，他們的行動裝置將自動切換（Switch）到新蜂窩中的頻道，行動通訊完全不受影響。一般而言，5G 網路的競爭優勢在於資料傳輸速率，遠遠超越先前的蜂巢式網路。5G 傳輸速度最高可達 10 Gaga bit per second（Gbps），比先前的 4G LTE 蜂巢式網路快 100 倍。由於，5G 網路資料傳輸更快，對於講求智慧型移動裝置傳輸速度的重度使用者，提供前所未有之感受。5G 針對工業物聯網（Industrial Internet of Things）、無人駕駛汽車（Automated Guided Vehicle）、商用無人機（Commercial Drone）等新技術的應用，網路延遲時間，由於 5G 高頻譜的關係，讓訊號繞過障礙物的能力不如 3G 和 4G，但如果更密集式的架設 5G 網路，可以減緩這傳送範圍小的問題，原本 3G 和 4G 網路可以距離較遠的架設基地台，但由於 5G 網路傳送範圍小，需更密集架設基地台。有關 6G（Sixth Generation）網路的研究，也如火如荼地展開，人類求高網速的決心，永遠不會停止。

1.4.3 行動通訊基礎技術的演進

- **第一代行動電話（1G）**：類比式行動電話，指的是中華電信早期 090 系統，讓人們逐漸享受到行動通訊的便利。1G 只能進行語音的傳遞，保密性差而且通話品質不高。

- **第二代行動電話（2G）**：改用數位訊號，並且加入數據傳輸功能。甚至手機也可以出國使用，只要申請國際漫遊服務，就可以走到哪、講到哪，其技術為歐規 GSM 系統。2G 語音品質較佳、保密性提高。

- **第二點五代行動電話（2.5G）**：2G 到 3G 的過渡時期，將 2G 技術改進，例如：傳輸頻寬增加，數據傳輸技術改變，其技術為 GPRS。

- **第三代行動電話（3G）**：加上 GPS 定位功能，速度大為增進，足以應付一般需求。各位讀者不難發現，高檔的 3G 手機已經結合平板電腦的功能，可以隨時隨地處理商務事宜，達到行動辦公室（Mobile Office）的目的。不過有點遺憾的是，3G 行動通訊多為 2G 行動通訊的延伸，並非全新的 3G 行動通訊服務，因為使用 3G 之視訊服務，費用仍不低，降低 3G 行動通訊被大眾擁抱的動力。

隨著智慧型手機的興起，人手一機已經不稀奇，利用智慧型手機、平板電腦或電腦上網瀏覽資訊、玩遊戲、觀看影片（尤其是在 COVID-19 肆虐的日子）、購物、關心朋友動態（透過 FB、IG）、分享自己的生活並即時與朋友互動…不知不覺已成為人們每日作息中重要的一環；而全民狗仔時代也正式來臨，不管在何時何地，只要掌握了關鍵的相片或影片，便可以上傳至網路即時爆料，每一位網路鄉民都可隨時直播，成為網紅直播主。

許多犯罪事件因為無法取得即時的相關訊息，進而延緩破案、蒐證，加上有些小型犯罪頻繁，例如：交通違規、機車竊案等，若能藉由 5G 做相關結合，一定能減少犯罪的發生機率，例如：當你在街上逛街，突然看到一件違規停車、路霸、執法單位人員違規，這時就可以透過手邊的行動設備當場拍攝或是錄影存證，即時把相關的資料傳送到網路公諸於世。

每逢假日，高速公路及各交通要道常會有塞車的情況，雖然現在已經有衛星導航系統（Global Positioning System, GPS）來輔助，但依然無法即時更新交通狀況，若能有高速寬頻的無線網路支援即時影像傳輸，將能讓駕駛人更確切地掌握及時路況。一旦與衛星導航系統做結合，透過衛星影像，駕駛者即使身陷壅塞路段，也能自行找出替代道路行駛，同時也能藉由即時更新資料隨時了解交通狀況。此外，防盜攝影機設備也將達到無線網路化，如同家電網路化一般，如此停車場業者，若要在戶外觀看停車場情況，即可利用筆記型電腦或手機來監控，更可以連結至警察局網頁，若有車輛被偷，警方也可以迅速掌握線索。在 COVID-19 肆虐臺灣時，透過智慧型手機 GPS 定位或手機連網基地台，中央流行疫情指揮中心可瞬間發送細胞簡訊，告知民眾，確診者就在你/妳身邊。

在架設都會型網路時，最大的挑戰在於受制於地形以及建築物的阻礙。現今的無線網路雖然可以不受地形及建築物的影響，但是傳輸距離短，以及傳輸速度不夠快，造成架設網路的成本增加。在北美，住宅均為木造之房屋，無線電波之穿透力較強，但在臺灣，住宅均為鋼筋水泥之房屋，無線電波之穿透力較弱，相對地，傳輸距離就較短。而 5G 和未來之 6G 擁有比現今無線網路更遠的傳輸距離，以及更快的傳輸速度。

特斯拉（Tesla）結合愈來愈普及之 5G 基礎建設、自駕技術，將智慧化、數位化、物聯網等結合至特斯拉，間接也觸動各國致力於電動車之發展，自駕車（Driverless Cars、Self-driving Cars 或 Autonomous Cars）儼然成為未來之趨勢。從國際自動機工程師學會（Society of Automotive Engineers International、SAE International）與美國國家公路交通安全管理局（National Highway Traffic Safety

Administration, NHTSA）所制定的標準來看，自動駕駛技術分 6 個等級，從 Level 0 的由人來操控汽車一直到 Level 5 的完全自動化。

- Level 0：屬於無自動化駕駛。
- Level 1：屬於輔助自動化駕駛。汽車仍須由人操控，但汽車電腦系統會提供輔助工具給駕駛人，例如：防鎖死煞車系統、車道偏離警示、碰撞預警等功能。
- Level 2：屬於部分自動化駕駛。汽車電腦系統會提供自動緊急煞停系統、主動式巡航定速、防撞系統、盲點偵測等功能，藉以降低駕駛者開車負擔。
- Level 3：屬於條件自動化駕駛。駕駛人可暫時休息，但如果車輛偵測時需要駕駛控制時，可立馬回歸駕駛完全操控，換言之，可由自動（Automatic）轉成手動（Manual）。
- Level 4：屬於高度自動化駕駛。駕駛人可在客觀條件許可下，以完全自駕模式，不需要駕駛人介入操作，該車輛可以遵照設定的道路，完成行車任務，並提供駕駛者足夠的轉換時間，駕駛者仍須注意車輛運行狀況，世界各地均有街道允許廠商進行道路測試（Road Test），享受無人自駕車服務。
- Level 5：屬於完全自動化駕駛。駕駛者完全不用在意行車任務，此為智慧型汽車運作之最高境界。

正因 5G/6G 與智慧電桿之結合更是如虎添翼，ICT 不斷突破現有之發展限制，自駕車本身除了提供交通運輸的服務之外，也扮演大數據蒐集與分析之角色，人工智慧物聯網（Artificial IoT）與 5G/6G 的結合，乘客可在車上可享受各項無延遲之影音服務，車輛也轉變成行動辦公室。另外，各項大數據的動態即時收集，政府部門或組織企業均可更精準地掌握道路交通狀況，進而在第一時間點，提供所有需求與服務。

1.4.4　行動商務（m-Commerce）

無線通訊（Wireless Communication）＋電子商務（e-Commerce）＝行動商務（Mobile-Commerce, M-Commerce）。凡藉由行動裝置，例如：智慧型手機、筆記型電腦或平板電腦，透過無線通訊的方式，從事有關的商業行為，例如：語音傳輸、線上下單、資料查詢、音樂下載、串流（Streaming）技術應用等所形成的商業行為，均可稱為行動商務。就行動電子商務而言，依應用對象的不同，可簡單分為個人消費者服務（Consumer Service）與企業商業服務（Business Service）服務。

在行動商務方面，可以自兩種層面切入：

- **以個人為主**：行動電話業者，或網際網路服務內容提供者（ICP），提供例如：新聞、氣象、股票、生活娛樂等訊息。

- **以企業為主**：目的是希望讓企業的員工能夠透過行動裝置，隨時隨地獲得所有企業內的相關資訊，例如：壽險業者的相關從業人員，在和客戶的訪談過程中，可以隨時透過智慧型行動裝置查詢客戶在公司的壽險狀況，如果相關的方案有變更，第一線的業務也可以向客戶報告公司最新的保單。

目前以手機為工具的行動上網方式，有以下方式：國內相關業者提供之 5G 網路，可以幫您整合行動裝置與桌上電腦，讓您掌握商務資訊零時差，不論在哪裡，都可以透過行動裝置，收/發 email、與即時通訊（Instant Messaging, IM）工具得知會議通知等，讓您趕通告，立即掌握業務資訊，迅速做出回應。

1.4.5　行動商務的安全性

行動商務安全、網路資訊安全，不外乎是身份識別（Identification）與認證（Authentication）、存取控制（Access Control）、資料之完整性（Integrity）、資料之隱密性（Confidentiality）等為主要的關鍵要素。為了確保行動商務交易之安全性，業者急於使用各種加解密方式來保護傳輸資料，因此，SIM 卡製造商成立了一個名為 SIMalliance 的聯盟，希望能提供可靠的安全機制，來加速行動商務的發展。SIMalliance 提出一種 WML（Wireless Markup Language）擴充語言，它可以確保點對點之間的無線傳輸的安全性。藉由在應用層，確保這種點對點的安全性，服務供應商可以建立一連串的安全機制，並防止出現任何安全漏洞的可能性，因為所有的資訊，在整個傳輸過程中，都已經過加密處理與保護。一旦商家、金融機構以及消費者都能認同無線網路上交易的安全性，行動商務便可望推展開來。

1.4.6　行動商務可能衍生的法律問題

消費者可以透過無線區域網路、大都會無線區域網路、5G，隨時透過智慧型行動裝置，了解附近店家的促銷活動，也可以即刻下載優惠券。而當你趕著去參加親朋好友的喜宴，卻找不到停車位時，您也可以透過智慧型行動裝置上網，手機 App 或是現今車上大型數位儀表板之行車資訊引導您找到最近的停車場，甚至事先就可以知道停車場尚有幾個停車位。如果你身邊臨時出現了緊急狀況，需要警察人員或消防護理人員協助處理，只要一撥手機，救援人員就可以透過全球定

位系統（Global Positioning System, GPS）馬上知道你目前所在的位置，進而至現場提供救援。像這種利用由手機或行動裝置，讓使用者發出求助訊號，而得知使用者目前所在地的技術，不但為相關業者創造了另一個商機，也同時也為我們的生活，甚至公共的安全，帶來很大的方便與幫助。

然而，如果沒有法律來保障規範，手機使用者非但無法享受到科技帶來的方便，反而會帶來許多生活困擾，例如：你不想接觸的對象，他／她卻可自 GPS 手機業者，得知你現在的位置。另外，還有一個更值得重視的問題，就是手機也有可能會中病毒。因為現今手機跟網路連結，相對地，所有網際網路可能碰到的資訊安全問題，手機也可能碰到。例如：檔案外流、駭客入侵。手機的病毒攻擊事件已經發生，我們千萬不可掉以輕心。臺灣第一名模，就曾因手機送修，而造成個人隱私外洩，個人資料保護，愈來愈重要。

美國對於消費者的個人資訊保護、隱私保障、免受垃圾郵件干擾等權益，似乎較為重視，保護也較為完善，美國已修改相關法律條文，嚴禁業者濫發廣告信函或一些垃圾訊息，擾亂消費者，甚至連消費者的個人資料也不能隨便洩露。臺灣目前只有「電腦處理個人資料保護法」與「電信管理法」可以保障網路使用者個人資訊與隱私，由於上述法律可以規範的對象相當有限，一般而言，電腦處理個人資料保護法規範對象僅針對徵信業、醫院、學校、電信業、金融業、證券業、保險業及大眾傳播業等，目前網路上各個網站，是否有明文條款保護個人資料、仍是個灰色地帶。

1.4.7 行動商務的未來發展趨勢

隨著科技的發展進步，行動商務已成為全世界工商活動與日常生活的一部份。更因 COVID-19 的全球肆虐，行動商務已簡化人們生意往來、逛街購物、生活娛樂、以及金融理財等各種傳統使用方式。隨著各式各樣的新工具不斷出現，使人可以突破時空限制，真正做到隨時（Any time）、隨地（Any where）進行第一手資訊交換與工作溝通。行動電子商務在這樣的改變當中，將提供更先進、更便利的服務，徹底顛覆人類生活方式與工作型態。

這意味著，人們必須學習熟悉各種新工具與新軟體的操作，因此「活到老、學到老」成為跟上資訊時代進步的唯一選擇。而且許多工作，將不再只侷限於上班的 8 小時，而將是 24 小時，且全年無休。很多人開始抱怨，因為電腦的發明，使得他們的工作時間拉長了。但是換一個角度來看，從行動商務的角度來切入，辦公室幾乎可以不需存在，只要身邊有行動終端設備及網路，到處都可以是行動

辦公室（Mobile Office），連上雲端資料庫，立即就可以處理許多事務、召開視訊會議（Google Meet、Zoom）、資料傳輸。因此，如何分配個人工作與休閒時間，並且紓解龐大的工作壓力，將是現代人所必須面對的課題。資訊科技改變了人類的生活方式，對現代人而言，是幸福也是夢魘，因為這個時代的人，都必須跟十倍速的網路演進賽跑。

1-5 數位經濟（Digital Economy）時代的來臨

1.5.1 數位經濟的崛起

隨著世界經濟潮流的推擠，數位經濟（Digital Economy）已經正式浮上檯面，各國政府暨各大企業，也對數位經濟之衝擊，重新定位自身的立基點。早在多年前，美國前總統柯林頓推崇它，前美國聯邦儲備理事會主席葛林斯潘分析它。數位經濟就像是一股擋不住之潮水，正同步地向全世界推壓排擠。數位經濟，換言之，可謂「智價經濟」，知識可以提高我們的生產力，知識本身就是生產力的表徵，就是價值數位經濟時代的推手。所謂的智價經濟，也就是知識得以「直接」轉換成為一種商品的經濟型態。在數位經濟之觀念上，一種虛擬的運作模式，就是在現實經濟層面上，進行另一種的運作方式。正因知識它沒有重量，不能用手觸摸，但在我們心中是真實而存在，數位經濟本身，就是虛擬。數位經濟，是一種小個體獲得空前主導權的經濟。就像先前之全球 e 化狂潮，重擊整個世界，葛林斯潘曾指出：「新經濟」是看似經濟持續成長，但物價永不上漲的經濟。

1.5.2 數位內容（Digital Content）的前景

在傳統之觀念中，知識不只是一種力量，在今日，更是一種無形之商品。從早期之工業經濟，到今日/未來之數位經濟的轉型，所代表的是，知識自一種「工具」逐漸蛻變成一種「商品」。由於數位經濟時代的來臨，對產業界而言，是商機、也是轉機，但如果漠視或躲避它的存在，就是危機。數位經濟時代的產業趨勢已逐漸在虛擬的社群中成為產業的無形資產（Intangible Asset），為企業帶來龐大利潤。傳統買方/賣方面對面的交易模式，漸漸在虛擬的網路通路中有了充足完整的交易資訊。

因此，企業經營者應該放棄以往的傳統經營模式，去開闢另一個通路（Channel）、另一條價值鏈（Value Chain），亦即找出本身企業的核心價值所在，專注在企業之核心競爭優勢（Core Competency）上，並逐步將擁有的無形資產加以數位化管理，進而使之產生無限延伸的空間及價值。

依工研院產業資訊服務網（www.itis.org.tw）計劃統計資料顯示，臺灣數位內容產業涵蓋：多媒體工具軟體、嵌入式應用軟體（Embedded Application Software）、內容製作、數位娛樂、數位學習（e-Learning）、有線寬頻網路內容服務、無線通訊網路內容服務、ISP 加值服務、B2B 電子商務軟體及應用服務、應用程式服務提供者（Application Service Provider, ASP）與其他網路應用服務、資訊軟體服務、以及其他套裝應用軟體。

數位內容產業具有發展知識經濟與數位經濟之指標意義，除了可以促進傳統產業提升知識含量，並轉型成高附加價值產業，也是提升我國整體產業競爭力的基礎。宏碁集團創辦人施振榮先生曾表示，數位內容（Digital Content）已有成功之商業模式，也在積極尋求更高之獲利模式，在資訊產品與行動通訊中，逐漸成為市場的新趨勢，數位內容將逐漸成為新的高獲利產業。

數位內容將成為帶動 4C（Computer、Communication、Consumer Electronic Products、Content）產品的關鍵因素，可以增加資訊產品的附加價值，政府應扮演火車頭的角色，從教科書的內容 e 化著手，藉此開拓國內數位內容產業的市場，例如：多媒體數位教材之製作與推廣。

隨著國內製造業逐漸外移，2005 年 9 月，臺灣最後一條筆記型電腦生產線也吹起熄燈號移往中國，未來臺灣應以知識經濟為主軸，藉此提高資訊產品的附加價值。臺灣目前無論報紙、廣電媒體與網路等部分的資訊都很充份，因此，已經握有相當充足的傳統內容，協助數位內容發展成為一個獨立的產業，這一點是指日可待的。

1.5.3　數位經濟的狂潮

21 世紀資訊科技已為人類生活帶來史無前例的衝擊，而企業如果沒有良好的準備，勢必被淘汰出局，而數位經濟或網際網路經濟，正是這波狂潮的推手。

1981 年《時代雜誌》史無前例的以個人電腦（Personal Computer, PC）為封面人物，足以見得資訊科技已在人類歷史中，佔有一席之地。數位經濟經藉由資訊科技，使得電話、電腦、平板電腦、智慧型手機透過網路通訊方式，提供即時的資訊，同時帶動數位多媒體和應用程式，為全球人類帶來全新的學習、經營及生活方式。正因此，我們勢必要一探數位經濟時代的內涵及相關產業發展因素，才能為我國的數位產業，在全球競爭之舞台上，提供相關因應對策。

由 Internet 形成的虛擬網路（Cyber Space），使得全世界人們得以透過電腦工具、網路，進行全天候跨時區且永不中止的企業運作。跨國線上購物、虛擬社

群經營運作，利用資訊整合的不停休（Non-Stop）運作，已成為企業降低營運成本、提升永續經營的關鍵成功因素，這些發展使得全世界產業開始進行一場世紀企業 e 化大變革。24 / 7 / 365 的運作模式，已是數位經濟的重要原則，所謂的 24 / 7 / 365，便是一天 24 小時、一星期 7 天、一年 365 天不停休，極少人力介入的企業運作系統，此種模式是全世界企業主夢寐以求的最高運作境界，如實體運作的鴻海集團之關燈工廠、虛擬運作的線上客服機器人。再加以 ICT 的介入，企業相關之運作，均可藉由完善且信賴之資訊系統，以正確、快速的方式完成。

1-6 Web 1.0~Web 3.0

現今網際網路使用日趨普及，不論是工作、學習或是各種生活活動等，都和網際網路息息相關。它提供商業界、學術界，甚至個人等彼此間資訊快速交流的服務。網際網路改變了人與人溝通模式、工作方式，甚至改變了人們傳統的生活方式，實現了「秀才不出門，能知天下事」。網際網路時代已經是不可逆轉的潮流，甚至還繼續不斷的改變世界。在此，我們從網際網路的基礎發展，Web 1.0、Web 2.0、Web 3.0，來探討網際網路的演變。

1.6.1 Web 1.0 的興起

在 1957 年，蘇聯發射了人類第一枚人造衛星飛越美國上空，對美國造成了非常大的震撼，美國國防部立刻成立了「先進研究計畫署」（ARPA，於 1972 年改名為 DARPA），在 1969 年進行封包交換網路的計劃，因此而發展出 ARPANET（Advanced Research Projects Agency NETwork）。1979 年美國國家科學基金會（National Science Foundation, NSF）也開始參與網路技術研究，到了 1980 年發展出 TCP/ IP 通訊協定，奠定了後來網際網路的基礎，1985 年，www 概念就此出現。直到 1990 年，www 的技術出現於網際網路上，提供了一個多元化資料傳播方式，也使得電子商務發展更加快速，許多網際網路紛紛成立，例如：1995 年成立的 Yahoo!與 eBay、1998 年成立的 Google、1999 年成立的阿里巴巴（http://www.alibaba.com）等。

Web 1.0 為第一代網際網路，指的是早期的 Internet。所有網路主機及資料都是由網站提供，提供給大眾查詢、閱覽資料，例如：奇摩新聞，網站及新聞內容是由奇摩（kimo）提供的，使用者無法輸入或修改內容資料。Netscape 於 1994 年研發出第一款大規模商用瀏覽器，Yahoo!推出了網際網路網頁。而在 Web 1.0 時代中，無論是知識或資料的傳遞上都屬於單向而階層式，網路使用者只能單純

的搜尋、閱讀資訊，無法發表意見，無法給予任何回饋或進行任何互動。隨著 ICT 不斷進步，現在熱門瀏覽器如：Google Chrome、Microsoft Edge、Opera。

1.6.2　Web 2.0 的興起

　　Web 2.0 的概念是早在 2006 年由 Tim O'Reilly 提出，他主張網路應該被當作一個平台，讓使用者可以透過此平台分享資料、知識、服務。Web 2.0 指的是網站由公司之伺服器提供，但資料則由使用者輸入。例如：奇摩知識家、維基百科網站、部落格等。在 Ovum 的報告中指出，造成 Web 2.0 風潮的三個原因如下：

1. 高滲透率的網際網路
2. 個人化數位內容的創造設備，變得越來越方便
3. 網際網路上擷取與分享工具，越來越普及

1.6.3　Web 1.0 / Web 2.0 之比較

　　Web 1.0 時期時，資料內容主控權在網站管理員或網站提供者手上，所有的網站內容與相關資料皆為網站管理者提供，使用者只能搜尋、閱讀資訊，無法提供意見，基本上，網站內容的呈現方式皆以靜態的方式呈現。網路泡沫化後，由 Web 1.0 逐漸演進成為 Web 2.0，所有網路使用者皆為資訊的提供者，不再是以往傳統的單一閱讀者。Web 2.0 強調的是開放的架構，網友可提供資訊、知識，或是設計之圖片、照片或影片等，使得網頁成為互動式（Interactive），而非單向提供資訊，而網路呈現也成為動態方式，下表為 Web 1.0 與 Web 2.0 之比較。

	Web 1.0(1993~2003)透過網頁瀏覽器吸收大量網頁資料	Web 2.0(2003~)透過互動式 (Interactive)達到資訊共享
網友主要模式	單方向閱讀	創作、分享社群智慧
主要內容	網頁內容呈現	社群互動
網站型態	靜態	靜態
閱讀方式	瀏覽器	瀏覽器、RSS 閱讀器、APP 程式
系統架構	客戶服務	Web Service
內容提供者	單方向網站擁有者	參與者
主導者	專業電腦人員	網民/鄉民

（資料來源：Jim Cuene/2005/web 2.0: Is it a Whole New Internet?）

　　自電子商務的產業模式角度出發，Web 2.0，可以詮釋為：參與之社群人數愈多，則 Web 2.0 網站所提供的服務也愈好。在現今電子商務運作環境下，Web 2.0 的觀念已經被普及傳遞，以致於有很多電子商務公司，已經將 Web 2.0 這個名詞加入到他們的行銷策略中。

　　Web 2.0 與 Web 1.0 兩者之間的關係又是什呢？簡單來說，Web 1.0 之觀念，約始於 1996 年網際網路使用普及化之時，自那時開始，網站之內容服務提供者（Internet Content Provider, ICP），將想要在網頁上呈現的文字、圖片、數據，先存儲在資料儲存區（Data Deposit）中，再透過 Web 伺服器（Server）端的程式來回應客戶（Client）端的請求，取出資料儲存區之內容，再使用網頁編輯器（例如：Adobe Dreamweaver CS5 等工具），將事先設計的模板（Template），藉由動態產成的 Html 語言，透過用戶端的瀏覽器將結果呈現在使用者眼前。而此種運作模式，相信很多讀者並不陌生。

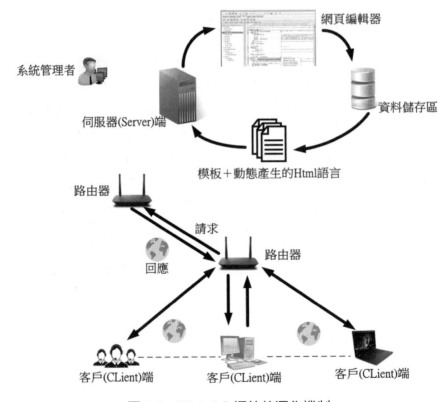

圖 1-8　Web 1.0 網站的運作機制

　　但值得一提的是，大部份的使用者是在 Web 1.0 的環境下，單一方向接收該網站所提供的資訊，如果該網站的內容需要更新時，基本上，要仰賴系統管理者，透過網頁編輯器，或者是先設計好的後台程式（Backend Program），才可修改網站之內容。在這種環境下，網站內容的更新重擔，就加諸在系統管理者的身上，這在

電子商務一日數變的環境中，非常容易喪失競爭優勢。而 Web 2.0 的網站，幾乎可以完全克服以上的問題。圖 1-8 即為 Web 1.0 網站的運作機制。

在 Web 1.0 的環境下，網站管理員利用網頁編輯器將資訊匯整在網頁上，透過網際網路服務提供者（Internet Service Provider, ISP）線路提供上網者瀏覽其資訊。網站管理員必需要熟悉網頁編輯器之使用，也必需要了解複雜的 HTML 及 JavaScript 語法，因此，網頁內容更新速度較慢。

Web 2.0 大約在 2003 年興起，與之前的 Web 1.0 相比，Web 2.0 有去中心化的意涵，也就是說，網頁內容之更新速度，不會受限在網站管理員，如此一來，可以讓社群中網友集體參與網站內容之更新，進一步結合集體智慧，讓網站藉集體貢獻，一日千里般地進步，以電子商務的商業角度切入，不難發現，其競爭優勢遠大於純 Web 1.0 所構建之網站，Web 2.0 網站之內容，自以往的企業主導，逐漸轉型為由社群中網友來貢獻，去中心化之趨勢更加明顯。例如：維基百科，Wikipedia（http://wikipedia.org/），是網路上的免費百科全書，也是一個全球的協作計劃，世界各地的任何人都可以編輯維基百科中的任何文章，讓維基百科更加完整。維基百科約開始於 2001 年 1 月，創始人是 Jimmy Wales 和 Larry Sanger，再加上幾位熱情的參與者。

我們不難發現，在 Web 2.0 環境下，社群中的使用者，同時也可以創造與提升網站內容之價值，加上有些社群採用開放式的 P2P（Peer To Peer）環境，在此種平台下，就明顯地有別於 Web 1.0 環境的單一資訊流方向，而在 Web 2.0 環境中，更可以落實網路的原始精神，也就是資訊交流與分享，而不再是資訊交易。Web 2.0 是資訊創新與擴散交流的平台新趨勢，使用者可將自己的想法直接在網站上和其他使用者交流。

自另一角度來切入，在 Web 1.0 時代中，有大者恆大的電子商務產業定律，因為跨入門檻有一定之限制，但在 Web 2.0 時代中，產業規模不見得需在創業時求大，反而是找出最適合自己企業的生存之道，成為 Web 2.0 中的里程碑。也正因如此，電子商務個人創業將更為普遍，因為 Web 2.0 強調的是社群中的集體智慧，社群網友可以透過簡單的操作介面，將自己的文章、圖片，上傳到該網站的資料庫，而可以輕鬆地和網友分享心得。

簡而言之，Web 1.0 之運作機制與精髓是以網頁編輯器，搭配所產生之 HTML 網頁，提供使用者下載與閱覽，而 Web 2.0 是以程式碼，方便使用者上載與分享資料。Web 2.0 是一個概念，強調分享、互動，並且以使用者為主導中心的網路

服務，如社交網站 Facebook 是由美國哈佛大學商學院一位休學的大學生所創辦的國際知名人脈網站，IG 也是 Web 2.0 核心價值的經典範例。

政府推動 Web 2.0 電子商務更是不遺餘力，經濟部技術處早在 2007 年舉辦「Web 2.0 創新服務點子大募集」活動，大量募集 Web 2.0 電子商務創意服務之提案，並提供相關之教育訓練，再由優良創意提案當中挑選提案，由政府出資並協助嘗試營運，或者與相關之創投業者合作，以提升 Web 2.0 電子商務之產業願景，其目地就在於希望藉由此活動，激勵 Web 2.0 電子商務創新合作，以期帶動國內 Web 2.0 電子商務環境，進而孕育更多青年創業家。

1.6.4　Web 3.0

到了此時期，網路已發展到共同分享資源的環境，而部分的網路企業開始以服務為導向，紛紛於網路上提供常用的線上文書軟體、免費軟體下載等，吸引更多的使用者加入。Google 更是提出雲端運算（Cloud Computing），提供電腦軟體服務，讓分散於不同地點的電腦，虛擬為單一電腦運作。

Web 3.0 結合更強的人工智慧（Artificial Intelligence, AI），把分散在世界各地網站上面的相關消息，進行搜尋，進而索引出來。《New York Times》中也提到，新的 Web 3.0 興起，未來除了現今的科技支援之外，應該導入所謂語言分析、語意網路（Semantic Web）的軟體分析技術。使用者於網路上發出問題時，Web 3.0 的技術可分析問題，然後在廣大的網路上，尋找出較好的答案與建議。換言之，Web 3.0 結合了強大的人工智慧，圖 1-9 為 Web 1.0、Web 2.0 與 Web 3.0 之比較。

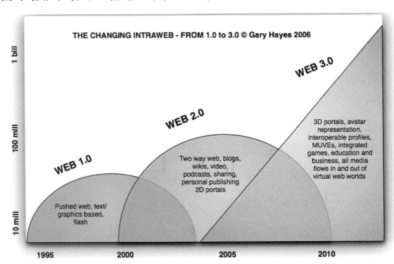

圖 1-9　web 1.0 ～ web 3.0 之發展

(資料來源：http://www.personalizemedia.com/virtual-worlds-web-30-and-portable-profiles/)

1.6.5　IPV4 / IPV6

　　網際網路的原始設計並不是要滿足目前這麼大量的使用人口，但隨著網際網路的快速發展，廣為大眾使用的 IP 網址格式為 IPV4，例如：210.240.11.124。但是 IPV4 已經沒有辦法滿足網際網路的驚人發展，換句話說，IP 已經不夠用。正因為如此，有了 IPV6 的產生。基本上，IPV6 的定址模式仍然是使用目前 IPV4 所採用的方式，但是 IPV6 採用 128 位元的定址方式，如此一來，就可以大大地解決目前際網網路上網址缺乏的問題。如圖 1-10 是 IPV4 的 IP 實體位置；如圖 1-11 是 IPV6 的 IP 實體位置。

圖 1-10　IPV4 的 IP 實體位置

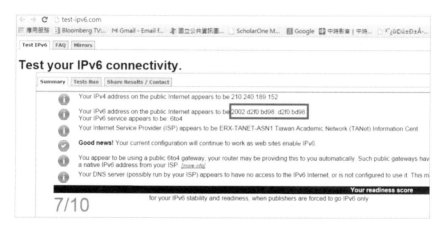

圖 1-11　IPV6 的 IP 實體位置 (資料來源：http://test-ipv6.com)

1.6.6　QR Code

　　QR Code 是二維條碼（Two Dimensional Bar Code）的一種，1994 年由日本發明，QR 意謂著 Quick Response，希望藉由 QR Code 可讓其內容快速被解讀，尤其當使用者用行動運算工具（Mobile Computing Devices）時。QR Code 最常見於日本，且為目前日本最流行的二維空間條碼。QR Code 比普通二維條碼可儲存更多資料，很多智慧型手機可藉由 App 來解讀 QRCode 之內容。

QR Code 呈正方形，一般是以黑白兩色呈現，但現今也有彩色，或加上 LOGO，在其三個角落印有影像較小的正方形，能幫助智慧型手機定位解讀 QR Code 的圖案。在防疫期間，臺灣便是使用 QR Code 進行「簡訊實聯制」。

QR Code 的主要應用的項目可分成以下面向：

1. **自動化文字傳輸**：通常應用在文字的傳輸，利用快速方便的模式，讓人可以輕鬆輸入如地址、電話號碼、行事曆等，進行名片、行程資料等的快速交換。

2. **數位內容下載**：通常應用在電信公司遊戲及影音的下載，在帳單中列印相關的 QR Code 資訊供消費者下載，消費者透過 QR Code 的解碼，就能輕易連線到下載的網頁，下載需要的數位內容。

3. **網址快速連結**：以提供使用者進行網址快速連結、電話快速撥號等。

4. **身分鑑別與商務交易**：許多公司現在正在推行 QR Code 防偽機制，利用商品提供的 QR Code 連結至交易網站，付款完成後系統發回 QR Code 當成購買身份鑑別，應用於購買票券、販賣機等。在消費者端，也開始有企業提供了商品品牌確認的服務，透過 QR Code 連結至統一驗證中心，去核對商品資料是否正確，並提供生產履歷供消費者查詢，消費者能夠更明白商品的資訊，除了能夠杜絕仿冒品，對消費者的購物更是多了一層保護。

5. **手機 GPS 功能運用**：透過 QR Code 及 GPS 的手機導航技術，讓用戶簡化在手機中輸入座標的程序，只須透過 QR Code 照相手機一照，便可即時將地理座標儲存在手機當中。

6. **商業應用**：在臺灣，COVID-19 大爆發時，幾乎所有營業場所均提供 QR Code 掃描，透過 1922 簡訊發送，達到實名制的目的。臺灣農委會推廣生產履歷的機制，民眾可藉由生鮮產品上面所附有的 QR 碼 E 標誌，用自己的照相手機一照，便能藉由手機內建的 QR 碼解碼功能看到生鮮產品的生產資訊。臺灣高鐵早在 2010 年 2 月時所推出的高鐵超商取票服務，於付款完成後所取得的高鐵車票在票面上印有 QR 碼，在搭乘高鐵列車時可直接持該車票，將印有 QR 碼的一面朝下對準高鐵各車站驗票閘門的條碼掃描區，利用感應方式即可通過閘門。但是一旦手機沒電了，就無法快速通關了。高雄夢時代購物中心為臺灣百貨界最先將 QR Code 做為行銷介面的購物中心。

圖 1-12 為國立臺中教育大學與紐約理工學院（New York Institute of Technology, NYIT）雙聯學制電子手冊（e-brochure），有興趣之同學請上網下載智慧型手機 QR CodeReader，即可解讀其中含義。

圖 1-12　國立臺中教育大學與紐約理工學院雙聯學制電子手冊(e-brochure)

1.6.7　空中簽名

　　使用手機登入網站，可能會有輸入密碼時不甚被旁人看到的疑慮。國立交通大學研究生研發「AIRSIG 密碼錢包」應用程式 App，可下載到智慧型手機中，使用手機在空中比畫簽名，就能通過密碼辨識、登入各種手機網頁，不再需要記憶多種不同密碼，現在只要記住自己的簽名筆順就可以了，此 App 似乎可解決現代人記憶密碼的困擾，可說是下一波密碼認證之開端。而人機介面之使用，如果成功整合，未未甚至可以開門。

- 屬於完全自動自加密方式分析：傳統的密碼使用方式，如果被有心人偷看、側錄，資訊安全就立刻破功。但是空中簽名只需使用智慧型手機在空中簽字，以簽名的方式即可在 1 秒鐘即可完成認證，模仿空中簽名方式，被破解的機率非常低。

- 自使用認證方式分析：如果用傳統用手輸入帳號、密碼，不同的網站，使用者可能必須記憶不同的密碼。如此一來，就容易出錯。相反地，使用空中簽名的方式，只需要使用手機在空中揮舞，完成簽名筆順，也不怕別人來模仿，認證的過程十分快速，平均不到一秒鐘。

1.6.8 物聯網（Internet of Things, IoT）的興起

物聯網（Internet of Things, IoT），開宗明義，是一個植基於網際網路、5G 行動網路，以前開物件為訊息承載個體，藉以讓所有能夠被獨立定址的普通物件能夠實現互聯互通的網路系統。因此，IoT 為無線網，平均而言，每個人周圍的設備可以達到 1000~1500 個物件，以目前世界人口加以計算，物聯網可能要包含 500 兆至 1000 兆個物體。在此範疇下，每個使用者都可以應用電子標籤，將真實的物件上網後加以聯結，在 IoT 上都可以查找出它們的具體位置，進而達成訊息交換。正因此，在 IoT 之領域中，IoT 可以用智慧型手機進行遠方設備、人員之管理、監控，同理，也可以對家電進行遙控及位置搜尋，進而防止物品被偷竊或追蹤相關物件，應用範圍十分寬廣。

因為物聯網、雲端運算、以及行動通訊技術的成熟發展，人類社會已經邁入了萬物均可連網的新紀元。在無所不在的行動運算時代，企業的資訊安全人員也面臨著全新的挑戰。未來伺服器的負載必將虛擬化，而雲端的 App 應用程式在企業內部，將逐漸取代傳統的集中式運算模式。

針對企業的行動裝置資訊安全策略而言，在公有雲、私有雲、混合雲的資訊安全模式下，是一個值得重新考量的重點議題。而企業也逐漸從原本獨立運作架構，轉換成軟體平台式的新模式。在未來，組織企業的資料大多儲存於雲端，是一種趨勢。換句話說，就是組織企業無形資產，不是存在硬碟中，而是透過雲端儲存設備。

物聯網應用快速發展在我們目前生活環境中，已經有一些相關廠商可以直接使用類似微軟或 iPhone 的語音助理，讓物聯網的實際運作，實現在生活中。換句話說，語音助理不只是控制智慧型行動裝置上的運作，還可以遠端遙控我們生活中的周邊設備。例如：智慧型住宅與資訊通訊科技（ICT）的完美整合，利用手機下達預開家中空調之功能。

在物聯網競爭的戰國時代，各家廠商都競相評估相關產業所推出之通訊裝置，是否能夠延伸出最有利基的商業模式。而行動通訊產業廠商之軟、硬體的整合，更是物聯網時代，百家爭雄的一個關鍵成功因素。考量因素也包含如下：業者彼此是否能夠連結資源，以達成共識，進而合縱連橫，是一個很大的挑戰。也有一些廠商積極從事硬體開發或軟體開放原始程式碼，以期可以透過類似雲端運算結合相關業者，形成網路群聚效應，盼能加速相關產業鏈之形成，加強產業鏈元件之高凝聚力量（High Cohesion）、減低耦合力（Low Coupling）。

毋庸置疑，物聯網也將改變全球企業的生產製造方式。物聯網涵蓋了許多感測器、通信協定、儲存設備等等，因此就需要一個平台，讓不同元件的終端機設備，可以相互的自由交換資料與訊息。有些公司已經著手進行相關佈局，以期能在物聯網營運領域中，把營運流程提升到最佳化，以提升競爭優勢。從相關研究資料顯示，物聯網物件的數量將高達數十億個，從軟體與服務到半導體元件，整個價值鏈都將因為這背後龐大需求而受惠。目前在汽車、醫療器材、生命科學、天然氣、石油探勘等等，均有物聯網投射之商機，相關業者也正積極佈局當中。

人工智慧物聯網（Artificial IIoT, AIoT）正隨著 5G 商轉的普及，讓 IoT 技術更接近人性在 IoT 技術中結合人工智慧（Artificial Intelligence, AI）系統，就是前開所述的 AIoT 結合 AI 後，AIoT 具備智慧機器學習（Machine Learning）的能力，可以提供客製化服務的最佳服務，並透過大數據累積，透過資料探索，不斷進化與萃取出隱藏資訊。AIoT 被公認為未來各產業的 ICT 系統主流架構，不過因為資訊傳輸有高速寬頻之需求，各產業都將 5G 通訊傳輸，當作 AIoT 的最後一哩路（Last Mile）。AIoT 可應用在很多層面，例如：工業領域、教育應用、智慧交通管理、智慧遠距醫療（Telemedicine）、智慧物流、智慧家居、智慧物流、智慧農業等應用，將改變人們的生活的各種面向。

1-7 元宇宙（Metaverse）的興起

就在 2021 年 10 月 29 日，臉書（Facebook）宣布更名為 Meta！此一舉動，震驚全世界資訊通訊科技（ICT）領域。元宇宙（Metaverse）名詞來自希臘文的「超越」，也意味著在未來的虛擬世界，什麼都能做。Meta 將成為臉書的母公司，Meta 將統一運作全球熱門的 4 個智慧手機應用程式：Facebook (FB)、Instagram (IG)、WhatsApp 與 Messenger。自 2021 年 12 月 1 日起，FB 在紐約證交所（New York Stock Exchange, NYSE）之交易代碼會自 FB 轉成 MVRS。

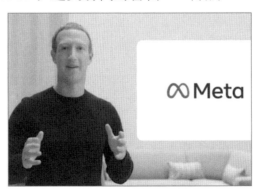

圖 1-13　臉書(Facebook)宣布更名為 Meta (資料來源：Facebook)

宇宙元是一個虛擬世界，換言之，下一代行動網路和社群媒體（Social Media）會植基於沉浸式模式（Immersive Model），不再只是以文字、圖片方式進行互動，而是以社交 3D 虛擬空間，所有參與者共享沉浸式體驗，即使參與者非以實體出席活動，但在虛擬的共同場域中，可以共同完成相關事務。舉例而言，西方的聖誕節與中國人的過年，都可透過一個具有去中心化的線上 3D 虛擬環境來進行，讓人不禁聯想，除了 ICT 持續突飛猛進之客觀因素（例如：5G 行動網路之商轉與 6G 行動網路之積極研發），全球因 COVID-19 疫情之肆虐，視訊會議取代傳統之實體會議，也推波助瀾了前開場景之誕生。無庸置疑，元宇宙時代之來臨，對於線上電玩、商業交涉、線上教育、跨國房地產銷售、全球虛擬博物館、歐洲虛擬音樂會與歌劇表演、已故之世界級歌手或音樂家，可以再度與樂迷們一起在虛擬世界一起重溫舊夢，極致的科技，將再一次化腐朽為神奇。

元宇宙時代之落實，以技術面切入，在此虛擬環境中，需藉由虛擬實境（Virtual Reality, VR）眼鏡、擴增實境（Augmented Reality, AR）眼鏡、人工智慧（Artificial Intelligence, AI）、5G 寬頻基礎建設（Infrastructure）、區塊鏈（Blockchain）、比特幣（Bitcoin）、智慧型手機、個人電腦或平板裝置，相關產業在元宇宙概念被詮釋時，紛紛開始反應在股價上，受到全球投信業者青睞，可謂後疫情時代的新主流概念。

元宇宙是社群媒體科技的下一步進化主軸，FB 寄望元宇宙可以突破現在 ICT 的極限，從新的思維模式改善人們的連結性，讓虛擬市界的參與者更有存在感。元宇宙是混合式社交體驗，透過 AR 技術投射（Projection）到實體世界，以 3D 模式呈現，以虛擬分身（Avatar）活動，而 FB 則希望可以將 AR 技術投射與 3D 模式，無縫接軌整合在一起。在不久之未來，社群媒體之加入，有如跳進一個全新概念之虛擬空間，上網者將會更有意義的加入網路世界。

圖 1-14　元宇宙讓上網有如跳進一個全新概念之虛擬空間(資料來源：Facebook)

元宇宙概念之興起，也逐漸帶領相關產業再度起飛，各行各業也因元宇宙在不久之未來，相關概念產業會漸漸在全球浮現並落實，也因此會創造全球大量之就業機會。如圖 1-15 所示，構建元宇宙的協立廠商，在客觀上可涵蓋以下領域：

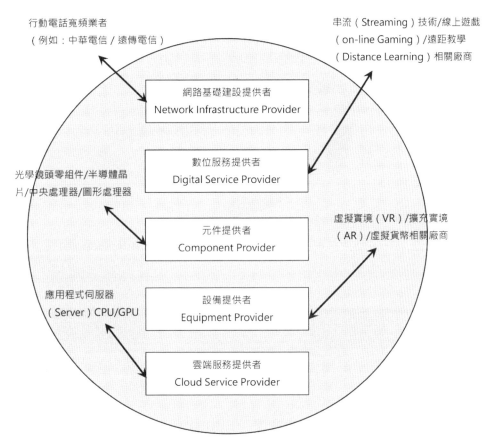

圖 1-15　構建元宇宙的協立廠商

　　網路基礎建設提供者（Network Infrastructure Provider）：此面向包含行動寬頻業者（例如：中華電信/遠傳電信），5G 寬頻之商轉與 6G 寬頻之積極研發，提供無需考慮頻寬（Bandwidth）之高品質運作平台。

1. **數位服務提供者**（Digital Service Provider）：此面向包含線上即時串流（Streaming）技術/線上遊戲/遠距教學相關廠商，在穩定行動行動寬頻業者運作下，尤其在後疫情時代，相關產業應有爆發式之成長。

2. **元件提供者**（Component Provider）：此面向包含光學鏡頭零組件/半導體晶片/中央處理器/圖形處理器，在元宇宙之虛擬實境/擴充實境穿戴式（Wearable）裝備上，具有關鍵性效果之影響。

3. **設備提供者**（Equipment Provider）：此面向包含虛擬實境/擴充實境/虛擬貨幣相關廠商，不論是頭盔（Headset）或是眼鏡（例如：Google Glass），如圖 1-16 所示，在元宇宙中之角色扮演，具有舉足輕重之關鍵因素。

4. **雲端服務提供者**（Cloud Service Provider）：現今現實世界每秒產生之大數據（Big Data）已儲存在雲端，提供全球跨組織單位之即時截取與運用，在元宇宙之虛擬世界中，應用程式伺服器/CPU/GPU，提供無所不在（Ubiquitous）之運作空間，雲端服務提供者對於元宇宙，具有不可憾動之地位。

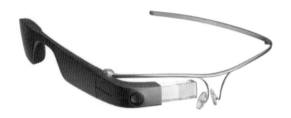

圖 1-16　鈦架鏡框的 Google Glass EE2 (資料來源: Google)

學習評量

1. 何謂資料、資訊？試舉例說明之。

2. 何謂資訊系統？

3. 試述電子商務（EC）與電子商業（EB）之定義及二者有何不同？

4. 何謂行動商務？有何優點？請舉例說明。

5. 何謂數位經濟？請舉例說明。

6. 何謂數位內容？有何前瞻性？

7. 何謂 5G？與 Wi-Fi 有何差異性？

8. 何謂 Web 3.0？與 Web 1.0 / Web 2.0 有何差異性？

9. 何謂 IPV6？

10. 何謂 QR Code？

11. 何謂 IoT？何謂 AIoT？

12. 何謂元宇宙？請舉例說明。

管理資訊系統基本理論與實務

本章學習重點

- 管理資訊系統概論、資訊系統之架構
- 集中式、分散式資訊系統之優缺點比較
- 資訊系統之職場生涯
- 資訊系統在商業方面、人力資源的應用

2-1 管理資訊系統概論

開宗明義，讓我們對管理資訊系統（Management Information System, MIS）做一定義上之了解：管理資訊系統是一種人機整合系統（Human-Machine Integration System），MIS 提供資訊來支援組織（Organization）企業的每日作業（Operation）、管理（Management）以及決策（Decision）相關例行性事宜。MIS 所涵蓋的範圍包括有電腦硬體（Computer Hardware）、電腦軟體（Computer Software）、系統整合（System Integration）、作業管理（Operation Management）、資訊庫管理系統（Database Management System）。

不容置疑地，MIS 是以電腦為主的人機整合系統，而 MIS 從業人員須具備良好電腦應用能力基礎，以面臨緊急狀況下，仍能讓 MIS 正常運作以支援組織企業之迫切需要。MIS 人員也必須具備有跨部會、跨平台的系統整合能力，避免提供片斷的資訊，應提供整合後的正確、完整、即時且有意義的訊息。如果自 MIS 的組成觀點切入，MIS 包含了運作機器及平台、使用者（包含 User 與 End User）、資訊本身與組織。而組織之規模，可自一人至上千萬人。

　　值得一提的是，當我們在討論 MIS 所涵蓋之範疇與領域時，資訊通訊科技（Information Communication Technology, ICT）總是形影不離。一個很重要的觀念是，最好的 ICT 技術不見得可以造就優秀的管理資訊系統。因為 ICT 只是一種應用工具，而管理資訊系統所涵蓋的範圍包括有桌上型電腦/平板電腦/智慧型手機之硬體、系統軟體（Windows、Android、iOS）、應用軟體（Microsoft Office、Play 商店、App Store）、系統整合（System Integration）、作業管理(Oparation Management)、資料庫管理系統（Database Management System）等，且最後回到最大的關鍵因素「人」。如果組織中的人員，不支援、不配合、缺乏向心力，一個管理資訊系統最終也會淪為垃圾系統。如果自「人」的層面再深了分析，與MIS 之相關人員，包含有 DBMS 操作人員、系統分析師（System Analyst）、程式設計師（Programmer）、製程工程師（Process Engineer）、網管人員（Network Management Staff）、資料輸入人員（Data Key-in Staff）等。而這些團隊成員，無論職位或學識高低，均扮演 MIS 成功或失敗之關鍵角色。

　　在各位讀者對管理資訊系統有初步的認知之後，以下是與管理資訊系之相關熱門名詞，作者一併在此介紹：（註：暫無臚列在此之相關名詞，將於後面專門之章節介紹。）

- **電子資料處理**（Electronic Data Processing, EDP）：電子資料處理之精神與意義，就在於 EDP 之主旨在於處理例行性之日常交易資料，並產生報表（Report）以支援組織之活動。有人戲稱 EDP 有些像垃圾進、垃圾出（Garbage-in Garbage-out），EDP 並沒有一個彙總、集聚、分析之功能，但在早期龐大的資料有 EDP 來產生相關之報表，協助組織運作，就屬難能可貴了。相對地，MIS 則提供萃取後之資訊，以支援組織的決策（Decision）、分析（Analysis）與規劃（Planning）。另一個觀點即為 MIS 比較著墨於效率（Efficiency），而 EDP 則比較著墨於效能（Effectiveness）。

- **辦公室自動化**（Office Automation, OA）：隨著 e 化之普及，辦公室自動化早已成為現今辦公室之基本需求，有愈來愈多之組織企業，將應用程式採雲端運算方式，換言之，只要能上網，透過資訊安全機制，就能在家工作（Work From Home, WFH），尤其是在 COVID-19 肆虐全球之時。MIS人員具備深厚之 ICT 專業知識，協助組織企業之資訊運作。現今辦公室均具有內部網路（Intranet），MIS 人員可以透過印表機伺服器集線器（Printer Server Hub），讓彩色雷射印表機透過 Intranet 達到資源共享之目地，網路資料夾分享也是一種辦公室內常見之應用。現今彩色雷射印表機多採共享式使用，而機密文件之列印，可在電腦上設定列印密碼，等使用者到達

印表機時，在面板上輸入密碼後，再將剛才列印之機密文件取走。更嚴格之資訊控管，可要求員工在列印前先刷公司職員證上的感應磁扣，系統可記錄所有相關資訊，供日後稽核使用。

- **決策支援系統**（Decision Support System, DSS）：是以電腦為基礎，透過交談式（Interactive）對話視窗，以協助決策者在參考過系統所提供之資訊及分析模式後，用以解決非結構化（Unstructured）、不預期（Ad Hoc）的決策問題。決策者能透過簡單之詢問指令，嘗試在不同的思考角度下，來分析並考慮何種情況最有利於決策者。藉由系統快速地提供情資，決策者可做出最終之裁示。DSS 是使用友善的使用者介面（Friendly User Interface）系統，能適當地回應決策者，以圖形或統計圖表之模式來協助決策者，而不是加以直接取代決策者。如前所述，DSS 之決策過程，通常不是用已標準化且定義好的問題，而是面對解決非結構化的問題。

- **策略資訊系統**（Strategic Information System, SIS）：是在組織企業中能適時地支援或提升企業競爭策略的一套資訊系統，在內部可透過一套完整之資訊整合系統，例如：愈來愈多的公司在企業內部建構企業資源規劃（Enterprise Resource Planning, ERP）系統，結合跨部門之雲端資料庫，以提供決策者針對競爭對手，在適時做出之競爭決策，以期在商場上贏得勝利。而自企業外部之回饋資訊，例如：消費者對產品之評價，此種資訊也可透過顧客關係管理（Customer Relationship Management, CRM）系統直接將消費者回饋之資訊傳遞至行銷或品管部門，提供給相關決策者立即思考，以確實掌握商機，進而所向皆捷。所以，一套完善之策略資訊系統，不僅可以顯著地改變企業績效（Performance），還能幫助組織企業達成策略目標或競爭方式，提升獲利能力與企業營運之關鍵績效指標（Key Performance Indicator, KPI）之落實與追蹤。

2-2 資訊系統之架構

2.2.1 集中式資訊系統（Centralized Information System）

集中式的資訊系統架構，簡單而言，就是數部中央處理單元（Central Processing Unit, CPU），通常是以大型主機（Mainframe）與數個終端機（Terminal）連接而成的資訊系統，以專家來設計、發展與維護，且終端機本身並無處理及運算能力，所有的處理及運算皆要透過主機處理，再將結果透過網路傳送至終端機，而終端機只提供使用者與主機之間溝通的橋樑，一旦離開了公司的終端機，便無

法取得主機上的資訊。此種結構的優勢，就是可以做集中控制，無論是資料及管理控制，都較容易達成整體一致性，如圖 2-1 所示。一般大型企業例如：金融界通常會採用此模式，其建構成本相當的高，適合傳統層級式的組織結構。但是，此一架構亦有潛在極大之缺點，一旦主機發生異常或當機時，所有的資訊系統將全面停擺，因此備援的應變計劃，就顯得特別重要了。

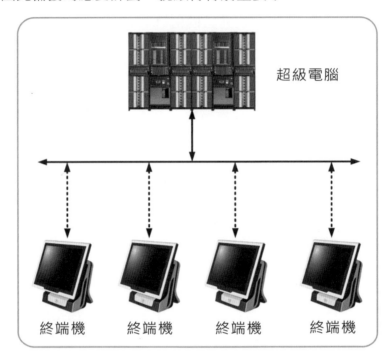

圖 2-1　集中式資訊系統

2.2.2　分權式資訊系統（Decentralized Information System）

分權式又可稱為非集中式系統，亦有人稱之為對等（Peer to Peer, P2P）網路，起源 1970 年代末期，因資訊時代的改變，使得管理者對電腦資料的存取更為嚴格。因此，智慧型終端機在時勢的需求下因而產生了，分擔大型主機電腦大部份的運算處理工作。原有的大型主機，進展到迷你電腦及微電腦，開啟了微電腦的時代，近年來資訊通信科技的進步，使得個人電腦速度與微電腦不相上下。

因此，現今幾乎全面以價格低廉的個人電腦來模擬並取代高價位的終端機，雖然仍有主機架構的存在，但絕大多數的運算處理皆可由個人電腦來運作，而且各終端機之資料流通，不需經過主機。因此，不但可以使用主機的資訊，使用者自己亦可以在個人電腦上，存有自己的資料並且與其他的終端機連線，這種架構適合分權式的組織文化，使各單位有充份授權而獨立運作的能力及權力，現今大多數的企業仍採用此架構，在此同時，資訊科技的重大突破，亦包含了辦公室自

動化（Office Automation, OA）、電腦輔助設計（Computer Aided Design, CAD）及電腦輔助製造（Computer aided Manufacturing, CAM）。

　　除此之外，即時通訊（Instant Message, IM）、電子郵件（Electronic Mail）、區域網路（Local Area Network, LAN）、電傳通訊系統（Telecommunication System）、都是分權式資訊系統下的產品，如圖 2-2 所示。這些系統可以在網路中直接交互傳送資料，大大地提升了資訊處理的質與量。

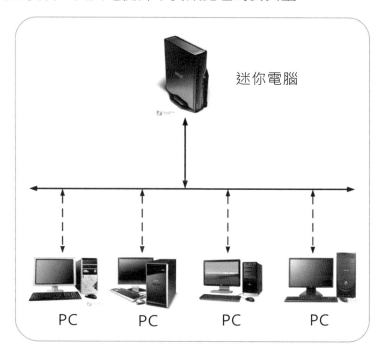

圖 2-2　分權式資訊系統

2.2.3　分散式資訊系統（Distributed Information System）

　　分散式資訊系統是以主從式架構（Client-Server Architecture）為基礎，主機系統與工作站，成為分散式系統中的伺服器，且依據不同的功能有不同且各自獨立的伺服器，分擔了早期集中式架構下主機的負擔，並且提供了一個開放式系統環境，使得設備擴充、維護、資料存取、交換更為方便。同時因企業對 ICT 的需求也愈來愈殷切，加上資訊分享之需求也倍增，所以對於 ICT 架構下的網路能力、效率及效能的需求更是迫切，如圖 2-3 所示。

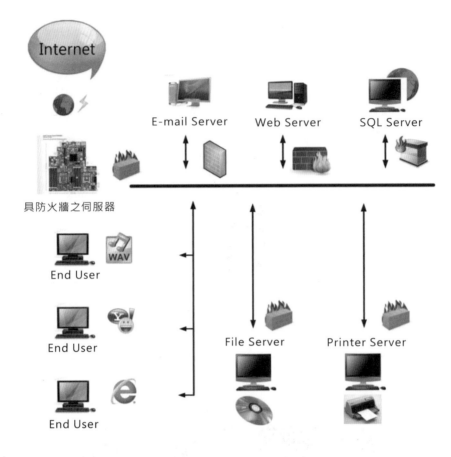

圖 2-3   分散式資訊系統

　　近幾年來，中小型企業因經濟成本效益考量，通常會以數台工作站（Workstation）或配備較完整的個人電腦，來全完取代早期集中式主機的工作，以微軟公司的視窗作業 BACK OFFICE 系列軟體為例，例如：Windows 8 / Windows 10/ Windows 11，Windows Server 2022 作業系統平台、Microsoft Exchange Server 結合群組軟體（GroupWare）的電子郵件伺服器、Microsoft System SQL Server 之主從式架構資料庫軟體系統、Microsoft Systems Management Server 視窗系統之集中管理工具、Third-Party Server Application、以及 Microsoft SNA Server 提供 PC to Host，並可以連結其他平台。例如：Unix / IBM AS400 大型主機之軟體、Microsoft Internet Information Server 在 Server 上提供 WEB 伺服器功能的軟體，將原有中、大型主機的 UNIX 作業系統的工作，以數台個人電腦或工作站加以分工合作，完成使命。

2.2.4　集中式資訊系統、分散式資訊系統之優缺點比較

⚫ 集中式資訊系統的優點

因採用集中式的管理，所以容易掌控公司整體的資料庫，在管理上較容易達到完整性、安全性及一致性。例如：安全管理、資料備份、權限區分。

對於系統發展及程式開發，集中式的資訊系統，可以讓專業工程師或其他資訊專業人員較易結合在一起，在其互動過程中相互交流、分享經驗，增加彼此的專業知識。

可以減少資源的重複浪費，因為集中式的資訊系統是採用大型主機，所以資訊設備及資訊部門單位，在建置上可以減少重複浪費。

⚫ 集中式資訊系統的缺點

由於資訊的資源（包含設備及人力）都集中在資訊部門，因此主機電腦的承載量便成為主要考量因素。運算過度集中，則容易造成伺服器負載過大，進而影響整體資訊效能。

因所有的資訊設備，皆由資訊部門統一辦理採購，因此，未必能夠滿足使用者的資訊需求。集中式的資訊架構，一旦主機出了異常狀況，發生當機時，所有的系統將完全停擺。

⚫ 分散式資訊系統的優點

當其中某一主機發生故障時，通常只會造成部份資訊系統之功能無法使用，而不會像集中式資訊系統全面停擺。例如：電子郵件伺服主機故障，只會造成系統內電子郵件功能的喪失，其他的功能，如 File Server、Web Server、SQL Server 的功能，仍然可以正常運作。

有愈來愈多的組織企業將資料儲存在雲端（Cloud），透過無所不在網路（Ubiquitous Network），例如：WiFi/5G/6G，進行存取，使用者透過網路資料中心（Internet Data Center, IDC），將自己想要的資料，透過事先設定的管理方式或相關軟體，將資料從資料庫中讀取出來，製作出符合使用者自己需求的相關資料報表，可以減少對資訊中心人員的依賴、節省資訊人力，並減少中、大型主機的購置成本。

2

管理資訊系統基本理論與實務

◉ 分散式資訊系統的缺點

由於資料分散於各工作站或個人電腦中，因此，對於資料的安全管理及資料的定期備份較不容易，相對更要加強使用者的操作與教育訓練，同時對於資訊安全中「人」的管理，也會更加地困難。

2-3 資訊系統之職場生涯

2.3.1　程式設計師（Programmer）

程式設計師的職責是設計程式，依據具系統分析、規劃後之架構，利用程式開發工具，以設計出終端使用者（End User）需求導向的程式，在既定的架構下，發展出應用軟體，並加以維護或配合修改，讓使用者運用電腦來完成工作任務。通常較大的系統會由數名或多名程式設計師，依模組化設計分工來完成此系統，例如微軟的開發團隊中，由上百名專業程式設計師共同完成產品開發，是常有的情況；而 Google 上千位的程式設計師，每個月都替網路使用者提供更多的網路服務。例如：手機 App 程式、功能更強大的 Google Apps（例如：日曆、搜尋、YouTube、地圖、Gmail、Play、雲端硬碟、翻譯、Bolgger、相片、Keep、Classroom、地球、試算表、簡報…等）。

2.3.2　系統分析師（System Analyst）

系統分析師運用各種分析整理的工具，從所得的資料中，找出一個最適合且符合效能及效率的方法來解決問題，分析師必須完全了解組織企業的結構、使用者的需求，方可開始進行研究分析，配合組織的資料，選擇出一個最有效且符合成本的方案，來進行系統設計架構。

系統分析師同時必須具備專業的專案管理知識，也要具備有組織系統的相關知識，例如：會計、財務、人力資源等流程，此外，也要對企業組織本身有相當的了解。在較大規模的企業中，會有系統分析師團隊，來共同完成組織企業系統之規劃分析，再交由程式設計師們來設計、開發、撰寫程式。在規模較小的企業中，有時系統析師除了分析系統架構外，亦由自己進行程式設計。因此，系統分析師最好須有二年以上的相關行業程式開發、設計經驗。

2.3.3 資料庫管理師（Database Administrator）

資料庫管理師是負責資料庫建構時，資料庫架構（Database Schema）之規劃、設計，並考量其未來之擴充及使用效率，以節省資料儲存成本，並隨時掌控資料庫的正常狀態，監督資料庫。

2.3.4 資訊長（Chief Information Officer, CIO）

資訊長為資訊部門之最高主管，負責組織企業中所有資訊業務之推動、管理、協調、規劃及未來發展之評估及策略規劃，在資訊相關的組織企業中，通常 CIO 的權力與 CEO 是不相上下；然而一個成功的 CIO 要切記以下原則：

要能夠直覺、迅速地做決策，出差飛行時，任何時間均可以快速進入睡眠，任何時間均可以醒來連網立刻工作，要能掌握資訊重點與盲點。

要具有一定的專案管理經歷，例如：一個有豐富計劃經驗的資深經理。要能夠在混亂中，冷靜地找到問題之發生原因。一個資訊領導者，並不只是授權資訊系統的工作者，而是經由過去的經歷，引導整個團隊。

要有企業家精神，且能夠了解內部計劃在實施時，對於外界所造成的需求。要成為組織企業中科技的領航員，CIO 可以非專精於每一項技術工作，但必須知道如何正確地運用技術來處理問題。

當有不了解事物時，要以謙卑心態來學習，與時俱進，樂於聽取並接受專家的建議。CIO 是組織企業中之最高資訊首長，除需具備豐富之資訊科技與企業管理的專長外，更重要的是，要有因人而異的溝通能力，如此才能整合共識，成為一優秀的領導者。CIO 對資訊科技的應用要有很高的靈敏度，且具備很強的學習和適應能力，才能跟上日新月異的科技，否則很容易被淘汰。基本上，CIO 具有改造公司及組織的資訊背景的功能，也因此通常是需要較長的時間，才能看出 CIO 努力的成效。

2.3.5 財務長（Chief Finance Officer, CFO）

財務長為組織企業中掌管會計的最高主管，在政府機構，則稱之為主計長。財務長的性質，本質上是一種幕僚性質，大多是替組織企業內的其他部門提供財務諮詢或服務。財務長負責掌管組織企業中財務的分配與運用的管理，使資金的來源與用途能夠相互配合，對組織企業過去的財務狀況加以檢討改進，並對未來的財務狀

況加以預測規劃，使組織企業能夠有效率且經濟地調度資金，不會有週轉不靈的現象發生，同時負責 e 企業的夢想：股票公開發行（Initial Public Officer, IPO）。

財務長是專門掌管資金流向的超級大掌櫃，一般而言，CFO 之主要工作，是控管公司的財務運作，替公司獲得更多的利潤。面對今日動盪的資本市場，單靠 CEO 的力量來推銷遠大的理想是不夠的。在此情勢下，CFO 已被推到火線上，負責企業投資方向、企業資金調度及風險管理，因為良好的財務運作，是高科技公司賴以維生的最大關鍵。

在組織企業中，CFO 與 CEO 是能一同對抗不景氣的靈魂人物。一位臺灣外資法人機構分析師指出，在不景氣下開股東會時，公司最忙的人物不只是 CEO。行事謹慎、外表保守的 CFO，開始走上第一線，在股東會上，說明公司的每一筆開源和節流。因為處在現在這個時代下，高科技公司不再大肆地盲目燒錢，獲利與創意共存，是當前最緊要的目標。投資人也重新學會從報表數字評估企業的表現，重新正視「流動比例」、「現金流量」、「股東權益報酬率」等經典名詞，幾乎要取代「智慧製造」、「智慧家居」、「智慧城市」、「跨境電商」、「循環經濟（Circular Economy）」、「企業社會責任（Corporate Social Responsibility, CSR）」、「永續發展目標（Sustainable Development Goals, SDGs）」等新名詞。可見在不景氣時代，實際的數字，取代了膨脹的夢想，而公司的財務結構，必然成為存活及發展的終極指標。

2.3.6　營運長（Chief Operation Officer, COO）

營運長負責掌管組織企業中，營運方向與商業模式（Business Model）之建立。並且隨時注意大環境的改變及資訊科技的發展，來修正組織企業的營運方向，追求組織企業的最大利潤。營運長要負責的項目，還包含了產業中的異業結盟，或者是與同行進行策略聯盟，並要不斷地注意如何去開發新客源，以提升組織企業的營運能力。任何影響組織企業獲利的事物，都是營運長要去解決的事情。

2.3.7　知識長（Chief Knowledge Officer, CKO）

知識長是近幾年來在較大規模的組織企業中常見的高階管理者。知識長是知識管理（Knowledge Management, KM）的專業領導者，其扮演的角色，就是在組織企業中，留住並尋求適合組織的知識資源，並加以運用，以提供組織企業做為策略上的考量。知識管理包含組織企業中的資料庫、網際網路中的網站資源、

通訊或儲存媒體中的重要資料,並且與CIO進行密切的合作,如果運用資訊科技,則可使知識管理之開發及應用,更有效率。

CKO 是近幾年資訊時代來臨才出現在管理界不久的職稱,在當今知識為競爭基礎的時代中,CKO 所扮演的角色日漸重要,他們的主要任務是將公司所擁有的知識,做最大且最有效的運用,以協助公司達成目標,為公司創造價值。

2.3.8　採購長（Chief Procurement Officer, CPO）

電子化採購（e-Procurement）,為目前企業電子化進行例行性採購時所應用之策略,不僅可降低採購成本,也可縮短採購時間,簡化採購流程,大幅提升企業運作績效,並減少人為弊端之產生。臺塑的線上招標系統,在上線後,每個月就可替臺塑企業省下巨額之郵電費。因此,採購長在今日 e 企業中,扮演為重要之角色。有越來越多的產業加入電子交易市集（e-Marketplace）的運作,不同的產業別,會有不同的電子交易市集的運作。採購長最大的任務,不外乎就是透過電子化的採購方式,減少組織企業的額外負擔,同時確保採購品質與簡化流程,藉以提升組織企業的營運績效。相關之研究也指出,電子化採購是下一波組織企業降低成本的方式。

2.3.9　學習長（Chief Learning Officer, CLO）

學習長的主要工作,是負責擬定組織企業整體及個別員工的學習計劃。在組織企業內建立學習型組織,並擬定符合組織企業實際需求的學習策略。電子學習（e-Learning）及知識管理（Knowledge Management, KM）是企業學習方法之一,如何善用電子學習及知識管理、增進員工的學習熱情、提升企業的競爭力,是學習長要達成的任務。學習長的角色,就是在組織企業當中,扮演終身學習的角色,同時督促企業的員工,認真學習新的專業知識,同時樂於分享。而學習長要擔任知識管理系統中,對每位參與者給予評價的公正角色。學習長不斷地給員工激勵因素（Incentive）,在組織企業當中,每位員工不斷地貢獻自己的專業知識,但不會擔心自己的職位,因為分享自己的專長之後,而被別人取代。

2.3.10　顧客關係長（Chief Relationship Officer, CRO）

有一些組織企業內有顧客關係長的編制,而 CRO 將會是組織企業是否能吸引或留住顧客的關鍵人物,因為只有重視顧客關係管理（Customer Relationship Management, CRM）,才能用較低的企業成本去開發新的客源。CRO 的職責,

不外乎就是要想盡辦法，留住現有的舊顧客，同時不斷地開發新的客戶，以企業永續經營的觀點來看，CRO 所扮演的角色是相當重要的。有了 CRO，組織企業的行銷成本，才可以真正的花在刀口上，而產生更大的行銷效果。如此一來，組織企業就有更多的致勝契機。落實 CRM，是組織企業的重要政策之一，而 CRO 將是 CRM 的提倡者及推動者，一步一步地推行到每一個部門。

2.3.11　資訊安全長（Chief Security Information Officer, CSIO）

隨著企業大量使用資訊科技，資訊安全長就顯得額外重要。企業內部大多有資訊長（CIO），資訊安全長（CSIO）逐漸在各大企業中成為重要的編制。資訊安全長主要負責組織企業內與資訊安全相關之所有議題，而資訊安全長必須具備專業的資訊科技知識。一般而言，在國內並沒有完整之資訊安全培訓課程或培育方式，資訊安全長可自民間資訊安全顧問公司、情治單位、檢調單位來找尋適當人才。一旦組織企業發生資料外洩，資訊安全長必需要能夠在第一時間點，立即掌握判斷方向，馬上提出相關補救措施，並將對組織企業之衝擊降到最低。

資訊安全長在平時就應該針對資安事件應變程序（Incident Response Procedure），建立標準作業程序（Standard Operating Procedure, SOP）。平日在組織企業當中就應該不斷地進行演練，一旦資訊安全的問題發生時，才不會不知所措。以上組織架構，如圖 2-4 所示。

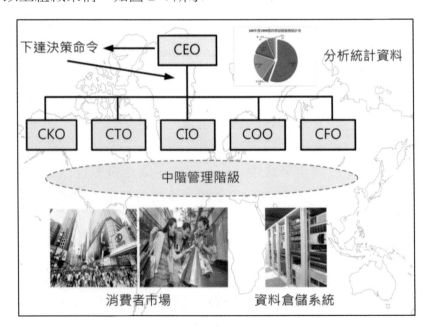

圖 2-4　資訊系統之職場生涯之組織架構

2.3.12　知識工作者（Knowledge Worker）

　　所謂知識工作者，就是運用專業知識，從事創造新的知識或資料的工作者，例如：科學家、工程師、研發人員、程式設計師、建築師等。相對地，所謂資料工作者（Data Worker）就是從事於使用、整理、分送資料或資訊的工作，例如：出納人員、會計人員、監工、行政助理、文書處理人員、銷售人員等。

2.3.13　知識工程師（Knowledge Engineer）

　　知識工程師的職責，就是將知識工作者某些方面之專業領域知識，透過訪談或以問答方式，將專業領域的無形資產（Intangible Asset）、寶貴專業的知識，使用資訊科技加以整合，將人類的專業知識加以表達或模式化，建構成為知識庫（Knowledge Base），可提供專家系統（Expert System）、人工智慧（Artifical Intelligence, AI）或智慧型代理人（Intelligence Agent）做為後端（Back End）資料庫之使用。

2.3.14　網頁設計工程師

　　在現在許多成長快速且最有趣的職業中，有一種就是網頁設計工程師。許多企業及組織團體都正在招募網頁設計的人才，這些網頁必須具吸引力及提供資訊的能力，還必須要包含關於像是公司的產品或服務、學院及大學的課程、以及組織性服務之類相關標題的資訊和圖示。有許多企業及組織團體會雇用自己專屬的網頁設計工程師來設計網頁，以便在需要時能即時更新網頁的內容。其他的企業及組織團體，則是委託資訊管理顧問公司來為他們的顧客群設計網頁。

　　許多技術學院及大學，現在都有提供關於網頁設計方面的課程。除了基本電腦概念及網際網路的課程之外，學生通常可以學習Adobe Creative Suite、Python、C++、多媒體開發應用程式工具、以及網路程式語言（例如：Java 及 HTML），來達到企業對網頁設計的需求。一個網頁設計工程師應該具有完美的美工設計與創造力，以及自我激勵的能力。專業的網頁設計工程師通常是獨立作業，而且不太受到監督。訓練有素又富有經驗的網頁設計工程師並不多，所以這些專業的網頁設計工程師，都可以獲得很不錯的薪資。

2　管理資訊系統基本理論與實務

2-4 資訊系統在商業方面
(IS in Business Arena)

資訊系統在商業功能方面的常見應用,如圖 2-5 所示:

- 人力資源管理(Human Resource)
- 行銷與客戶服務方面(Marketing and Customer Services)
- 工程方面(Engineering)
- 製造業方面(Manufacturing)
- 存貨控制與管理(Inventory Control & Management)
- 會計方面(Accounting)
- 財務金融方面(Finance)

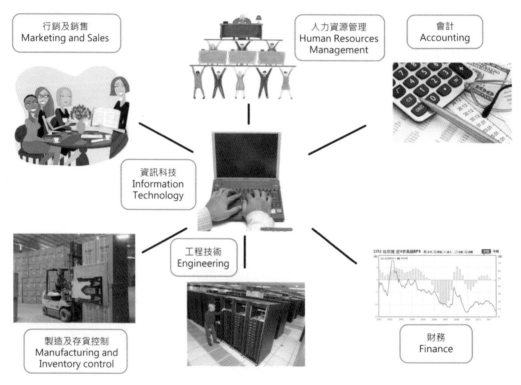

圖 2-5　資訊系統在商業功能角度方面

其目的在協助組織企業運用資訊科技來簡化作業流程、節省各項額外附加的成本、減少失誤的發生、將人為因素所產生的損失降至最低,同時可以將資料加以累積、整理分析,將有關的商業資訊,提供給組織企業做為營運及決策參考,接下來就為各位介紹資訊系統在商業方面的應用。

2-5 資訊系統在人力資源方面 （IS in Human Resource）

2.5.1 人力資源方面

　　人力資源管理資訊系統（Human Resource Information System, HRIS），就是運用資訊科技將有關人力資源的資料加以建檔，並能適當且適時的提供資訊，協助管理者能夠做好人力資源規劃。由於目前全世界的企業經營管理均強調專業分工，而現今的人力資源管理需求比幾年前更快速地成長、更受到重視，高科技專業人才更是得之不易。因此，充份運用資訊科技，來協助組織企業進行人力資源管理，是一個十分重要的課題。資訊系統在人力資源方面，涵蓋以下之面向：

- 員工的學經歷管理
- 員工的任用及晉升
- 加強員工的專業訓練
- 員工作考核評估
- 員工作薪資及利益管理

圖 2-6　人力資源管理資訊系統

2.5.2　人力資源資訊系統的三個層次

　　此外，人力資源管理資訊系統也可分為作業性、戰術性及策略性規劃等三個層次，分述於以下內容。由於人力資源資訊系統，詳實地記錄了許多組織企業中員工的個人資料，因此，更需特別重視資料安全的管理及防範不正常的存取，以保障員工的隱私權。

▶ 作業性人力資源資訊系統

　　通常包含了下列的資訊系統：

- **員工資料管理系統**：是運用電腦來記錄員工的資料，大致可分為：

  - 員工的個人基本資料：如員工姓名、性別、生日、住址、電話、學經歷、個性、薪資、家庭狀況、生涯規劃、身體健康以及經濟狀況等。

  - 員工的專業技能：例如：詳實地記錄員工的工作狀況，包含經驗、特殊專長技能、有無證照、檢核考試及格證明、曾經受過的專業訓練、測驗成績等。管理者可以運用這些寶貴的資料，來評估公司內部近期內將退休之人員數量，並以此當作公司未來人員招募的任用參考。並依據員工的能力技術、工作興趣、工作現況來進行人力上的適當調整，以期發揮最高之人力資源運用。

  - 工作職掌及組織編制控制管理系統：是使用電腦來記錄工作項目職掌及職位編制，並記錄其工作項目涵蓋該員工在公司中所要執行的業務有哪些，並依工作職掌表上記載的工作範圍，以執行任務。

    組織編制控制系統中，記錄了公司的組織編制，編制內人員的職稱以及所隸屬於那些部門、現職人員的名冊、尚有哪些職位出缺的狀況，並記錄每項工作之人力條件需求和內容說明等。管理者可以經由電腦的輸出報表，分析人力需求的現況。例如：哪些類別的人員離職或職業傷害的發生率較高，進而提升人事管理上的調整；評估職務的工作內容或調整薪資報酬，以減少離職率，並加強教育訓練以減少職業傷害的發生，藉以提升員工之工作士氣。

- **任免遷調管理系統**：對於組織新進人員的招募與任用，依據組織編制控制管理所提供的職位與人力需求，來提報招募計畫。在招募員工時的訪談與測驗中，可以由該系統來支援，將設定之人力需求條件與員工任職後之工作績效，加以比較分析，做為公司招募任用條件及方式的修正參考。對於

現職人員是否適任，則再加以評估。在組織編制中出缺時，可以先以調整職位方式來考量，以發揮人盡其才的精神。

■ **績效考核管理資訊系統**：公司往往每年都會對於員工的工作績效加以評估考核，並且依考績的好壞，做為調整薪資及發放年終獎金的依據。這些資料存放在資料庫中，依時間的累積，可以運用電腦分析出員工的工作效率，既快而精確。

■ **薪資管理系統**：薪資管理系統包含了員工工作年資、薪資的等級、工作的時間以及相關的績效獎金等。其薪資相關的資料來源，常會以員工基本資料管理系統做為參考值，並加以換算出薪資所得。

戰略性人力資源資訊系統

其目的在於輔助管理者人力資源上的分配，運用資訊科技在人力資源上，可以充分發揮人員潛能與專長，提升工作效率，以下所列為戰略性人力資源資訊系統：

■ **工作的分析與設計系統**：可以提供人力資源管理活動之用，對組織企業中所有的工作項目及每個職位的職掌，均詳細地表示其所需具備的條件(如：技術、經驗、專業知識)、工作目的、任務與責任及如何衡量工作的績效。

■ **待遇福利管理系統**：員工的薪資所得結構中，包含了基本待遇（例如：月薪、獎金等）與福利（例如：保險、配股、醫療服務、退休計畫、員工在職教育訓練等）二種。運用資訊科技來分析、設計薪酬制度，再依員工績效考核、技術能力、資歷與其他公司比較，來進行調整，包含獎金制度的建立。在此管理系統下，不同的人員依其不同的條件，將有不一樣的薪資，以達成不同的組織目標，例如：人事精簡、鼓勵提早退休、提升組織內、外之競爭力及合作。

■ **員工教育訓練系統**：人力資源資訊系統可幫助人事管理者，規劃並監督員工在職訓練與發展計劃，更進一步分析每個員工的生涯規劃，同時詳實地記錄員工曾經參與內、外部的訓練時間、內容、成績的管理等，亦可以將過去受訓成績與目前工作績效加以評估。此外，員工的職業安全教育訓練，亦是十分重要的，這些都會被記錄在員工教育訓練系統的資料庫中。

● 策略性人力資源資訊系統

其最主要的功能是用來支援組織企業制定長期人力規劃（Workforce Plan），可以供管理者評估考量組織策略性的決策，例如：單位合併重組（Merging）、縮減組織編制（Downsizing）或將某些部門業務委外（Outsourcing）。

有關策略性人力資源資訊系統例子如下：

- **人力資源規劃支援系統**：目的是要能夠預測公司長期人力資源的供給與需求，對於人力的數量和品質能夠加以評估規劃，例如：組織企業的未來擴充規模、遷移等活動，都需要人力資源規劃支援統的配合。

- **勞資談判支援系統**：近來因為社會的變遷，人們愈來愈重視生活品質。因此，勞工們意識逐漸浮現，工會的活動也活躍起來，使得組織企業對於相關工作條件有關決策時，都必須與工會組織談判，在談判的過程中需要使用公司的相關資源時，便可以透過談判支援系統，產生即時計算與查詢編制報表，以利分析參考。

2-6 資訊系統在行銷與客戶服務方面 （Marketing and Customer Services）

極為少數的組織企業能夠不需要靠行銷或市場研究分析，而可以很成功地銷售出自己的產品或服務。運用行銷研究，可以在短期間內分析並了解市場趨勢，以推出符合市場需求的新產品。經訪談顧客與零售商市場研究調查結果，可以了解顧客喜好、不喜歡的產品。當有足夠的資料，經由研究調查的結果後經整理、分析、統計，可以使行銷部門對於其業務人員，依照不同的產品，訂定不一樣的行銷計劃，或者針對相同的產品，給予不同部門設立業績目標。同時這些資訊，對於製造生產線之規劃亦十分重要，是預算評估、編列的重要依據。

2.6.1 行銷目標

組織企業可以運用資訊科技，將市調的結果加以分析，進而運用市調的結果，增加極可能購買公司的產品的潛在客戶。即使是極小型或小額資本的公司企業，平常也會使用到行銷目標。這個重要的理論，是由資料庫的相關科技導引而來的。行銷目標的主要目的，不外乎在於希望能夠使組織企業，能夠有效且準確地去預測未來可能的消費族群，而針對這些族群，了解這些消費者偏愛的產品，進而加強對此類產品的行銷策略，以增加其銷售業績，許多的公司將資訊科技運用在行

銷目標上。例如：將巨量的產品目錄郵寄至顧客的電子郵件帳號，也就是我們常收到的垃圾郵件。這對於公司的行銷來說，是種有效率且花費小的行銷策略。但在今日，小心觸法，此種是屬於灰色地帶的行銷方式。

此外，網路購物（Shopee、momo、露天、udn 等）以及泛社群網站行銷（LINE 社群、FB 社群、IG 社群等），也是一種運用 ICT 的行銷目標，均聚焦於以智慧型行動裝置，隨時隨地均可進行行動商務。資訊家電（Information Appliance, IA）與物聯網結合的普及化，使得公司可以運用電腦將顧客種類及消費習慣加以分類，對於不同類別的消費族群，給予不同的商品行銷方式、管道與其內容。當市場上的競爭對手，其品質與價格戰平分秋色時，往往客服的良窳，會決定勝負的關鍵。所以運用資訊科技，在行銷與客戶服務方面是相當重要的。圖 2-7 所示為行銷資訊系統涵蓋之範疇。

圖 2-7　行銷資訊系統涵蓋之範疇

2.6.2　顧客關係管理

　　長久以來，顧客關係管理一直都是企業經營努力的方向，了解顧客的需求或創造顧客的需求，進而滿足顧客的需求，是企業追求的經營目標，此目標並未隨著網際網路的發達及電子商務的崛起而有所改變或消失，反而隨著資訊科

技的進步，愈來愈多的組織企業利用最新的資訊科技來經營與顧客之間的互動，希望能更瞭解顧客需求，提高顧客忠誠度。

在以往的社會，商店的老闆必須靠經驗的累積以及個人的記憶，來記住每一個顧客的臉孔，他們來買過什麼類型商品或喜歡什麼類型商品，他們有沒有禁忌或特殊要求，老闆都要瞭若指掌，將這些顧客服務的非常周到，希望這些顧客可以多找些親朋好友來光顧；可是，如果發生任何不愉快的交易行為，很快地一傳十、十傳百，街頭巷尾的街坊馬上都知道。所以，商店的老闆必須靠他的經驗與記憶，來做好顧客關係管理。

但是現在不同了，現在是網際網路的時代，顧客會將他的不滿意情緒，利用 Facebook 直播/IG/LINE 群組透過網路告訴全世界。在過去非網際網路時代，一個有消費經驗不滿意的顧客，平均會讓 9～10 個人知道其不愉快的情緒，但在現今社群媒體（Social Media）時代，他/她可以把這些經驗，彈指之間就讓全世界都知道，所以現代的組織企業，當然要重視顧客關係管理。

2-7 資訊系統在工程方面（IS in Engineering）

資訊系統在工程方面之應用，可說是非常廣泛。其涵蓋層面包括有電腦輔助設計、電腦輔助製造、電腦輔助工程、電腦化數位控制、機器人之應用等等。

- **電腦輔助設計**（Computer-Aided Design, CAD）：運用電腦的高速運算處理與繪圖能力來協助各種專業的工程設計，例如：大樓結構、消防及電路的設計，如圖 2-8 所示。

- **電腦輔助製造**（Computer-aided Manufacturing, CAM）：運用電腦的高速運算處理與繪圖能力，來協助各種專業的工程製造，例如：汽車的研發及安全的測試、城市設計、建築規劃、結構工程模擬和工業的管路計劃方面，CAM 可幫助工程師在得到比較好或切合實際的設計，協助工程師們做分析，並且將計劃的結構的做完整性的最佳化設計，如圖 2-9 所示。

- **電腦輔助工程**（Computer-aided Engineering, CAE）：利用電腦的高速運算及繪圖能力，來協助各項工程作業的方法與流程，此技術已廣泛運用於各行業，尤其是工程領域方面，有電腦輔助工程，則可突破很多工程設計的瓶頸。

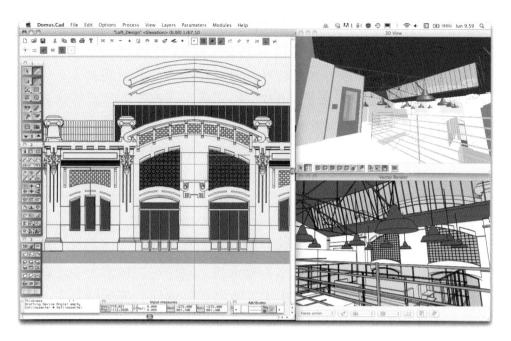

圖 2-8　建築 3D 設計 (資料來源：http://www.interstudio.net/DomusCadE.html)

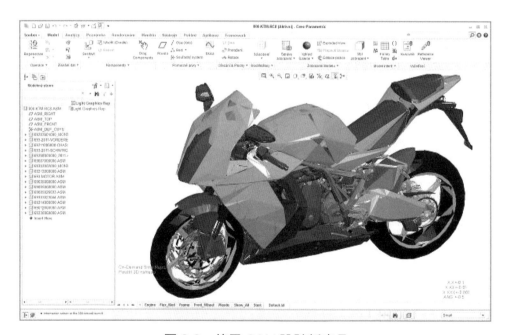

圖 2-9　使用 CAM 設計新產品
(資料來源：http://progecam.com/design-software/105-creo-parametric-
next-generation-cad-for-australia)

- **電腦化數位控制**（Computerized Numeric Control, CNC）：由電腦扮演整合控制的角色，在操作上，可透過事先編輯的精確指令進行自動加工，並經由電腦編譯計算後，透過位移控制系統將資訊傳至驅動器，以驅動馬達來切削零件，例如：電腦車床的控制、工廠生產線上的電腦機械控制等。

- **機器人**（Robot）：有愈來愈多的電腦機器手臂或經設計特定用途的模擬人類的機器人，投入大量生產的行列。時下的關燈工廠，即是大量使用電腦機器手臂，並結合自動化生產，提升效能、效率、精確度，例如：汽車生產組裝所使用的機器手臂。因 COVID-19 肆虐，線上點餐、外送宅配到家，已成為一種普遍趨勢。在愛沙尼亞首都，塔林市，就有網路新創公司，成功推出機器人宅配到家，還與德國賓士車廠合作，以自動化方式。使用貨車載送小型機器人，卸載小型機器人後，再由小型機器人完成社區住宅的最後一哩路（Last Mile），如圖 2-10 為愛沙尼亞之宅配機器人。圖 2-11 為賓士褓姆車搭載小型機器人，進行長距離之配送。

圖 2-10　愛沙尼亞之宅配機器人 (資料來源：https://news.tvbs.com.tw/tech/765102)

圖 2-11　賓士褓姆車搭載小型機器人 (資料來源：TVBS NEWS)

2-8 資訊系統在製造業方面（IS in Manufacturing）以及存貨控制與管理（Inventory Control & Management）

2.8.1 資訊系統在製造業方面的運用（IS in Manufacturing）

- **物料需求規劃**（Materials Requirements Planning, MRP）：協助工廠在製造過程中所需要的產品主要原料，以及其他相關的耗材的需求、管理、控制，以節省成本。

- **製造執行系統**（Manufacturing Execution System）：工廠的製造流程控制與管理、生產排程（Production Scheduling）的管理，以及配合其他系統進行生產排程、線上插單運作的管理。

- **存貨及品管控制等**（Inventory & Quality Control）：維持合理的存貨並且做好品管與控制，防止缺貨或庫存過高的情形發生，避免造成存貨成本的浪費，同時做好品質管理，降低不良品的發生，減少被退貨的風險。

- **製造資源規劃**（Manufacturing Resource Planning, MRP II）：製造業在管理上比大部份的行業較為複雜，因為製造業涵蓋購置原料、原料倉儲、產品生產、成品組合包裝、存貨管理、人力管理、物流配送管理等過程。因此，製造資源規劃就可以整合所有工廠的資源，並加以充份的運用配合。此外，運用資訊系統於製造業，則可以有助於製造成本的降低，並減少管理資源耗損等優點，如圖 2-12 所示。

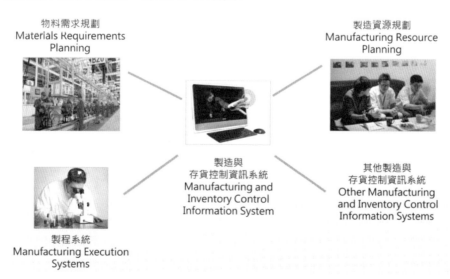

圖 2-12 MRP II 與其他模組之關係

　　在全球化企業的趨勢下，為了提升企業本身的競爭力，首先要做的是降低生產營運成本，使工廠機械設備的產能能同時發揮到最大。同時能夠將具地區性之工廠的資源加以整合，並相互配合運用，這些都是需要靠資訊科技的協助才有辦法以最有效率的方式達成目標，提升企業本身在全球化環境下的競爭優勢。

2.8.2　存貨控制與管理（Inventory Control & Management）

　　幫助工廠預訂排程活動的管理，並且整合運用所有的工廠資源，例如：機械、人力、工具、基本及生產過程所需要的原料。幫助工廠有計劃地分析、管理基本的原料需求，並預測（Forecast）未來原料的需求量。將工廠對於不同生產排程所留下的原料，迅速地再分配至其他生產排程，適常地控制原料的有效期限，降低廢料的產生，以達成 JIT（Just In Time）策略。

　　工廠的管理控制中心應使用動態庫存來管理原物料，並評估需求及回應的時效，進而有效控制庫存管理之最佳化，以降低庫存成本。組織企業必須認定公司內每一項資源，都要有一定的資格水準，以利相關事務之推動。例如：經認證的勞工、訓練有素的團隊及特殊專業的人員，共同完成任務。

　　資訊科技在製造業與存貨控制方面，除了能夠協助適時地調整製造流程，同時也可降低原料在庫存中的存貨，又可使得製造流程順暢，以製造出符合品質的產品，並且能適時且快速地去調整產品的變化，製造出符合顧客最想購買的產品。

2-9 資訊系統在會計方面（IS in Accounting）

◎ 應付帳款及應收帳款（Account Payable & Account Receivable）

　　會計資訊系統在組織企業之應用，就是將所有的組織之營運情況完全地記載下來，同時運用會計資訊系統所記錄下來的內容明細加以分析，進而掌控有關所有的應收帳款（Account Receivable）及應付帳款（Account Payable），隨時了解組織企業的營運狀況，對於應收款帳加以稽核，追蹤其是否沖銷，對於應付帳款加以確認付款，以確保企業現金流量之正確。

◎ 財務報表（Financial Report）

　　企業組織為了讓股東得知整個營運面貌與財務狀況，必須製作財務報表。基本的財務報表包括資產負債表、損益表、保留盈餘表及現金流量表，供股東們參考。運用相關年度統計報表了解年度的營運狀況，並且比較過去與現在的營運情

形，進而評估，並預測明年度的營運狀況。這些重複性且繁雜的工作，由會計資訊系統來完成相關的資料報表，不但可以節省會計人力的支出，也可以減少錯誤機率之產生，同時可以分析企業內部的營運狀況與同性質之企業相關營運情況加以分析，以掌握企業在整體大環境中的營運情形。

◉ 財務會計、管理會計與成本會計

所謂財務會計（Finance Accounting），主要是組織企業，對外界提供過去的記錄保存與正確的財務報表。管理會計（Management Accounting），則主要是組織企業對內部的管理階層提供相關的財務資訊，以供其制訂各項管理決策所需。成本會計（Cost Accounting），是指組織企業記錄、計算所製造的產品，及提供相關服務的成本。成本會計，再詳細點解釋，就是依據工廠中接單的數量以及銷售單價，配合製造所需要的所有成本，包含原料成本、人事成本、管理成本、運輸、存貨成本，以及其他相關的額外成本，並加以分析控管，能夠將所有的營運成本，調整至最合理的狀態，以增加企業的競爭力，圖 2-13 為會計資訊系統完整的執行成果架構圖。

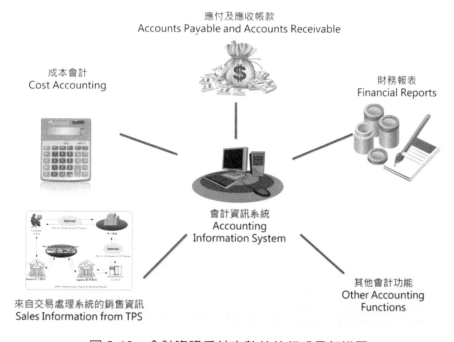

圖 2-13　會計資訊系統完整的執行成果架構圖

◎ 來自交易處理系統的銷售資訊（Sales Information from TPS）

　　交易處理系統將來自交易處理系統的銷售資訊加以分析，運用資料擷取的技術，分析出客戶類別與訂購產品、或不同季節與產品類別及數量的關係。找出潛在客戶的最需要的產品，提供存貨控製與原料庫存的參考依據。

2-10 資訊系統在財務金融方面（IS in Finance）

　　資訊系統在財務金融方面，可以運用財務管理資訊系統，隨時掌控組織企業的財務狀況。其主要功能有：

◎ 現金管理（Cash Management）

　　在組織企業的日常營運中，現金是必須的，因為組織企業必須以現金支付費用（例如：支付稅款、購買原、物料及支付薪資等），但是一般組織企業不會留太多的現金，因為現金本身不會產生利息，而是將大部份的現金運用在投資上。對於現金流（Cash Flow）加以嚴格管理，可以使組織企業在現金調度上能充份發揮，避免資金周轉不靈的情況發生，進而影響企業的營運狀況。

◎ 預算編列與預測（Budgeting and Forecasting）

　　預算（Budget）是組織企業管理階層所使用的財務報表之一。所謂預算，乃是指預期或計劃的財務報表。在初期，預算是一份計劃書，用來表達管理階層對於未來某特定期間的期望，在末期，預算則是一項控制工具，藉以協助管理階層比較與原定計劃的差異，作為未來改善的依據。

　　現金需求預測是預算的一部份，組織企業必須先估計進貨存貨的現金需求，再結合應收帳款、薪資的支出、各項稅款支付及各項費用等，匯整成現金預算表。而這張現金預算表將詳細記載著組織企業，在某特定期間現金流出與流入情形。預算編列與現金需求預測，組織企業在營運時可配合會計報告，預測未來資金的需求情況，並且加以匯整，以做為編列下年度營運時所需資金參考，使得資金的來源及運用能加以配合，將公司的閒置資金降低，以達充分運用現有資金。

投資分析（Investment Analysis）

對於公司現有的資金加以規劃，以評估其對於組織企業或金融交易市場或股、匯市之應用，做為投資分析參考。資訊系統在財務金融方面涵蓋範圍很廣，例如：預算編列與預測投資分析、現金管理、財務資訊系統等，如圖 2-14 所示。

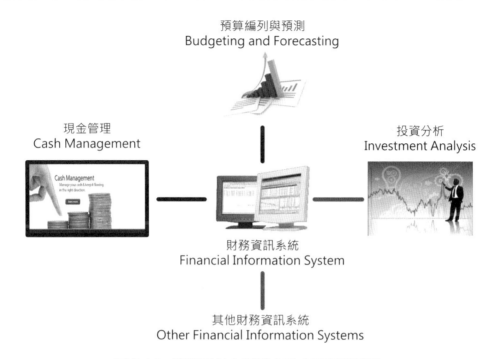

圖 2-14　資訊系統在財務金融方面涵蓋範圍

學習評量

1. 試說明什麼是效果（Effectiveness）及效率（Efficiency）？

2. 資訊系統架構有那三種？並比較其特性。

3. 何謂 CEO、CIO、COO、CISO、CKO？並說明其職責內容為何？

4. 何謂知識工作者及資料工作者？

5. 試說明 CFO 之職責為何？

6. 何謂 CLO、CRO？並說明其職責內容為何？

7. 何謂系統分析師？

8. 試舉例說明資訊系統，在人力資源管理上的運用。

9. 試說明資訊系統，在存貨管理有何功能？

10. 試舉例資訊系統，在工程方面有哪些知名軟體？

11. 何謂 CAD、CAM？

12. 何謂愛沙尼亞宅配機器人？

資訊通信科技與資料庫 3

本章學習重點

- 電傳、網路
- 不同領域之網路應用
- 商業智慧之基礎－資料庫
- 資源共享與主從式架構
- 網際網路通訊傳輸及軟硬體

3-1 電傳（Telecommunication）

電傳（Telecommunication）在資訊數位化的時代下，已成為資料通訊（Data Communication）最重要的一個課題之一。在電子商務（e-Commerce, e-C）蓬勃發展的年代，電傳的科技一日千里。因此，每個人日後都與電傳脫離不了關係。因為不論是企業、政府或個人都會利用此一科技，來提升我們的生活。

3.1.1 電傳的特性

簡單而言，電傳提供以下的便利性及重要性：

- 可立即獲得正確資訊：例如，透過 5G/6G 網路與智慧型手機就可以得知股市行情、交通狀況、停車位、天氣、收看 YouTube 之網路電台，如中天新聞台並沒有在有線電視台出現，臺灣 NCC 也無法涉及其營運，但中天新聞台仍與一般有線電視運作幾乎一樣。

- 電傳可提供 e-C 等新型態的服務：例如，網上購物，網路遊戲。

- 電傳可傳送或接收語音以外的資料：例如，即時通（Instant Message, IM）之應用。

- 電傳可供分散各處的使用者同步開會：例如，Webinar（網路研討會）、Google Meet、ZOOM 等視訊會議工具。

電傳，就是將各種不同的資訊格式如文字（Text）、聲音（Voice）或影像（Image），從一地經由某種數位傳輸媒介傳送至另一地。電傳的應用是十分廣泛，例如：資料、軟體和硬體的分享，大至外太空之通訊，小到傳真機之應用皆是。一般來說，電傳主要是利用現有的通訊設備來傳輸，無論是在越洋的跨海光纖，或是都市內的市內電話，或是藉由無線傳輸的架構，應用實例均屬於電傳之範疇。

3.1.2　資料傳輸（Data Transmission）

資料傳輸相較於上述所言，則是指透過電傳的媒介方式，於各種電腦間互相傳送資料。包含以下傳輸：

- **傳輸頻道與媒介**（Channel & Media）：所有的傳輸的媒介都有其本身的特性，一般我們以傳輸的頻道、傳輸的容量和其速度，以及它是否抗干擾及材質價格等，來加以區分。

- **傳輸頻道容量與速度**（Channel Capacity & Speed）：指在一定的單位時間內，所能傳送的資料量，通常稱之為頻寬（Bandwidth）；若以秒為單位，計算每秒能傳送的資料的位元（bit）或位元組（Byte）的數量，通常以 bps（bits per second）或 Bps（Bytes per second）來表示其速度。例如：300 Mbps 為 300 Mega bits per second。

3.1.3　常見的傳輸媒介

◉ 雙絞線（Twisted Pair, TP）

雙絞線是由一或多對包覆絕緣體的銅線互絞而成的，互絞是為了要避免形成串音（Cross Talk）現象。串音就是某條導線上的訊號，跑到另一條導線上。事實上在單位長度內，導線的互絞次數越多，對抗干擾的效果也就越好，因為它們會在導體外形成磁場，以增強雙絞線的抗干擾能力。所以一般較貴的雙絞線在單位長度內的導線對絞次數，會比較便宜且傳輸速度較慢的雙絞線來得多，效果也將較好。

　　雙絞線主要分為兩種類型： 無遮蔽式雙絞線（Unshielded Twisted Pair, UTP）以及遮蔽式雙絞線（Shielded Twisted Pair, STP）。UTP 是由一或更多對包覆絕緣體的銅線互絞所組成的，在外圍有一層絕緣護套。STP 則是在包覆銅線的絕緣體外面和最外層的護套之間，多了一層金屬薄片的保護。如圖 3-1、3-2 所示。

圖 3-1　UTP 雙絞線

(資料來源：http://www.guashan.com/photo/shuangjiaoxian.html)

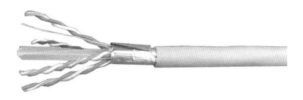

圖 3-2　STP 雙絞線

(資料來源：http://www.3ait.net/web/bx/200904/09-1334.html)

　　UTP 是較常見的網路線材，一般來說稱為 10BaseT（T 指的就是 UTP），代表了一種乙太網路（Ethernet Network）的佈線方式，也是目前最常見、也最受歡迎的一種纜線佈線方式。不過此種方式的最大區段，僅允許長度約為 100 公尺（328 英呎）。一般而言，UTP 比較容易發生串音的現象，而 STP 則是為了解決 UTP 的缺點而設計的。

　　不論是 UTP 或 STP 纜線，雙絞線纜線的是使用 RJ45 的接頭，來與電腦網路介面或網路設備連接，它們是一個 8 芯的接頭，和電話的 RJ11 四芯很像，如圖 3-3 為 RJ45 插槽。

圖 3-3　RJ45 插槽
(資料來源：http://bbs.ereadcn.com/thread-102423-1-1.html)

同軸電纜（Coaxial Cable）

同軸電纜線的外型和電視訊號的纜線很相似，以往一直都是網路纜線的第一選擇，因為它相當便宜且容易安裝，但近年來由於它在速度、維護與區段長度等限制，已漸被 UTP 所取代。同軸纜線的中心包含了一個中央導體，在中央導體的外層包覆了一層絕緣體，再往外一層則是以金屬線編成的線網（Braiding）。最外層的橡膠材質稱為護套（Sheath）或披覆（Wrapper），如圖 3-4 所示。

圖 3-4　RJ45 插槽
(資料來源：
http://suddensales.com/?product=mediabridge-
coaxial-digital-audiovideo-cable-50-feet)

同軸纜線和雙絞線受干擾時，其訊號衰減的程度較低，但訊號衰減程度則比光纖（Fiber Optic）纜線高。這是因為同軸纜線的屏蔽會吸收環境中所產生的干擾，可降低環境對同軸纜線傳輸的影響。同軸纜線也分為兩種類型：細同軸纜線和粗同軸纜線。電子電機工程師協會 IEEE（Institute of Electrical and Electronic Engineers）將使用這兩種同軸纜線的網路命名為 10Base2 與 10Base5，其中 10 所代表的意義，表示全部頻寬為 10Mbps（Mega bits per second）； Base 則表示是使用基頻傳輸技術；2 表示最大區段長度，是 200 公尺左右；5 表示最大區段長度為 500 公尺。

　　細同軸纜線，其直徑約為 0.25 英吋（約 0.64 公分）。粗同軸纜線，其直徑約為 0.4 吋（約 1 公分）。不管是 10Base2 或 10Base5，我們通稱為 RG58，使用 BNC T 型接頭，如圖 3-5 表示。

圖 3-5　RJ45 插槽
(資料來源：http://www.007swz.com/)

● 光纖（Optical Fiber）

　　光纖纜線是以光波傳送而非電波，正因為不是電子訊號，所以光纖纜線不受干擾。由於有較低的衰減特性及高速的傳輸能力，所以它很適合用在高頻寬、高速和長距離的資料傳輸上。例如：連結世界的越洋的海底電纜，在臺灣鐵路枕木下的環島光纖的主幹。近來由於無所不在網路的流行，對頻寬的需求很大，上網價格相對降低許多，而且技術也大大提升，一些民營固網業者也都採用光纖做為一般主幹，以便提升服務品質及服務種類。光纖纜線的心線（Core）是由一條或一捆玻璃纖維所組成的，心線外包覆了一層玻璃材質披護，最外層是外部護套，如圖 3-6 所示，為一捆光纖纜線。

圖 3-6　光纖纜線 (資料來源：http://persoack.wordpress.com/)

　　光纖纜線提供了相當高的頻寬，目前商用的光纖纜線頻寬已到達 159 Tbps（Tera bits per second），而國內中華電信已提供光世代 300Mbps 之下載速度。由於光纖纜線內，光波訊號只能向單一方向，也因此大多數的光纖纜線都包含了一對方向相反的導線。目前在網際網路迫切期待高頻寬，環島 Internet 的主幹非光纖纜線莫屬，然而環島光纖之佈設，則以台鐵的枕木為最佳施工地點，固網便是以此構建而成的。

◉ 微波（Microwave）

　　前面所談的，都是透過纜線才能讓使用者上網，為了要突破這種限制，無線技術應運而生。最近這幾年，新型的無線技術相繼問世，其中比較重要的技術有微波系統、紅外線（Infrared）傳輸等。專家把微波系統分成兩種：地緣微波系統（Terrestrial Microwave System）和衛星微波系統（Satellite Microwave System）。

　　地緣微波系統是利用地表上微波塔之間的傳輸，微波塔通常建於高的建築物的屋頂、高山頂，使用集束（Tight-Beam）的高頻訊號來傳輸，頻寬約 1 至 10Mbps。衛星微波系統當然是透過衛星來傳送和接收資料，只要用正確的接收設備就可以收發資料，帶給人類莫大的方便。當網路延伸到更大的傳輸範圍時，便可利用微波的技術進行傳輸，以達到更大的需求。微波是目前最廣泛的傳輸服務。

3.1.4　常見的網路設備

◉ 乙太網路集線器（Hub）

　　在區域網路中，許多電腦之間利用網路卡相互連接時，可使用集線器來連接，連接電腦之數量以集線器所提供之插槽而定，當連接的電腦數量愈多時，會因網路流量的增加使得碰撞（Collision）之現象產生，而使用網路之效能降低，因為集線器為是所有的埠（Port）共享一個頻寬，如圖 3-7 為一台智慧型之集線器。

圖 3-7　智慧型之集線器 (資料來源：http://www.stepbystep.com/)

乙太網路交換交換器（Switch）

　　所謂交換器即是交換式的集線器。而交換器與集線器在網路內的功用大致相同，然而其間最大的差異點，在於交換器的每個埠（Port）都享有一個專屬的頻寬，並具備資料交換功能，因而使得網路傳輸效能得於同一時間內所能傳輸的資料量較大，較不會像集線器一樣會常出現碰撞（Collision）之現象，但交換器的價格較集線器貴，如圖 3-8 所示，為一台交換器。

圖 3-8　D-link 交換器

(資料來源：http://www.getprice.com.au/d-link-dgs-1210-16-networking-switch.htm)

3-2 網路（Network）

　　所謂的網路化，就是把獨立運作的電腦利用網路相互連接起來。網路依其傳輸距離的長短，又可區分成區域網路（Local Area Network, LAN）和廣域網路（Wide Area Network, WAN），其目的在於分享（Sharing）資料和資源。雖然初步概念很簡單，但是讓一台電腦與另一台相連接，所牽涉的技術則相當多。您將在本節學習到所有網路類型的基本概念，並且了解到為什麼網路在我們的工作環境中是如此重要。

3.2.1　區域網路（Local Area Network, LAN）

　　區域網路是目前最常見的一種數據網路（Data Network），通常是指一個小區域內，例如：辦公室、工廠或大型建築物中，這些網路連接的電腦，在可控制的範圍內，LAN 可提供較高傳輸速率與品質。LAN 可將某一區域的電腦資源，包括伺服器、儲存設備和印表機等周邊設備，透過纜線、有無線傳輸及交換設備互相連結。早期的網路技術還嚴重限制了相互連接的機器數目和網路的實際配置方式。乙太網路（Ethernet）是早期的網路技術之一，現在仍是最普遍的網路技術，早期在一個網路上最多只能有 30 個使用者，網路纜線的長度也不得超過 607 英呎。當然現今已經可以利用集線器（HUB）及其他網路設備來提升使用者的數

目及總長度。過去這種網路技術只適合用在小型的辦公室，因為這樣的環境本來就限制了可擺放的機器數目，而且從辦公室內一端到另一端的佈線長度通常也不會超過它的限制。一般而言，LAN 具有四個特點：

- 網路分佈的範圍於數公里之內。

- 傳輸速率可達 100Mbps 以上，又稱 Fast Ethernet（若傳輸速度達 1Gbps）

- 連接一定數目的使用裝置及數位通訊設備。

- 由某一機構或企業擁有及控制。

LAN 的網路拓樸（Topology）分為三類：巴士狀（Bus）、環狀（Ring）、星狀（Star），如圖 3-9 所示，拓樸的型態和所使用的通訊協定、傳輸媒介和距離都有關係。

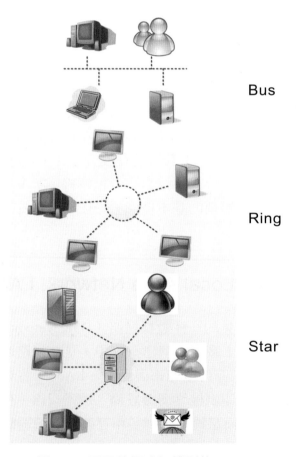

圖 3-9　不同的網路拓樸型態

3.2.2　廣域網路（Wide Area Network, WAN）

　　廣域網路是一個連接多個地點（Site）的互連網路，隨著網路的範圍逐漸擴大，為了要能連接數個地點的網路，WAN 應運而生。廣域網路的分佈距離通常是以英哩來計算，而且都是連接兩個或兩個以上的地點進行長距離資料傳輸。WAN 利用電信電路將各個網路節點連接起來，透過終端系統（End System）與中介系統（Intermediate System）之間的連結，終端系統的資料可以在 WAN 上相互傳送。WAN 的型態有很多種，例如：分封交換網路（Packet Switched Network）或加值網路（Value Added Network, VAN）等，而最大型的 WAN，就是我們以下討論的網際網路。網際網路透過網際網路通訊協定（TCP/IP），將遍佈全球的各系統連結起來。在 www 中，全世界所公認的通訊協定就是 TCP/IP。TCP/IP 自早期的 IPV4，發展到今日的 IPV6，以解決全球網路 IP 數量不足之問題。

3.2.3　網際網路（Internet）

　　在複雜的大環境中，一個網路可能成長到擁有成千上萬的使用者和設備。網際網路就是由分散在全世界的各個廣域網路所形成的，其中所包含的機器設備更多達數百萬部。網際網路起源於 1970 年，是美國國防部一項連接電腦網路的計劃，利用 TCP/IP（Transmission Control Protocol/Internet Protocol）協定所串聯的電腦網路，主要提供軍事和學術研究的用途。直到 1991 年開放商用化，Internet 的技術和應用開始呈現多元化，它將全球各地的公眾網路、加值網路、學術網路和企業內網路（Intranet）、企業間網路（Extranet）等連結起來，成為全球網路的聚合體。由於 Internet 是由全球各地不同組織的網路連結而成，僅藉著 TCP/IP 協定來通訊，因此它的運作不受某一機構控制，而 Internet 的骨幹（Backbone）則是由各個電信公司所建構擁有。

　　在 Internet 上相互通訊，交換資料的電腦，都必須使用 TCP/IP，其間的運作採用主從式架構（Client/Server Architecture），由客戶端（Client）的設備提出資訊需求，遠端的伺服器端（Server）則根據客戶端的請求提供各項的服務。Internet 自從商用後，短短數年內就掀起產業及經濟重大革命，由於使用者與日俱增，應用的層面和廣度均不斷擴大。Internet 相關產品和服務日新月異，相關產業如網路基本建設、應用架構、電子商務等應用，逐漸形成新的經濟體系，稱之為網際網路經濟（Internet Economy）或數位經濟。事實上，Internet 存在於人類的歷史已將近 50 多年。

3

資訊通信科技與資料庫

3.2.4　全球資訊網（World Wide Web, WWW）

全球資訊網誕生於瑞士日內瓦的歐洲粒子物理實驗室（CERN），WWW 原始草案於 1989 年 3 月，由 CERN 的 Tim Berners-Lee 先生所提出，其原型於 1989 至 1991 年間逐漸形成，1993 年開始普及。由於 WWW 的出現，以 TCP/IP 為基礎，將網際網路上所有的網站伺服器（Web Server）相連接，它可用多媒體的方式來傳送（例如：文字、聲音、圖片、影片等），只要用瀏覽器（Browser）來讀取，經由標準資源定位器（Uniform Resource Locator, URL）與超文件傳輸協定（Hypertext Transfer Protocol, HTTP），使用者便可輕易地經由網際網路取得所要的資訊，WWW 可說是 Internet 的一種最重要的組成元件。

3.2.5　無線網路（Wireless Network）

無線網路（Wireless Network）已成為時下相當普及的上網方式。無線網路就是利用無線電波來傳遞資料，它與有線網路（Wired Network）的用途相似，兩者最大不同的地方在於傳輸資料的媒介（Media）不同，無線網路使用無線電波，而有線網路使用實體線路，如果以 FastEthernet 卡為介面，使用 RJ45 連接線，使用者端連線頻寬通常為 300 Mbps（Mega bits per second），連線較穩定，速度較快。由於無線網路是以無線電波來作為資料傳遞，因此在硬體架設或使用之機動性，均比有線網路要方便許多，但相對的，建築物及干擾電波，將成為收訊上之障礙，連線較易受干擾或阻擋，速度稍慢。

而有線網路，使用者必須使用一條網路線連上網路線接孔或區域網路之 Hub/Switch，以取得實體或虛擬 IP，而無線網路則由無線電波取代網路線，連接無線網路存取點（Access Point, AP），如圖 3-10 所示，經而連上區域網路。想使用無線網路，使用者電腦則必須安裝無線網路卡（Wireless Network Adapter），透過無線網路卡與 AP 間的無線通訊，達成上網連線。而低功率無線電波，相關產品說明書指出戶外空曠區之使用距離約 150 公尺左右，而室內距離則視建築材質及遮蔽效應而定。

不過，在無線基地台上加上指向天線，可大大提高無線通訊之效能。一般而言，無線網路採用 IEEE 802.11b 標準，使用 2.4GHz 無線電波，通訊頻寬最高可達 108Mbps。在臺灣已有多所學校之無線網路獲得臺灣區電機電子工業同業公會/通訊產業聯盟之「無線寬頻上網服務標章」，且參與「經濟部無線寬頻網路示範應用計畫」之無線網路漫遊機制。

圖 3-10　無線網路存取點
(資料來源：http://www.conrad-electronic.co.uk/ce/en/product/98913)

　　無線網路目前已漸朝公共無線區域發展，各種無線區域網路的通訊協定亦蓬勃發展中，而各大城市也已佈建大都會型無線區域網路（Metropolitan Wireless LAN, MWLAN），如果有需要，市民也可安裝 USB 的無線網卡，加強收訊功能。而現今大部份之 Notebook 均有內建式（build-in）之無線網卡晶片，可以直接掃瞄附近之無線網路，如果運氣好，甚至不需 ID 與 PW 就直接上網了，但是您接受到的無線電波之強弱，會決定您的連線是否穩定。如圖 3-12 所示，訊號強度並不是滿格。

圖 3-11　USB 無線網卡 (資料來源: http://big5.made-in-china.com/)

圖 3-12　存取點 (Access Point, AP) 之訊號強度

　　Wi-Fi 建構的戶外無線上網環境，需要綿密的基地台，而 WiMax 靠室內天線，只要有內建接收晶片組的 AP 路由器、筆記型電腦、平板電腦或是資訊家電（Information Appliance, IA）產品，都可在快速移動中，進行無線上網。

3-3 應用於不同領域之網路

　　網際網路是一個仍在不斷擴大的網路，它已經深入我們的生活層面。根據它應用於不同的領域，我們有不同的名詞來稱呼它。以下介紹下列二個常用名詞：企業內網路（Intranet）、企業間網路（Extranet）。

3.3.1　企業內網路（Intranet）

　　Intranet 就是利用 Internet 的科技來建構公司內部的網路，亦有人稱之為 Corporate Internet。Intranet 針對的是公司或組織內部的資訊系統架構，以聯繫公司或組織內部的工作群體，促進內部全體員工溝通和分享資訊、提升作業效率、降低成本、強化公司或組織的競爭力。例如：可利用瀏覽器來觀看公司內部的消息，政策發佈和規章等、甚至於教育訓練、計畫評核等知識管理工作，或利用公司內部的電子郵件來傳遞公文，意見管理等簽核或群體知會之工作，目前一般大型企業都有自己的 Intranet，常見之 Intranet IP 如 192.168.1.1。

　　由於 Intranet 是企業內部的資訊系統架構，且可能與 Internet 相通，為防止駭客（Hacker）非法侵入，所以必須架構防火牆（Firewall）來維護公司企業的資訊安全，避免公司重要資料被竊取或毀壞，造成莫大損失。此外，校園區域網

路（Campus-Area Network, CAN）也是常見的一種 Intranet，大量學術資料（數位教學影片、大型研究圖檔、數位語音教材）都可在校園內高速傳遞。

3.3.2　企業間網路（Extranet）

Extranet 也是利用 Internet 的科技來建構公司與公司間的網路，以增加企業間的合作。一般來說，為了提供本公司企業之外的特定對象，如供應商或合作夥伴、以及大宗特定的客戶的網路資訊服務，為達到資料之保密性、傳輸頻寬之保障等目地，Extranet 應運而生。正由於 Extranet 與 Intranet 相似，Extranet 在防火牆內是封閉的網路，僅開放給上述特定的公司企業進入。

由於 Extranet 必須開放給某些公司企業進入，因此進出系統須透過使用者認證和密碼許可，才能利用 Extranet 來擷取資料或傳遞訊息。不僅如此，Extranet 尚須提供安全的環境，避免資料在 Extranet 上被攔截或防範訊息被解讀及竄改，傳送時必須經過加密處理。

Extranet 因為涉及不同組織間的協調運作，所以必須制定共通的標準及安全措施，如此不同的組織企業才能共同合作和資源分享。目前已經有些廠商制定 Extranet 之標準，包括：目錄存取（LDAP）、數位認證（X.509）、個人資料儲存格式（vCard）、軟體認證（Signed Objects）、電子資料交換（Electronic Data Interchange, EDI）和安全電子郵件（Secure/Multipurpose Internet Mail Extension, S/MIME）等。在未來更加自動化的世界，藉由這些標準的制定，提供跨企業軟體（Crossware）的架構，促使企業間能更緊密地結合，提升系統的效能，增加存取和操作的簡便性，並降低人工及通訊等成本，進而讓企業獲取更多的利潤。常見的 Extranet 之應用範圍如下：

- 討論群組（Newsgroups）：可以是合作企業之間，經驗和意見之交流及分享。

- 群組軟體（Groupware）：可以是企業間之溝通、協調等活動之應用，透過該軟體之運作，跨組織企業中之成員容易進行辦公室自動化、流程控管、專案管理、協同設計等活動。

- 教育訓練的資源分享。

- 專業管理與控制。

- 產品型錄及庫存之查詢。

我們引用圖 3-13 來說明 Internet、Intranet、Extranet 三者之應用關係,同時也將 ERP、SCM、CRM 之運作理念,在該圖中詮釋出來。

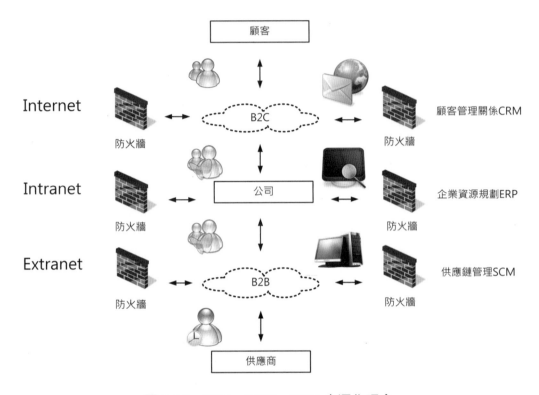

圖 3-13　ERP、SCM、CRM 之運作理念

3-4 商業智慧(Business Intelligence, BI)之基礎──資料庫(Database)

在今日競爭的商業環境中,企業必須妥善地保管和應用公司以往取的資料和資訊,並應付快速變化的市場,也就是 Bill Gates 所提出的數位神經系統:Business @ the speed of thought。企業主必須要能做敏捷的反應,才能在今日快速變遷的社會中求生存。以往,資料的保存與應用是十分花費人力及時間的,如今由於資訊科技發達,應用電腦來管理企業變得十分便利。但是,若資料沒有組織地存在電腦中,或是沒有系統性的方式來存取並擷取資料,那麼從電腦中取得資訊,將是相當困難的事。因此,我們必須定義資訊系統來管理資料,依照特定的演算邏輯和資料結構來組合,如此才可使資料輕易地被資訊系統所使用,並有效地處理和儲存。

3.4.1 資料庫模式（Database Model）

資料庫是由一筆一筆的記錄（Record）所組成，如下所示，為其核心組成元件：資料庫（Database）←檔案（File）←表格（Table、Entity）←記錄（Record、Tuple、Row）＋欄位（Field、Attribute、Column）←字元（Character）。許多筆相關記錄組成一個表格，許多表格組成一個檔案，許多檔案組合成為一資料庫。而管理資料庫的系統程式，則稱為資料庫管理系統（Database Management System, DBMS）。

儲存於資料庫中各個不同的記錄，其相互關係通常可用不同的資料結構或模式來表示，通常分為階層式模式、網路式模式、關聯式模式三種。

◉ 階層式模式（Hierarchical Model）

階層式的結構，其記錄間的關係，形成一個樹狀的結構，如圖 3-14。在階層式構架上，所有的記錄都有主從（Client-Server）的關係，其中包含一個開頭記錄（Root Record），也就是最上層的資料記錄，而其他層則由此衍生。在階層式模式中，因為每一筆資料記錄之上一層，都有其相對應的資料記錄。因此，所有記錄的關係都是一對多的方式。任何資料記錄都可以從開頭記錄，延著樹狀結構的旁枝，往下一步移動，直到找到所要的記錄為止。

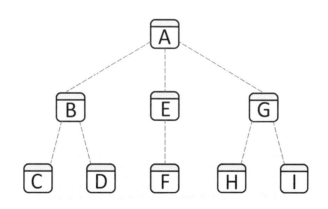

圖 3-14　階層式構架

階層式資料庫採用雙指標設計（Two Pointers）方式。一個指標用以表父子關係（Parent Child Relation），此一指標定義由上到下之搜尋，稱為深度搜尋（Depth Search）。而另一個指標則用以表示兄弟關係（Twin or Sibling Relation），此一指標用以做在同一階層中，由左而右搜尋，稱為寬度搜尋（Breadth

Search）。我們利用以下範例來說明階層式模式的搜尋方法，例如：若要在上圖中之階層式模式，找到一個資料 F 記錄的流程。

　　首先由起點，也就是最上層開始 A，然後到第二層的 B，然後尋找 B 的下一層，發現 C 和 D，但並不是我們要的，因此又回到 C 和 D 的上一層 B，接著從 B 的兄弟 E 搜尋。同樣的方式，繼續深度搜尋，然後再寬度搜尋，一直重複，直到找到我們的資料記錄 F。如圖 3-15 所示，代表圖 3-15 整個全部完整搜尋的順序。

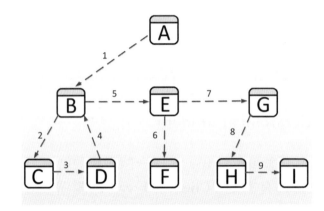

圖 3-15　搜尋順序

◉ 網路式模式（Network Model）

　　網路式模式可以用來表示記錄之間的多對多的關係（Many to Many Relationship），所以它可代表更複雜的邏輯關係。它可以由多個不同的路徑來存取資料記錄，但任一資料記錄都必須相互連結。也因此，每一資料記錄都必須存放多個指標，如果此記錄的上層或下層有資料記錄新增，其指標也必須新增，搜尋時雖然很有效率，但指標的存放及維護則十分不易。

　　如圖 3-16 為一個簡單的網路式模式範例。中文系有王大明和陳小東兩位學生，資管系有吳宗獻和張榮舫兩位學生，會計系則有郭翌年和李登發；王大明的興趣是登山，陳小東的興趣有登山和舞蹈，而郭翌年的興趣則有舞蹈和游泳等等。在此網路結構中，主從關係必須先建立。因此，系別是學生集合（Set）之主（Owner），而學生此一集合中有二個從屬（Member），分別是「王大明」和「陳小東」。而「陳小東」則為學生與興趣集合中之主，而從屬則為「登山」及「舞蹈」。因此我們必須先辨別其從屬，進而交互運用，則可找出每一集合之主從。同一筆資料記錄在某些狀態下是主，而在某些狀態下則是從，若搜尋時，則使用主從指標（Owner Member Pointer）以執行搜尋，進而找位於其下之資料記

錄。接下來舉一實例說明其運作方式：假設我們想要調查興趣為登山的學生且是資管系是誰？首先將興趣集合當成主，「登山」其從屬則有王大明，陳小東和吳宗獻三人。接下來將系別集合當成主，資管系其從屬則有吳宗獻和張榮舫二人，兩者的交集得到答案是吳宗獻。

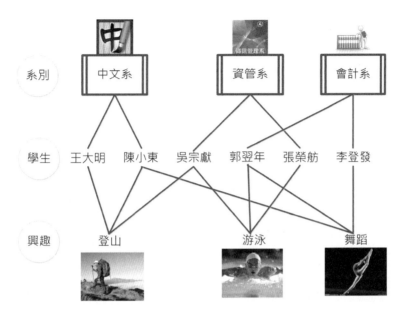

圖 3-16　網路式模式範例

關連式模式（Relational Model）

關聯式模式的資料庫，皆是由一組一組的表格（Table）所構成的。在表格中，每一個橫條，也就是列（Tuple），在表格中表示唯一的個體（Entity）或記錄（Record），而行則代表的是屬性（Attribute）。每一個表格，即是一種關係（Relation）。換句話說，一個關聯式資料庫，可以看作是一群表格的集合。關聯式模式的資料結構，是由正統的數學關聯代數理論而來的。

處理表格時，有四種基本操作。

- 投射（Projection）：從一個表格中選出特定的行來產生一個表格。

- 選擇（Selection）：從一個表格中選出特定的列來產生一個表格。

- 聯集（Union）：從兩個表格中合併相同屬性的行，刪除重複的水平列，而產生出一個新的表格。

- 聯合（Join）：從兩個表格中選擇相同屬性的列，而產生出一個新的表格。

在網路式模式和階層式模式中，所有連結（Connection）及關係（Relationship）是和關聯式模式是不同的，如果有新的關係要加入，則必須重新建立新的連結與關係，更改其資料結構。而在關聯式模式是非常簡單的，建立新的關係，只需對表格作連結即可；刪除關係，則只要對表格的連結刪除即可，特別是在查詢方面，是最為有效的方式。因此，現今的資料庫模式都是以關聯式模式為主。那為什麼其他的模式還會存在呢？對於許多的應用而言，其關係是可以預先建立的，如果資料的數目很大，在特別要求效率的情況下，若該資料庫異動很多但查詢很少，則網路式模式比階層式模式更有效率。

3.4.2 　正規化格式（Normal Form）

將關聯式資料庫的設計以最佳化（Optimization）方式呈現，稱之為正規化（Normalization）。正規化是使資料庫避免發生錯誤的一種技術與原則，其應用是一連串的正規化格式（Normal Form）之運作。一般正規化的格式有三種，分別稱之為第一、第二及第三正規化格式。

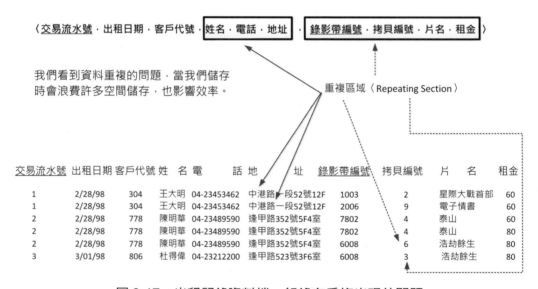

圖 3-17　出租記錄資料檔，紀錄有重複出現的問題

我們利用錄影帶出租系統的資料庫來說明正規化格式之運作。由圖 3-17 中可以看到每筆記錄有資料重複的部分，由於每筆記錄都有許多的項目（屬性），因此資料庫會變得十分龐大，浪費儲存空間。我們很清楚地發現，不僅客戶資料會

不斷的重複,而且錄影帶的資料也會隨著出租次數不斷重複。因此,我們將圖中的出租記錄資料檔形式(後面以 RentalForm 表示),改成如圖 3-18 所示。

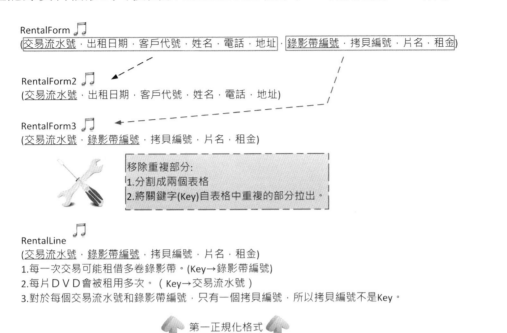

圖 3-18　第一正規化格式

- **第一正規化格式**(First Normal Form,1NF):從圖 3-18 中,我們解決了表格重複的部分。將表格重複的部分,分別放入其分割的表格,刪除了表格重複的屬性,稱之為第一正規化格式。也就是說,表格內每一個方格(Cell),也就是表格的行與列交叉所形成的格子,僅能放入一筆意義不需在分開上的元素(Atomic),方格內沒有包括重複的資料項目。例如:學生檔案中的語言專長欄位。每個學生可能會好幾種語言,因而產生屬性重複的問題,解決的方法就是將學生的語言專長欄位從學生的檔案中刪除,放入另外一個表格中。

從圖 3-18 中,我們也發現一些問題,即使經過第一正規化格式,表格依然存在儲存效率的問題,接著我們利用圖 3-19 來說明仍然存在的問題,並使用圖 3-20 來解釋如何解決上述的問題。

第一正規化後所產生之RentalLine群組，仍存在有以下之潛在問題：

圖 3-19 說明 1NF 後仍然存在的潛在問題

■ **第二正規化格式**（Second Normal Form, 2NF）：若已經第一次正規化，接下來將所有非關鍵字的屬性與主要關鍵字產生關聯，主要的目的是將不相關的屬性刪除，使表格內的屬性均有關聯性（Relevancy）。換言之，記錄中的每一筆資料可由主鍵值之一部份辨識，稱為第二正規化格式。在圖3-20 中，Videos 主鍵值為錄影帶編號，可單獨識別其錄影帶本身資料，如片名租金，所以將之分成錄影帶租借檔和錄影帶資料檔兩者，如圖 3-21。

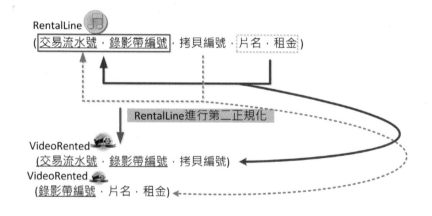

 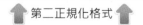

圖 3-20 第二正規化格式

VideoRented (交易流水號，錄影帶編號，拷貝編號)

交易流水號	錄影帶編號	拷貝編號
1	1003	2
1	2006	9
2	7802	4
2	7808	4
2	6008	6
3	6008	3

Videos (錄影帶編號，片名，租金)

錄影帶編號	片　　名	租金
1003	星際大戰首部	60
2006	電子情書	60
6008	浩劫餘生	60

圖 3-21　分成錄影帶租借檔(VideoRented)和錄影帶資料檔(Videos)

■ **第三正規化格式**（Third Normal Form, 3NF）：在邏輯上分析第二正規化的元素，再重新設計分割表格，稱之為第三正規化格式。第三正規化格式的要求，是將第二正規化格式中刪除轉移的依賴性（Dependency）。換言之，所有與主鍵值無關的資料項目彼此獨立，即是第三正規化。如圖 3-22，在 RentalForm2 的表格中，包含主要的關鍵欄位是交易流水號與其他非關鍵欄位，如出租日期、客戶代號、姓名、電話、地址。

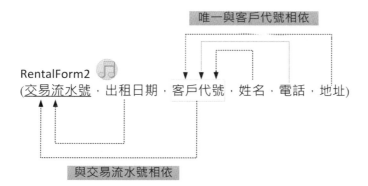

第三正規之要求:
1.所有與主鍵值無關的資料項目，必須彼此獨立。
2.為了將第二正規化格式中，刪除轉移的依賴性，所以必須分割成新的表格。

圖 3-22　第三正規化格式的要求，是將第二正規化格式中刪除轉移的依賴性(Dependency)

　　其中客戶代號與客戶姓名是一對一的關係，其他都是非關鍵欄位。因此可將表格 RentalForm2，根據轉移的依賴性，將上述資料分成兩個表格，即第一個表格僅有交易流水號、出租日期及其客戶代號，第二個表格有客戶代號和其他非關鍵欄位，如圖 3-23 所示。而圖 3-24 則為第三正規化格式後表格的相依圖。

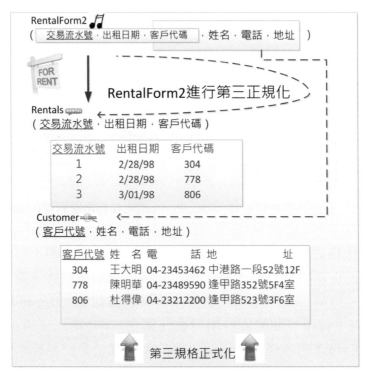

圖 3-23　第三正規化格式後的表格

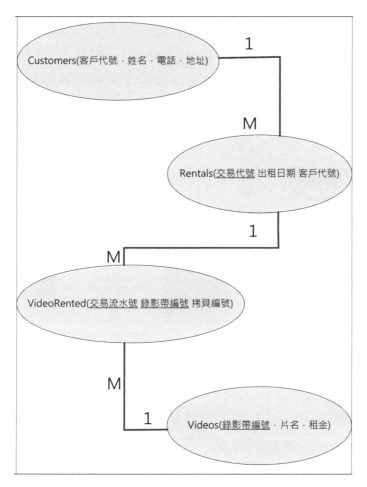

圖 3-24　第三正規化格式後表格的相依圖

3.4.3　資料庫組態（Database Architecture）

　　資料庫組態和網路管理是複雜的，我們必須了解用戶端（Client）和伺服器（Server）的觀點，通常分為下列三種資料庫型式：集權式資料庫、分散式資料庫、主從式架構、資源共享四種。

集權式資料庫（Centralized Database）

　　通常我們都會將所有的資料集中於一台單一主機，所有該網路的電腦存取資料，皆由該主機提供服務。集權式資料庫管理系統僅負責提供服務，滿足其同一個網路節點（Node）的電腦需求，並不與其他的資料庫管理系統通訊溝通。現今大部分主要的中小企業由於皆位於同一地點（例如：大樓某幾層樓），且一般商用軟體所附的資料庫僅支援集中式的資料庫管理系統，再加上其設備較簡單便

宜，非常受到歡迎。不僅在資料的安全性、回復性、使用性及其設計、查詢、刪除、備份、複製等功能，能夠提供穩定的環境工作，滿足公司的需求。即使擁有多家分公司的企業，在過去因受限於其網路設備昂貴複雜及頻寬不足等原因，亦多採用集權式資料庫，有些應用程式或套裝軟體工作時，會透過某些儲存裝置來達到資料分化及融合於單一資料庫，如圖 3-25 所示，為集權式資料庫。

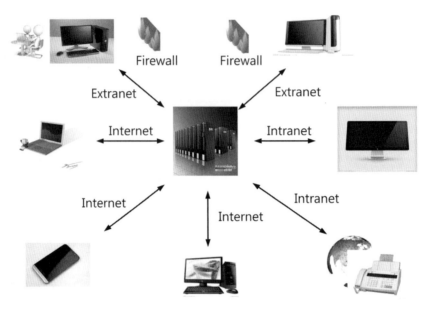

圖 3-25　集權式資料庫

▶ 分散式資料庫（Distributed Database）

傳統的資料庫都是集權式的，將所有的資料都集中於某一單一主機作管理，因此在管理及維護較為方便。不論是資料的安全性、回復性、使用性及設計、查詢集中式的資料庫系統架構，都比分散式資料庫容易使用和了解。但隨著目前網路環境的普及，及使用上的考量，將資料庫分散於不同的電腦主機亦是潮流所趨。我們將分散式資料庫模式繪成網路架構，如下說明：

1. 圖中每一個節點代表一個地點（Site），代表其網路節點中至少有一台安裝資料庫系統。

2. 連接節點的拓樸（Topology）架構不同，所形成的網路架構也不同。圖 3-26 為三種常見的網路拓樸架構。

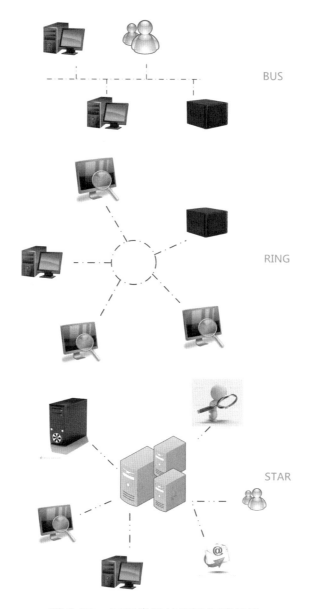

圖 3-26　三種常見的網路拓樸架構

　　分散式資料庫的基本架構就是網路，其網路可以是小區域的區域網路（Local Area Network, LAN），也可以是範圍很遠的廣域網路（Wide Area Network, WAN）。在分散式資料庫下，一個完整的資料庫可同時存放在好幾個地區，或一個資料庫被分割成幾個部分，而分別放置於不同的地方，前者稱之為重複式資料庫（Replicated Database），後者為分割式資料庫。圖 3-27 為重複式資料庫，只有銀行總行擁有全部客戶的資料，其餘分行僅有自己分行客戶的資料。圖 3-28 為分割式資料庫。各分行僅有自己分行客戶的資料，必須是所有分行資料庫的總合才是完整的資料庫。

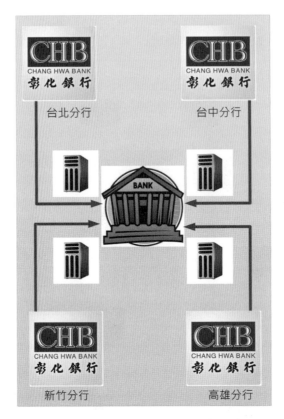

圖 3-27　重複式資料庫

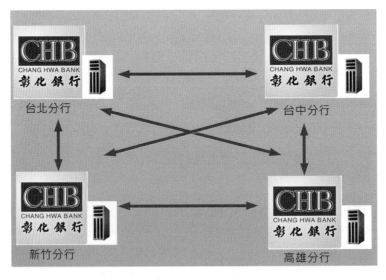

圖 3-28　分割式資料庫

即使用者在使用上，並不知道其存取的資料實際所在位置，此一特性，我們稱之為透通性（Transparency）。從上述定義可以發現，分散式系統其實是一種虛擬的物件（Virtual Object），其各個成份實際上是存放在不同網點上的真實資料庫，而分散式系統相當於這些真實資料庫的邏輯聯集。

如前面提及，每個節點本身，都至少擁有一個資料庫系統。換句話說，每個節點有它自己區域的資料庫，有它自己的區域使用者、有它自己的區域 DBMS 及異動管理系統軟體（包括對其自己本身網域的管理、日誌、災難復原等軟體）。而且，使用者在區域網點上對資料所進行的運算，對於其網點是否為分散式資料庫並無二致。因此，分散式資料庫系統可以視為各區域網點 DBMS 之間的一種夥伴關係，因為它們是對等的關係，無主從之別。每個節點上，都必須提供與其他區域網點之 DBMS 溝通的功能，這個新功能與原有的 DBMS 共同組成，我們稱之為分散式資料管理系統（Distributed Database Management System, DDBMS）。

通常，我們假設各節點是位於不同的地方，也就是分散在各處的。但事實上，各節點只需在邏輯上是分散的就可以了，甚至兩個節點在同一台機器上也是可以的。分散式系統的一般假設是地理上的分散，例如：台北、高雄、台中，但也可以是區域的分散，例如：大部份的商業系統，若在同一棟大樓內，用區域網路連接在一起的許多網點。從資料庫的觀點來看，所用的技術是相同的，所以事實上並沒有太大的差異，因此如圖 3-29 所示，為典型的 DDBMS。

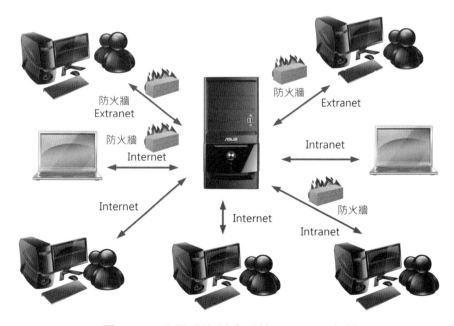

圖 3-29　分散式資料庫系統(DDBMS)架構

接下來，我們要介紹分散式資料庫的發展過程。首先有三個比較有名的雛型（Prototype）研究系統是：（1）1970 年代末期至 1980 年代早期於 Computer Corporation of America（CCA）的研究部門發展的 SDD-1。（2）1980 年代早期由 IBM Research 建立 System R 雛型分散式的版本。（3）1980 年代早期由柏克萊（Berkeley）大學建立的分散式 INGRES。

除了上述之雛型研究系統，在商業產品方面，現今大部份的關連式資料庫系統軟體產品都提供某種分散式資料庫的支援。比較有名的商業產品包括：SYBASE、Oracle 8、DB2、Informix 等，都是著名的資料庫軟體產品。值得注意的是，上述雛型和商業產品都是關連式資料庫系統，所以說分散式系統必須是關連式。

舉一例說明，分散式資料庫系統的構成方式。假設某一公司擁有數個分公司，分別位於不同的工作地點，其分佈如下：總公司位於台中，包括業務部門、會計部門、人事部門及管理部門，在台北及高雄分別有二分公司，負責承接業務及採購工作，新竹另有一工廠負責製造，及一倉儲倉庫位於基隆。今欲規劃整體公司 MIS 系統，當然包含一資料庫系統，若我們採用集中式資料庫系統，將所有資料儲存於台中總公司內，採用此種設計方式將會有一些可能性的困擾，列舉如下：

■ 如果台中總公司電腦當機，則全公司的營業將受到巨大的影響。

■ 各個分公司對於和自己相關之業務或採購資訊無法自行掌握，仍需透過網路存取外地資料庫得到本地資訊，並不恰當。

■ 由於都需透過網路，當網路負載過重，遠地資料存取的反應速度會太慢。

為避免上述之缺點，我們改良集中式設計，採用分別建立不同地區所需的資料庫系統，「獨立」地執行本地資料庫系統的操作。但此種各行其事的獨立資料庫系統方式，將造成下述明顯缺陷：

■ 資料需在不同地區重複存放，具有潛在不一致（Inconsistency）的風險，且資料共享性降低。資料分散於不同平台資料庫內，造成管理或未來發展的困難。

因此，不論是集中式的設計，或是獨立分散式設計，皆有其缺點，因此，我們採取中庸之道，採用平衡的分散式資料庫。說明如下：

■ **資料共享性提高**：不同電腦可透過 DDBMS，存取其他平台上之資料，使得資料得以共享。

- **資料存取效率提高**：透過 DDBMS 平行執行查詢之技術，增快了資料查詢之速度。

- **系統的可靠性提高**：若本網點資料庫主機故障時，可透過電腦連線，取得備份資料，較能避免電腦故障之威脅，提高了資料可利用性（Availability），強力支援即時（Real Time）系統之資料庫設計。

- **兼有集中及獨立分散系統之雙重優點**：不但可局部性自行處理資料操作，也能合作處理整體資料庫查詢或異動。

上述為分散式資料庫系統之優點，但由於分散式資料庫系統，所須之技術較為複雜，並且涉及多重節點所在地，在作業又需要相互分工合作和密切配合，不僅如此，又需建置網路和所需頻寬，所產生的潛在問題如下：

- 系統內部需密切合作，相互通訊，增加通訊及操作成本。

- 維護分散式資料庫管理系統困難及軟體發展不易，建置成本高。

DDBMS 如何將資料存放於不同位址的資料庫，有許多方法，較常用的包括拷貝法和分割法，而分割法又分為垂直分割和水平分割。但這不是本書訴求的重點，請詳見 DBMS 的專門書籍。不論是採用拷貝法或是分割法，也不論是採取垂直分割或是水平分割，分散式資料庫之表格「存放」的問題，牽涉硬體、軟體和通訊方式，皆需加以考慮。通常衡量的因素包括下述三點：

- **儲存空間**：若採用拷貝方式，當資料變得十分龐大，硬碟容量或儲存空間是否足夠，因為相同資料需拷貝多份存放。

- **查詢速率**：當查詢資料在同一節點時，將可避免網路傳輸遲延。若執行過程中需透過網路通訊，加速查詢處理之方式，例如：安置於較快速的電腦上，或者安置較臨近的節點上，皆有助於速度提升。

- **複製資料更動時之成本及風險**：由於相同資料複製在不同節點上，當資料異動時，容易造成複製資料不一致之風險，所以更動成本將增加。

主從式架構（Shared Resource & Client / Server Architecture）

目前，主從式網路通訊已成為最受歡迎的網路通訊方式。主從式架構看起來很像集權式資料庫系統，但事實上，主從式架構系統卻是一般性分散式系統的一個特例，也就是說，主從式架構系統是具有下列特色的分散式系統：

資訊通信科技與資料庫

1. 有些節點是客戶節點（Client Site），而有些則是伺服器節點（Server Site）。

2. 所有的資料都儲存在伺服器節點。

3. 所有的應用程式都在客戶節點上執行。

4. 網路在邏輯上是獨立，但不全然是位置獨立性。

如圖 3-30 所示，中央為伺服器，四周是客戶端電腦。

圖 3-30　主從式架構

　　在現今商業的應用上，有許多套裝軟體都採用主從式系統架構，但是只有一小部份對真正的分散式系統架構有支援。由於通訊網路的進步，未來真正的分散式系統將是一個很重要的趨勢，這也正是我們在本章專門討論分散式系統的意義，所以我們特別針對主從式系統架構再更深入了解。

　　回顧上述有關於主從式架構的定義，主從式主要是一種架構，或者邏輯上的責任歸屬，客戶端也稱為前端，為應用程式執行的位置，而從伺服器，也稱為後端，為 DBMS 執行的位置。然而，正由於整個系統可以被容易地分成兩個部份，所有的資料都儲存在伺服器的資料庫，應用程式都在客戶端上執行，因此它們是在不同的機器上執行。所以，若該套軟體能分別於客戶端和伺服端執行，且分散在不同機器之情況，我們稱之為主從式架構的軟體。主從式架構在市場上十分受歡迎，因為它有許多的優點，詳敘如下：

- 資料庫位於伺服器端，所有需要資料的服務，皆需透過伺服器的 DBMS，可避免資料的不一致性，資料庫維護較容易。

- 由於資料庫及應用程式皆儲存於伺服器，當伺服器電腦升級，便可以將整體效能提升，而不用將全體客戶端的電腦升級，節省硬體支出。

- 伺服器的作業平台（例如：Microsoft Windows XP / Vista / Windows 7 / Windows Server 2016 / Windows Server 2020 / Windows 8 / Windows 10 / Windows 11 / Windows Server 2022），皆包含網路管理系統程式，包括資料存取的安全、備份和網路資源分享等服務。伺服器之作業系統能提高系統的安全性、實用性及穩定性，即使某一客戶端出問題時，仍能正常運作，不受影響。

一般來說，主從式系統架構還能提供另一重要的功能，就是資源分享。所謂的資源分享是指網路上的設備，包括實體的周邊設備，例如：印表機、網路硬碟，或邏輯的目錄、資料夾等，可供在同一 LAN 的電腦使用。網路上的客戶端不僅可使用連接於伺服器的雷射印表機，也可以透過網路使用其他客戶端之另一台高階彩色雷射印表機，如果再配合 Printer Server Hub，則可輕易將任何印表機改成支援網路功能的網路印表機。

◎ 資源共享

資源共享是很重要的一個技術，在過去如果你要印一份報表，在 DOS 作業系統時代，就必須到有印表機的電腦，或者利用磁片複製資料到那台電腦。隨著網路的普及、技術的進步，實體的設備，例如：印表機、繪圖機、網路硬碟，都能藉著網路達到資源共享。如此一來，設備的使用率大大提升，也降低其採購成本，形成良性循環，網路就更加普及化。而現在也有容量高達 1TB 的區域網路硬碟（LAN Hard Disk），可在區域網路中形成一個資源分享的檔案 FTP 伺服器，支援檔案共享之便利性。

3-5 網際網路通訊傳輸及軟硬體

3.5.1 資料傳輸

資料傳輸（Data Communication）就是指在兩個或多個電腦之間，透過通訊媒介傳送（發出或接收）資料和資訊，例如：電話線、網路線、人造衛星、微波等。這樣的通訊方式，能夠在電腦之間傳送文件、語音、資料、聲音和影像等資料。

3.5.2　TCP/IP

　　網際網路在進行資料的傳送時，被傳送的資料會被切割區分為固定長度區間資料，稱之為封包（Packet），藉由傳輸控制協定（Transmission Control Protocol, TCP）、網際網路通訊協定（Internet Protocol, IP），TCP/IP 用以構建、定址、傳送封包等指定的方式，在透過網際網路中來控制資料流（Information Flow），這過程被認為是封包轉換（Packet Switching）。

　　傳輸控制協定（TCP）會分割傳送的訊息至封包裡，然後再將每一個封包編號，如此一來，訊息可以在最後收到時進行重組。網際網路通訊協定（IP）部分是經由指定傳送及接收電腦的網際網路通訊協定位址，透過路由器將安排封包傳送到專屬的電腦，因此，一份較長的文件可能實際上被分為幾百個封包。

　　封包要進行切割之原因，是因為當許多訊息同時透過網際網路傳送，將資料分割成細小的封包才能夠有效地運用網際網路資源，以避免線路負擔，當線路忙碌時，封包依然能夠藉由其他路由器來完成傳輸，使得原始的資訊能夠正確地傳輸到目的地。所以在傳送期間，封包從電腦被傳送到當地的網際網路，例如：網際網路服務提供者（Internet Service Provider, ISP），封包經由許多層次的電腦、網路和通訊媒介來傳送，這些硬體裝置設備，如本書所介紹的集線器（Hub）、橋接器（Bridges）、通訊閘（Gateway）、路由器（Router）、增頻器（Repeater），在到達目的地之前，封包可能在另一個城市或國家，在各種硬體的裝置對封包加工，使得資料能夠正確傳輸到目的地。

3.5.3　電腦網路

　　電腦網路（Computer Networks）包含藉著通訊媒介連接數台電腦、終端機和其他允許使用者存取程式、資料、資訊的裝置。許多網路都是以主從式架構（Client/Server Architecture）為基礎，此模式是用一台個人電腦或工作站（稱之為客戶端 Client），發出需求給另一台可提供資訊服務的主機電腦（稱為伺服器 Server）。電腦網路可以很大、也可以很小，可以很簡單、也可以很複雜，可能是覆蓋在一個小型的地理區域上，例如：一棟大樓，或覆蓋一個大型的地理區域。

　　區域網路（Local Area Network, LAN）是一個私有的通訊網路，這個網路服務的對象，是位於相同的大樓內的同一公司，這些公司具有區域網路且都使用了特別型態的電腦，稱檔案伺服器（File Server），它允許其他的電腦去共享資源。區域網路通常透過其典型的構造，稱之為架構（Topology）來分類。三個典型的

網路架構分別是星狀（Star）、匯排流（Bus）和環狀（Ring）。軟體通常使用一種特別型態的網路，稱記號環網路（Token Ring Network），是使用一個電子信號在網路間穿梭收發資料。

3.5.4　通訊設備與通訊媒介

通訊的基本設備元件如下：

- 電纜（Cable）：其功能是為了連接電腦及其他鄰近的電腦，因為電腦分散遍佈各個廣闊的地區，總是需要某些特別的設備與其他的電腦聯繫。

- 網路介面卡（Network interface Card, NIC）：是一個電子線路卡，安裝於電腦的擴充槽中，這個卡上的線路用來協調傳送與接收作業。現今多數新式之電腦，均將 NIC 內建（Build-In）於主機板上。而隨著無線上網之普及，USB 3.0 式的無線網卡也變得相當普及。每一張網卡都有其全球獨一無二之 Mac address，如圖 3-31 所示，即為 Windows 8 中連線時之典型範例。

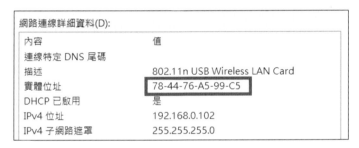

圖 3-31　Windows 8 中連線時之典型範例

- 伺服器（Server）：用來進行某一項服務功能的電腦主機，它允許使用者去存取共用檔案、應用軟體和硬體裝置，一般說來，一個大型的網路會使用超過一個伺服器。現在普及的雲端運算，就是在網路上有無數的伺服器，透過負載平衡，達成提供網路服務的最佳化。

- 路由器（Router）：是一個在網路間的管理資訊流封包（Packets）之電子裝置，路由器使用路線表格，好比道路的地圖，可自一個路由器到另一個路由器間發送資料，這樣的方式可以幫助封包透過小路，快速達到目的地。

3.5.5　通訊的模式

通訊的模式，通常是在長距離下透過網路來進行，而網路的型態可能是相似的，也可能是不同的。在不同的網路型態下，必須要透過通訊閘與橋接器才能進行連結。通訊閘（Gateway）包括硬體與軟體，可允許在不同的網路之間通訊，而橋接器（Bridge）包括硬體與軟體，可允許在兩個相似的網路中通訊。

藉由電話線和數據機，可以使資訊流在電腦間被傳送與接收，而通訊傳輸除了硬體之外，通訊軟體也是必備的。

通訊軟體（Communication Software）是可連接個人電腦到其他電腦，存取其中所儲存的程式及資料，進而儲存資料。通訊軟體中常包含了一些使用的特徵，大多數的封包允許去收發其他電腦中的檔案，例如：智慧型手機上的 LINE、WeChat 等常用即時通（Instant Message, IM）。

3.5.6　通訊媒介

通訊媒介（Communication Medium）是一種實體連結，使一個地方的電腦連接到另一個地方，達到資訊傳送與接收的目的，因為通訊的範圍往往是遍及全球的，所以通訊媒介的組合可能被混合使用，例如：家中 ADSL 線路連結越洋海底光纖。通訊媒介是讓資料傳輸透過電腦和網路，而媒介的型態包括電話線、同軸電纜、微波、人造衛星和固網。通訊協定是在電腦間提供資訊交換的法則與程序，以利不同電腦間之資料交換。而網際網路之通訊協定，正是 TCP/IP。

3.5.7　通訊協定及通訊應用

電子商務技術在企業對顧客的應用上，扮演著一個成長的角色，讓企業在網際網路上行銷與販賣各種不同的產品與服務，使用電子付款系統，使消費者可以在線上購物並以電子化的方式轉換應付帳款。

通訊協定（Protocol）是一套法則和程序，為了在電腦間交換資料用的，協定決定一種格式，就是電腦如何與其他電腦保持聯繫，以及錯誤如何被發覺的格式。這些年來，已經發展出許多的協定，電腦技術革新了人們的通訊方式，例如：現代的電子通訊方式，視訊會議、語音電子郵件和遠距離通訊，均是運用非常快速且經濟實惠的方式去傳輸、接收與儲存電子訊息。

電子佈告欄系統（Electronic Bulletin Board System, BBS）是一種電腦應用系統，它可以保留電子訊息的名單，任何人進入佈告欄都可以發佈訊息、閱讀現存的訊息或刪除訊息。如圖 3-32 所示，為台大批踢踢（PTT）實業坊 BBS 網站。

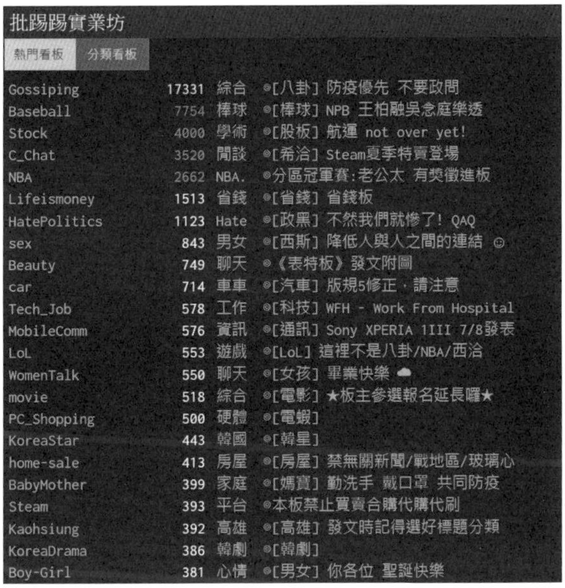

圖 3-32　BBS 網站 (資料來源：https://www.ptt.cc/hotboard.html)

視訊會議（Video Conferencing）是使用電腦或電視攝影機等可相容的設備，傳送影片影像和參與者的聲音，能夠透過電話線將文件、手寫文字/繪圖，從一地傳送到另一地，這種方式比起藉由不眠不休的運輸方式，或透過傳統郵寄的方式，都要來的迅速且便宜許多。如圖 3-33 為跨國企業使用之全球視訊會議系統。在 COVID-19 疫情肆虐全球之時，Google Meet / Zoom 廣為全世界組織企業所使用。

圖 3-33　跨國企業使用之全球視訊會議系統
(資料來源：https://newtalk.tw/news/view/2020-12-24/513826)

學習評量

1. 有哪些傳輸媒介？試舉例說明之。

2. 何謂區域網路、廣域網路？

3. 試述 Intranet 與 Extranet 之定義，及二者有何不同？

4. 試說明正規化，並舉例說明之。

5. 處理表格有四個基本操作，分別是什麼？並舉例說明。

6. 試說明為何主從式架構會最受歡迎？什麼是資源分享？

7. 網際網路通訊傳輸及軟硬體有何需求？試舉例說明之。

8. 智慧型手機使用 5G 上網和 4G 上網，請問哪些地方讓你覺得很有感？試舉例說明之。

9. 請舉出 3 個您喜歡的 Web 2.0 網站，並請說明其特色。

10. 請舉出 3 個您喜歡 Dcard 網站的理由，並請說明。

電子商務與跨境電商

本章學習重點

- ■ 數位產品與數位市場
- ■ 電子商務
- ■ 電子商業
- ■ 電子商務與電子商業之趨勢及未來展望
- ■ 跨境電商

4-1 數位產品與數位市場

　　資訊科技的蓬勃發展，改變我們的商業模式。在我們的商業環境中，出現了前所未有的數位市場（Digital Market）、數位產品（Digital Goods）。數位市場、數位產品並不具有實體形態，但它們所具有的商業價值，絕對不輸於傳統市場。例如：依產業別而區分的電子交易市集，雖然沒有實體的市場存在，但是卻有全世界買家，透過這樣子的數位市場，來達到降低採購成本的方式，如圖 4-1 所示，為中國第一大 B2B 數位市場—阿里巴巴。數位產品中最典型例子，就是微軟的作業系統，這些作業系統存在於全世界的個人電腦當中，它們並不是實體的產品，沒有重量，但其所蘊含的商業價值，有時卻遠大於實體的產品。在網路世界中，有許多人沈溺於網路遊戲，而網路遊戲是一個虛擬平台，而在這個虛擬平台當中有所謂的虛擬寶物，如圖 4-2 所示（gamebase，遊戲基地.com.tw），這些虛擬的寶物可以轉賣為現金，甚至有不少玩家有過虛擬寶物遭駭客偷走的經驗，當受害人報案的時候，警方單位有時很難援用適當的法律條款來處理當事人的報案。

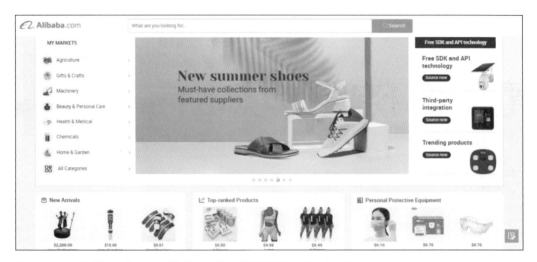

圖 4-1 中國第一大 B2B 數位市場—阿里巴巴 (資料來源：http://www.alibaba.com/)

圖 4-2 虛擬寶物系統 (資料來源：http://www.gamebase.com.tw/)

　　這意謂著，現今的環境當中數位市場已完全顛覆了傳統的觀念，這也就是 www 帶給人類商業模式的衝擊。一般而言，傳統產業具有實體廠房、庫存倉庫、生產線運作，我們稱之為 Brick and Mortar，例如：生產電腦零組件的公司。純網路型的產業，意味著沒有實體廠房、煙囪工業，有些專家學者稱之為 Pure Play 或者是 Click no Mortar，例如：軟體工業（線上手遊、線上串流電影）。如果綜合以上兩種情況，有實體廠房也有虛擬的網路店面，我們稱之為 Click and Mortar，例如：金石堂書局。

4-2 電子商務

4.2.1 電子商務的起源

在 1996 年迄今，網際網路（Internet）與全球資訊網（www）提供了許多網路線上的商機，網際網路和全球資訊網讓個人、企業、組織和政府單位，從事各種不同的網路商業活動，任何企業或個人都可以架設網站，使得數以萬計的網站成立，並且發展出另一個服務的管道。

電子商務（Electronic Commerce, e-Commerce）

電子商務是藉由 Internet 及 www 所進行的商業活動，是經由電子數位媒體進行買（Buying）或賣（Selling）產品（Product）、資訊（Information）或服務（Services），幾乎涵蓋食、衣、住、行、育、樂，例如：商品交易、廣告、服務、資訊提供、金融匯兌、市場情報、售票系統等。

藉著全球的電腦網路、數位媒體，將產品、服務與付款方式轉換到數位平台上，也就是將一般傳統的商業流程運用在網路上，進行數位行銷給世界上所有的消費者，並可以將產品的銷售市場由區域性（Localization）發展至全球化（Globalization）。因此，人們將不再是只有面對面看著實體貨物，或靠紙張單據（包括現金）進行買賣交易，而是透過數位平台得到商品資訊，並配合完善的物流配送系統和安全的資金結算系統，進行交易。

電子商務之基礎商業模式（Business Model），一般而言，又分為企業對企業（Business to Business, B2B）的商業行為、企業對一般消費者（Business to Consumer, B2C）及消費者對消費者（Consumer to Consumer, C2C）、線上線下（Online to Offline, O2O）的商業行為。

此三類或多或少均會有重疊，但基本上的定位及運作方式有所差別，B2B 重視的是企業與企業關係的建立，例如：電子訂單採購是要跟企業往來的廠商或商業夥伴合作，主要是指企業間的整合運作，例如：採購、客戶服務、技術支援、電子訂單、投標下單等。

而 B2C 及 C2C 則以個人為交易對象，但是要在數位平台上，完全不認識的基本原則下，嘗試信賴對方，交易安全及身分驗證就十分重要。B2C 是指企業透過網際網路對消費者所提供的商業行為或服務，包括線上購物、線上資料庫

（Online Database）、證券下單、網路購票等應用。C2C 是指消費者之間自發性的商品交易行為，例如：一般的拍賣網站或二手跳蚤市場等。

◎ Online to Offline（O2O）線上線下

隨著無所不在網路（Ubiquitous Networks）的蓬勃發展，電子商務模式除了原有的 B2B、B2C、C2C 商業模式外，約自 2013 年起，另一種新型的電子商務消費模式 O2O 已儼然在市場中崛起。在 B2B、B2C、C2C 之既有商業模式下，買家自線上買下標的物，賣家將商品以整合性配送方式完成金流及物流運作，落實訂單履行（Order Fulfillment），進而完成整個交易過程。

O2O 之精神在於線上銷售帶動線下經營、線下消費。舉例而言，O2O 透過線上商品折扣、提供相關產品信息、接受服務預訂等方式，把線下商店的消息主動推播（Push）給網路用戶，進而將這些潛在客戶轉換為線下客戶。此種商業模式就十分適合必須本人到現場進行消費的商品成服務。例如：聽音樂會、餐飲、量身訂做禮服等。

B2B、B2C、C2C 消費模式已臻成熟，甚至有很多比例是透過手機下單，彈指之間完成行動商務（Mobile Commerce）。相關文獻指出，即便是美國電子商務非常發達的國家，線上消費交易比例仍只占 8%，線下消費比例卻高達到 92%，正是因為消費者大部分的消費行為仍然是在實體商店中發生。正因此，把線上的消費者吸引到線下實體商店進行商業交易，有很大的發展空間，這也意謂商機存在之價值。

一般而言，O2O 之商業模式具有以下特質：

1. 潛在客戶透過即時線上資訊，取得豐富之相關消費訊息。
2. 潛在客戶可隨時的向線上商家進行消費洽詢或議價，進而成為線下消費。
3. 潛在客戶因線上資訊而取得折扣，獲得相比一般民眾更優惠之價格。

針對想採用 O2O 之商家而言，以下是幾個值得思考之面向：

1. 因潛在客戶能夠主動被告知更多的消費訊息、也正因此，線下消費可吸引更多人潮至實體店面，希望人潮帶來錢潮。
2. 藉以掌握用戶消費訊息，提升客戶滿意度，進而加強客戶忠誠度。
3. 店家透過線上預訂之消費行為，進而可以合理安排相關行程或備料，以節省企業成本。

4. 透過線上主動推播新產品資訊，促使潛在客戶提升產品購買慾。

5. 顛覆傳統實體店面獨尊之 Location、Location, and Location 黃金法則，可將線下實體店面租金降低，大大減少對黃金地段旺鋪的依賴，進而節省成本。

6. 對潛在客戶而言,可透過O2O運作平臺,不僅可以更加瞭解商家的產品資訊,同時更可藉由其他消費客戶的評價,當作消費之參考依據。

7. O2O 營銷模式的重點是線上預付,online 商家先有金流進入組織企業,offline 之營業據點,履行消費者訂單之服務需求或心儀產品。

8. O2O 運作平臺所凝聚之社群力量，更有可能為線下商家帶來新的顧客群，正因 web 2.0 效應所導致。因此，如何充份利用線上商家即時的行銷手段，先藉由線上付款機制，達成金流運作，線下商家再依照消費者的區域性，進而取得商家所提供更適切的服務，造成雙贏局面。

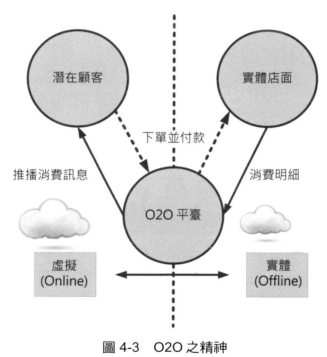

圖 4-3　O2O 之精神

換言之，一個成功的 O2O 商業模式勢必有地域性的考量，而加盟連鎖式的商家，更是此商業模式之候選店家，例如：經營 Pizza 的知名店，僅需在官網上公告相關之新產品資訊,並提供相關折扣方案,要求潛在顧客先履行金流之義務,則顧客就可到區域性之線下之實體店面進行消費行為。如圖 4-3 所示，即將上述 O2O 之精神，做完整之詮釋。

當然，也有一些延伸之商業模式，如 C2B（Customer to Business）。C2B，消費者對企業，例如：社群（Community）中之成員，集合買家團結的力量，挾群體購物之量，做為與賣家議價之空間，達到群體殺價之目地。

而 G2B（Government to Business）則為政府單位將所有公共工程，以數位資訊之方式，完整地公開在政府單位設立之網站，所有對該公共工程有興趣承攬之廠商，均可在該網站取得招標資訊，甚至有些招標案還可投電子標，將以往厚重之投標書，逐漸數位化，此舉主要是為了促成交易以及減少令人厭煩的紙上作業。如此一來，取得招標資訊更為方便，也縮短城鄉資訊差距，也更為環保。而行政院公共工程委員會之網站，如圖 4-4 所示。

圖 4-4　行政院公共工程委員會之網站 (資料來源：http://www.pcc.gov.tw/)

4.2.2　電子商務的特徵與直接/間接作用

◎ 特徵

- **全球佈局**（Global Reach）：藉由電子商務進行全球化，商家可以面對全球的消費者，而消費者可以在全球的任何一家商家購物，達到征服全球之商業策略。人們不受傳統購物方法、時間及空間的諸多限制，可以隨時隨地在網上進行交易。

- **豐富的內容**（Richness）：透過數位科技的使用，在產品的行銷管道上，可以使用聲音、影像、短片、3D 呈現等媒體技術，對產品加以包裝。

- 無所不在之環境（Ubiquity）：現今全球上網人口比例甚高，而且透過全球各地的無線網路，使用者隨時使用智慧型行動上網裝置，例如：5G 手機、平板電腦等，就可以遨遊網際網路，進而產生商業行為。

- 全球化標準（Universal Standard）：由於網際網路具有全球化的標準格式，因此，相關的產品在網路上販賣的時候，因為採用許多相同標準，這也非常方便相關業者複製成功的營運模式到另外一個國家當中。

- Disintermediation（去中間化），透過了網際網路的直銷模式，消費者可以直接到商家的網站上訂購產品，直接跳過批發商、零售商。因此，可以獲得較低的價格。例如：國外非常成功的 DELL 電腦，他們鼓勵許消費者直接到 DELL 的網站上（http://www.dell.com）直接下單訂購，並且可以依照消費者的喜好量身訂做，如此一來，消費者所需要付出的費用，遠小於傳統的行銷管道。正因此，電子商務提供更快速的資訊流通、低廉的價格，減少了商品流通的中間環節，大幅降低了商品流通和交易的成本，也節省了大量的開支。

直接作用

1. 節約大量商務成本，特別是降低商務溝通及交易的成本。

2. 提高商務效率，尤其是沒有地域限制但交易規則相同的商務模式。

3. 有利於進行商務，可將政府、市場和企業乃至個人串連起來，即為政府服務、企業和個人服務。

4. 增加產品服務項目與服務品質的提升、加速產品與服務的傳遞速度，改善全面的商業行為。

間接作用

1. 帶動新興產業的發展，例如：資訊通訊科技（Information Communication Technology, ICT）產業、知識產業及消費性電子業等。

2. 促進全球經濟高效化、資源節約化。

4.2.3 電子商務的交易過程

電子商務的內容範圍非常廣泛，不只包括「商業交易」，還包括遠距教學、電子銀行、跨企業共同研發、企業之間的協同運作及政府提供的各項電子化的服務，例如：健保、保險醫療的申報等。

　　以下就大家較熟知的電子商務交易為範例來說明電子商務的過程，我們將其大致分為以下階段：

- **資訊交流階段**：以商家來說，要選擇對自己有利的優秀商品及服務，組織商品資訊，建立自己的網頁，然後加入名氣較大、影響力較強的搜尋引擎中，盡可能讓人們多了解及認識商家的網站。對於買方來說，是去網路上獲取商品資訊及尋找商品的階段，買方根據自己的需要，並選擇信譽好、服務好、價格低廉的商家。

- **簽定商品合約階段**：以 Business to Business（B2B）為例，商家對商家來說，此階段是簽定合約確立合法性、完成必要的商貿票據的交換過程。必須要注意的是：合約的不可更改性及準確性等複雜的問題，例如：以產業別為區分的電子交易市集（e-marketplace），如圖 4-5 所示，為台塑之電子交易市集。

- **訂單履行階段**：以 Business to Consumer（B2C）為例，商家對消費者來說，這一階段是完成購物的訂單簽定過程，顧客將選好的商品、聯繫資訊、送貨方式、付款方法等在網上填好後，輸出資訊給商家，商家在收到訂單後應發出郵件，或撥打電話核對上述內容是否有誤，如 momo 之網路購物網站，如圖 4-6 所示。

- **依照合約進行商品交易、資金結算階段**：是整個商品交易關鍵的階段，不僅要涉及到金流，同時也涉及到物流，也就是商品配送的地點與時間的準確度。在這個階段有銀行業、物流業者的介入，線上交易的成功與否就在這個階段。

　　所以，電子商務與傳統的商業環境有所不同，但是卻對消費者以及網路業者帶來無限便利與商機。網際網路與全球資訊網在電腦發展史上是十分重要的資訊科技，可說是日新月異。全球資訊網是近幾年來發展，在網際網路中最大的網路。全球資訊網，讓使用者以圖型使用者界面（Graphical User Interface, GUI），在網路上從一個地方，連結到另一個地方。而電子商務是近幾年來一種新的商業活動，藉著全球網路以及智慧型手機的普及化，進而產生對於產品、服務與付款方式的運作思維的改變，將一般傳統的商業流程，運用在網路上行銷至世界上所有的消費者，可以將產品的銷售市場由區域性發展至全球化。運用網際網路這種方法可以減少成本、增加產品服務項目、服務品質的提升、加速產品與服務的傳遞速度，改善全面的商業行為。

圖 4-5　台塑之電子交易市集
(資料來源：http://www.efpg.com.tw/)

圖 4-6　momo 之線上購物網
(資料來源：http://www.momoshop.com.tw/)

　　網際網路與全球資訊網提供了使用者許多上網的機會。使用者可以從全世界各地，例如：家中、公共場所、學校及機場等，只要有電腦網路的地方，無論是使用有線/無線寬頻網路，只要經由網際網路服務提供者（ISP）就可以遨遊（Web Surfing）世界各地，去發掘並接收各種不同的資訊。二十一世紀的來臨，電子商務將會變得越來越重要，這些技術會改變人們的生活、學習、工作、休閒、社交方式，及創造新的商業活動，同時，這意謂著電子商務帶來了無限的商機。

4.2.4　交易處理系統

　　交易處理系統（Transaction Processing System, TPS）是一個使用標準作業程序（Standard Operating Procedure, SOP），用來收集和處理這些組織間每天的例行交易資料。有了交易處理系統，可處理例行性的循環工作，並且加以記錄或列印成報表而輸出。交易處理系統是由勞力密集的手工系統發展而來的，是早期許多組織企業使用的第一個電腦應用程式。交易處理系統早期是被用來作為批次處理（Batch Processing）的應用程式，也就是在同一時間，將交易事項收集、儲存和處理。交易處理系統並不會提供系統使用者任何建議性的資訊，只是忠實、詳實地記錄著系統之相關交易。

　　交易處理系統的特徵：

1. 它們處理例行性的商業交易，快速且有效率。

2. 它們大多被非管理階層，且不具有相關經驗的員工所使用。

3. 使用這些系統的員工，不做出相關決策。

4. 它們被設計為處理每天商業交易活動下，所產生的大量細部資料。

　　交易處理系統的實例：數以萬計的交易處理系統，正被許多組織企業使用，而訂貨系統（Ordering System）就是一個典型的例子。當接到訂單時，一個有經過訓練的員工會遵照標準程序，將這訂單輸入系統裡，該電腦系統便會遵照一套標準的程式來處理這些訂單。交易處理系統也被使用在許多其他的產業處理上，包括銀行系統、商業借款處理、股票和債券管理、運輸、法律、醫療、製造業、零售業、公益事業等。

　　交易處理系統被用在應收帳款（Account Receivable）、應付帳款（Account Payable）、存貨控制（Inventory Control）、出貨及進貨處理、物流及配送處理、訂單交易處理、薪資管理及一般總帳（General Ledger）的處理。交易處理系統不僅提供許多組織企業快速且有效率地處理每天例行性的交易，它也用來收集銷售記錄、進而可達成分析顧客買東西的消費傾向等。這些歷史性的資料庫，對這組織的其他資料系統而言，是相當有用的資訊。

　　交易處理系統在電子商務的使用上相當普遍。一般來講，網路上的交易會立刻被記錄和處理，例如：你參觀了一個特別的網站，它展示了很多產品和服務，你要購買它們的產品，這時只要輸入所需的資料，包括信用卡號碼，這個交易馬上就會被輸進這個系統並完成交易。交易處理系統也被使用於電子商務平台後端的應收帳款、控制庫存、開列帳單、訂購處理、薪資名冊、購物、航運、收取帳

目和一般分類帳的應用，沒有交易處理系統，在網際網路上進行商業交易是十分困難的。

近年來由於全球化的競爭，因此，企業之間的競爭不再只是品質，速度更是重要的因素。所以，如何降低企業的營運成本，減少固定成本的支出，就顯得十分的重要了。電子商務需要線上的交易處理，而交易處理系統在其他的產業也十分重要，包括銀行業務、商業借貸系統、股票、契約管理、運輸配送、製造程控等其他用途。

4.2.5 電子資料交換

電子資料交換（Electronic Data Interchange, EDI）是一個由資料交換標準協會（The Data Interchange Standards Association）所制訂的商業文件電子通信協定標準，諸如：發票、採購訂單和其他的商業文件。EDI 使用簡碼，例如：BT 為 Bill To 或 ST 為 Ship To，並和合作的雙方使用共同之電子化的格式（Format），換言之，使用電子資料交換的雙方，採用共同之通訊協訂（Communication Protocol）。EDI 協定可以讓不同公司進行電子化文件交換。

電子資料交換是電腦直接對電腦，並將商業文件從一部電腦移轉到另外一部電腦的功能。很多大公司與其協力廠商使用 EDI 來進行例行的交易、公告和採購訂單，其使用範疇包括所有相關商業單位。

電子資料交換提供不同的優勢，包括以下的優點：

- 交易成本的下降，可以增加競爭力。
- 傳送格式和文件所需時間減少，可以提升效率。
- 紙張的流動量減少以達成無紙化（Paperless），可以節省成本及縮短流程時間。
- 資料的輸入錯誤減少，接收端不需要使用者再重新輸入資料。
- EDI 提供更加可靠的方法，來傳送和接收文件。

有些公司已開發 EDI 應用於顧客的訂單處理，換言之，電子訂單是自動地被使用者創造、並被 EDI 處理和運送，沒有人為的干涉，例如：當庫存量低於安全庫存（Safety Level）時，公司的 EDI 系統自動通知賣方處理這些訂單，以期能及時補充其庫存。EDI 通信標準用於各種的電子商務應用，雖然它最初是為了幫助企業交易和企業運輸而開發的，但至目前已擴展到包括其他種類之應用，在促成交易達成之效率方面，以及減少令人厭煩的紙上作業均有莫大助益。

4.2.6 企業對企業的應用

電子商務在企業對企業（Business to Business, B2B）之間的應用程式（Application Program, AP）上扮演著一個永續成長的角色，在電子商務技術不斷地發展與改良之下，對企業和組織提供了一個新的機會去改變企業運作效率、服務和品質，以增加生產力和利益。未來電子商務，企業對企業之發展空間，是相當大的市場，因為企業電子化已經是大勢所趨。阿里巴巴是大中華最大的國際貿易商務網站，它也在 2014 年美國 IPO 股票首發，造成華爾街轟動，其 IPO 案的規模寫下全世界最高的 250 億美元紀錄，成為史上 IPO 最大的公司，超過 2012 年 Facebook 募集的 160 億美元、2010 年中國農業銀行募集的 221 億美元、以及中國工商銀行 2006 年的 220 億美元紀錄。

4.2.7 電子商務的數位內容型式

網際網路基礎建設（Internet Infrastructure）就是資訊高速公路（I-way），I-way 是各式各樣科技和方法的整合，是一種點對點（End-to-End）的基礎設施，而一點所指的就是所有的供應商、配銷商、監督機關、稅務機關、授權機關等；而另一端所指的就是以爆炸性成長中的各類裝置，也就是指全世界所有的個人電腦，包括時下盛行之行動裝置，例如：5G/6G 智慧型手機、平板電腦。電子商務的數位內容型式，主要有以下兩種格式：

- 資訊內容匯集（Content Convergence）：指的就是把所有類型的資訊內容轉換成數位形式，其中包括文字、聲音、圖形、動畫、音樂、影像和商業文件及廣告；傳輸匯集（Transmission Convergence）指出以數位形式壓縮和儲存的資訊，可以有效率地傳輸到各種形式的通訊媒體。

- 設備裝置匯集（Device Convergence）：指各種電腦、通訊及視訊設備，和其他轉換資訊從一端到另一端的裝置。在語音與資訊通訊上，有許多令人印象深刻與有用的貢獻，例如：LINE、WeChat、Facebook Messenger，而資料傳輸的頻寬也逐漸加大中。

許多硬體設備廠商持續生產資訊傳輸的工具和改善儲存裝置，並發展更大的頻寬，因為每星期都有數萬個網路使用者、數百家公司、組織、其他想在網際網路上建立自己的網站的機構產生。在存取與使用上，面對日趨增加的需求，通訊公司發展新的技術，在於提供更快速的存取，及帶給使用者更方便的需求。通訊裝置，像路由器（Router）的製造商，為了維持他們在同業間的競爭力，會積極的發展新的技術與產品，使資料傳輸更快速。

資料傳輸的管道、裝置、媒介與技術，都將繼續被加以改善。人們可以期待網際網路的技術有更多的發展，在改善過程中，便能使網際網路的存取、使用具有更高的便利性。網際網路與網路伺服器，將會變得更快、更可靠，頻寬會持續增大，以便容納更多的資訊。5G 之商轉運作，將為人類之商務運作模式，已提供前所未有的思維與衝擊，傳統燃油汽車工業勢必轉型，結合 5G 之智慧型電動車，已經全球佈局了。

約在 2022 年底，諾基亞（Nokia）和合作的美國公司（Intuitive Machines）在月球表面完成建造月球首個 LTE／4G 通訊網路系統，此計畫具有低功耗、抗宇宙幅射的 LTE 網路解決方案，登陸器將系統送上月球後，網路系統會自動佈建，開始在月球上提供通訊服務。美國太空總署（NASA）將在月球上之 4G 網路佈建，列入下一波人類登月計畫的基礎建設（Infrastructure）。

諾基亞貝爾實驗室表示，月球的 4G 網路可能比地球 4G 網路還要順暢，因為月球表面沒有任何樹木、建築物、電視、電台通訊…等會干擾 4G 網路訊號。雖然月球表面沒有遮擋物的有利條件，但是仍要克服月球的極端環境，例如：極端溫度、高輻射和真空工作環境。正因如此，和月球目前使用的無線電系統比較，4G 網路可讓太空人有更長距離通訊。除此之外，用 4G 網路控制月球漫遊車，在月球地圖導航，傳輸高清影像，這些都會在 2022 年月球 4G 通網的當天完成。

Nokia 和 NASA 正在構建人類有史以來，第一個在月球表面之蜂巢式通訊網路，月球的 4G 網路，將具有高可靠性、高容量性、高適應性的通訊網路，是人類將月球當作是旅遊景點之一的其中一項關鍵基礎建設。

4.2.8 電子商務是否泡沫化

早在 2000 年，網路科技股曾爆發股價嚴重的下跌，網路產業陷入前景不明的狀態。加上投資者面對著虧損連連的網路產業，投資心理轉向悲觀，預期未來中短期內仍無法獲利而紛紛抽走資金，引發連鎖的骨牌效應，網站倒閉排山倒海而來，造成網路泡沫化的危機。

主要是因為電子商務的發展未依照一定的程序。必須以四個階段逐一進行，此四個網站發展階段，依順序分別是：資訊流→人流→金流→商品流。

- **資訊流：**為網際網路發展之初，人們才剛開始接觸它，對透過網路獲取資訊的需求最為迫切，會藉由搜尋引擎找尋知識、生活、娛樂等的資訊，透過網路，訊息是可輕易取得而且免費的，此階段想藉由資訊而獲利，是不大可能的，除非是搜尋引擎轉為入口網站。

- **人流**：此時網站可以鎖定某些特定的人群或組織進行特定服務，藉由網站的媒介，而達到交流的目的，此種特性，可以提高網站獲利的可能性。例如：線上即時遊戲，多人可同時進行互動式的遊戲。

- **金流**：簡略地說，是交易中取貨付款的機制，由於在網路上難以確認交易雙方的真實身份，此階段最為困難，也將耗時最久，消費者畢竟過不了「網路安全」的心理關卡，因此要能推動電子商務，必須在金流上加強與銀行配合，確立網路互信的安全認證機制，例如：目前廣為流行之網路 ATM，採用的晶片卡與讀卡機之結合機制，並經過加密後較難以仿製。根據金管會的定義「行動支付」、「電子支付」有各自的定義，也有部分重疊的地方。行動支付：以智慧型行動裝置綁定信用卡或銀行帳戶，作為支付載具的方式，例如：Apple Pay、LINE Pay、街口支付、全聯 PX pay 等。電子支付：有獨立的電子支付帳戶，可以用來交易或轉帳，例如：LINE Pay、街口支付、悠遊卡等。顧名思義，行動支付、電子支付都是非現金交易的，出門只要帶智慧型手機，不需要另外帶現金。而支付時要輸入密碼或指紋或 Face ID 以解鎖，在使用上相當方便。

- **商品流**：網路購物相當便利、快速，以前要出門才能購物，但現在只要坐在電腦前按一按滑鼠即可輕鬆交易，所以購物網站先天上已有成功的條件。大抵來說，以上四階段應當在每一個階段的發展成熟後，才會進行下一階段。2000 年發展失敗、被泡沫化的網站，大多皆屬於商品流的網站，因為在第三階段，確立網路互信的機制（金流體系）尚未成熟，消費者對於網路購物有著不安全感的情況下，既使再優良再好的網站，也難逃虧損甚至倒閉的厄運。例如：當初擁有 7 億元新台幣的資金，由資訊人所創辦之國內在當時最大的拍賣網站酷必得，最後僅以約 1 千萬元的價格轉讓。而酷必得的消長，是國內電子商務觀察家、評論家常引用的經典案例。

圖 4-7　酷必得網站之歷史畫面 (資料來源：http://www.coolbid.com/)

4.2.9　網路泡沫化所帶來的啟示

電子商務是可以永續經營的事業，關鍵是在於是否找出一個可執行的賺錢商業模式，換句話說，就是正確的商業模式（Business Model）。對企業來說，網路泡沫化讓許多結構不健全的電子商務服務公司相繼倒閉，但也更加突顯出存活下來的企業其定位的正確性，以及商品服務的價值和潛力。而企業間電子商務其實並未因網路泡沫化而消失，相反地，為強化競爭優勢，產業上下游的金流、物流、資訊流 e 化，已成必要趨勢，是面對全球化競爭不能不做的利器。

企業可將電子採購平台當作強化供應鏈關係的重要工具，以降低採購成本，進一步強化企業的策略性採購功能，並提升企業商品競爭力。這類電子化服務，未來將會帶領許多傳統產業，開創新的局面。對人們來說，泡沫化讓人們對電子商務的導入產生不信任感，但卻使網路應用更普及，愈來愈大的頻寬使網路內容也更加豐富精采，而出現了數位內容產業。

對於網站來說，過去注重人氣的概念將會過時，未來必須更注重營利能力及現金規劃；而一些由傳統企業轉型為網路企業的公司，發展潛力備受關注。經濟部工業局根據該產業之經驗時間及使用技術的成熟度，來判定是否為傳統產業（Brick and Mortar），所以，傳統產業廣義來說，是指非高科技產業；狹義來說，是指石化、紡織、造紙、鋼鐵、汽車等製造業。

4.2.10　電子商務並未泡沫化

2000 年曾發生網路泡沫化，這到底是.com 泡沫化或是中場休息，筆者認為是後者。從過去網路泡沫化的發現，引起網際網路泡沫，是那些一度狂熱的消費型商品流網站。如果把擁有土地、廠房、店面等資產的傳統產業（Brick and Mortar）比喻為「紅磚與灰泥」，而沒有傳統產業支持的純網路公司（Click no Mortar）是無法成為一座建築物的。因此，.com 的發展應該是實體與虛擬的結合虛實合一（Click and Brick），即兩者要平衡，如此才能提升服務。市場上之純網路公司，就是因為缺乏實體的通路、店面等，所以在從事電子商務交易之後，常會遇到物流與配送的問題。在面對傳統產業逐漸 e 化，紛紛增加線上交易網站，更說明了虛實合一的重要性。

有人把電子商務比喻為「啤酒」，有人認為沒有泡沫的啤酒是不好喝的，問題是當泡沫散去之後，剩下的將會是優質網站。因為未來電子商務一定會越來越普及，商機越來越大，將會由少數優質網站來主導及分享更多的 EC 商機，也可

以稱為啤酒效應，因為有人認為泡沫散去的啤酒最好喝。所以，瞭解電子商務科技的發展趨勢，就會明白電子商務不是泡沫化。

此外，隨著 2002 年底的股市開始反彈上漲，而帶領這波股價上揚的，竟是一些網路公司，如套裝旅遊網站 Expediae，股價上漲 65%，亞馬遜網站、線上拍賣 eBay，也維持在良好的股價走勢。即使在臺灣，旅遊網站易遊網（ezTravel），http://www.eztravel.com.tw，早在 2006 年 12 月，高鐵開航，易遊網領先開賣！率先提供網路訂票、手機訂票、接駁及旅遊服務，讓大眾能以最方便的方式，體驗高鐵快速便捷的服務。寬頻網路的普及，有了無線寬頻網路，不管你原先的上網習慣是如何，你都會更加頻繁地使用它；再加上使用者對於線上交易的不信任感日漸減低，網路交易安全和隱私權方面的問題，向來是使用者對於電子商務的主要障礙，但是隨著時間及科技研發，安全機制的問題慢慢獲得改善，也帶動使用者的購買意願。電子商務的爆發力正持續進行，科技進展的腳步是永遠不會停止，而只會以更快的速度向前進，故網路絕不會因為一時的蕭條而消失，反而會隨著上網的普及化，網路與人類生活將會結合的更緊密。現今民眾普遍使用智慧型手機點餐，Uber/foodpanda 宅配到家，大大顛覆傳統飲食之消費模式，機器人、無人機之配送服務，都已經進入商轉階段。

4-3 電子商業（Electronic Business, e-Business）

美國前英代爾董事長安迪葛洛夫在 1999 年曾說過：「未來沒有電子商業，因為 5 年後所有的企業都是電子商業。」。因此，發展電子商業對公司企業與消費者之間的重要性，是不容忽視的，現今的商業環境也驗證了他的預言。電子商業（e-Business）又稱為產業電子化，其商業模式主要為 B2B（Business to Business）亦包含了電子商務 B2C（Business to Customer）的商業模式。它包含了企業流程（Business Process）、企業應用程式（Enterprise Applications）及組織架構（Organization Structure）的完美整合，進而形成高價值的商業模式。

電子商務在企業間之應用上扮演著前所未有的角色，愈來愈多的企業，甚至其他型態的組織，都竭盡所能地利用現代電子商務科技所帶來的商機。他們不僅本身獲利，連顧客和一般大眾也得到好處。電子商務科技早已廣泛地應用於 B2B 應用程式中，大多數的企業現在都使用電子商務來做企業內和企業外之溝通，包括供應商、稅捐局處、顧客、航運公司等。阿里巴巴（Alibaba）提供醫藥、化學、農業、民生用品等原物料，及商業服務和工業用品的相關供需資訊，提供全球商業機會訊息。阿里巴巴建構了一個線上訊息平台（例如：供需、產品庫存等），

由買賣雙方自動登錄所有的供需訊息，會員們以自由開放的形式，在這個平台上尋找貿易伙伴，自行洽談生意。這是一種在網路上，建立的一個自由貿易市場，與傳統市場相較，其無地區、時空的限制，自然商機無限。

　　而另一個電子市集 Global Sources（http://www.globalsources.com）於 1971 年在香港成立，創辦 Global Sources（該公司最初命名 Asian Sources），早期的發展重心在於亞洲區的採購資訊，並以出版貿易刊物為主；1980 年進入中國市場，並出版針對中國市場的貿易資訊雜誌，1999 年，該公司易名為 Global Sources，近年將發展重心移向中國。

　　但與阿里巴巴不同的地方，在於 Global Sources 不僅是電子交易市集，更能在網路上提供內容，也提供完整的交易解決方案。像阿里巴巴或 Global Sources 這種有網路媒介性質的 B2B 網站，對未成熟或新成立的供應商較有用，但對於成熟的供應商作用就不是很大，因為其本身已有固定的買家通路。但不論如何，電子交易市集（e-Marketplace）具有能匯集買主與供應商的功能，對於以出口導向的臺灣產業來說，可以透過電子交易市集，以中國市場為利基點，開拓全球化的商機。

圖 4-8　Global Sources 之網站 (資料來源：http://www.globalsources.com/)

4-4 電子商務與電子商業之趨勢及未來展望

　　由於網際網路技術的成熟，使得全球化的企業數量不斷的成長，因此，企業與企業之間為了提升競爭力，漸漸以策略聯盟方式，同時配合網路的運用，降低營運成本，用以提升企業的競爭優勢，創造雙贏（Win-Win）的局面。此外，企業也可以領導其他企業的一般商業活動，例如：企業與供應商的聯繫可以提升商業活動的效率、政府各部門間的協調與整合，可以更快速且更有效率的提供服務給社會大眾，因此，B2B（Business to Business），企業對企業之間的商業模式，將是二十一世紀最熱門的話題之一。儘管網際網路和全球資訊網是近幾年來的現象，但它們的發展意謂著一種進化，也就是它們即將在二十一世紀發揚光大。

　　關於電子商務技術在企業對企業的應用上扮演著永續成長的角色，持續的發展與改善電子商務技術，是為了提供新的機會給企業和其他組織去改善效率、服務和品質，增加生產力與收益性，以提升企業的競爭力。今日的企業全球化市場競爭無處不存在。不幸地，到目前為止很多外國的企業正面臨極度有限的電子商務機會，有些部份是因為他們必須營運於受限的技術層面。譬如，一些中東國家缺乏那些已在美國與很多其他高科技國家所發展的科技和通信架構。儘管極度的不利，位於這些國家的商業被迫尋找途徑與其他公司競爭，並以最快速及最容易地接近全球市場。

　　一些科技開發的國家，如：美國、加拿大、日本和一些西歐國家，藉由電子通信系統、全球資訊網與電子商務科技，已經讓數以千計的企業充份利用電子商務創造商業機會。很多企業不斷地探究新的途徑，他們能使用電子商務科技有效率地運作、改善服務與增加利益。

4.4.1　商業與機構的角色轉變

　　由於網際網路和全球資訊網的快速進步與成長，導致許多企業和機構包含學術單位正經歷重大組織和營運的改變，直到前幾年，網際網路和全球資訊網已經打開了無法想像且不可思議的許多機會。網際網路在很多企業營運的方式扮演重要的角色，很多零售商已經擁抱這項新科技，用來行銷他們的產品和服務，以及和顧客與供應者溝通的管道，而其他的零售商也緊跟著這樣做。因此，網際網路能夠以最少的財務資源讓零售商創造利潤，並且和其他更大的公司競爭，所以當越來越多的公司加入這個新的市場時，每天都會出現新的網站。

　　電子商務（e-Commerce）的商業模式是介於企業與顧客（B2C）之間；而電子商業（e-Business）的商業模式是企業與企業（B2B）之間；事實上，企業透

過網際網路和員工、供應者、政府機構以及社會大眾溝通交流（例如：交通監理、國稅局）是一個重大趨勢。而以網際網路為傳播媒介，提供全世界使用者線上學習的課程，這種現象稱之為遠距教學（Distance Learning）。遠距教學可以被定義為以電子化的方式，從學校或出版商的主機電腦系統，透過網際網路，傳送資訊到遠端的學生電腦，而且學生也可以傳遞他的問題到主機電腦，像以這樣的方式所上的課程稱之為線上課程（Online Course）。COVID-19 肆虐全球，全世界商務人士航班停飛，學校停課不停學，幾乎大部分課程均轉線上，視訊會議軟體（Google Meet、Zoom）紅遍半邊天，市面上有很多免費之相關軟體，均可善加利用。如圖 4-9 為國立臺中教育大學王如哲校長、國際及兩岸事務暨研究發展處朱海成處長，使用 Google Meet 與臺灣駐芝加哥辦事處姜森處長進行視訊會議。

圖 4-9　與臺灣駐芝加哥辦事處姜森處長進行視訊會議

4.4.2　全球網路公司的泡沫化

在西元 2000 年底，令人印象最深刻的應是 dot-com 奇蹟幻滅的一年。從 NASDAQ 股價一路狂跌至 2000 多點，在 2000 年 3 月 10 日，是美國 NASDAQ 綜合指數創下新高的日子，而在該年的 3 月 15 日，一年的時間 NASDAQ 就已經大跌了 55%，2001 年，整年的股市市值就跌掉 4 兆美元，佔了全美國內生產毛額的 40%。這短暫的狂熱時期，眾人一面倒地陷入樂觀的想法中，深信科技會改寫競爭與經濟學規則，會帶來新的財富、並且將舊產業掃進垃圾堆中，創造出新產業，直到幻想徹底破滅，當人們睜開隻眼，卻看不到新產業出現，也看不到計劃夢想中的商業運作模式。

IBM 董事長暨執行長（CEO）2000 年 12 月在紐約 eBusiness Conference and Expro 專題演講時說到：「IBM 堅信網路是關於每一項重要交易之關鍵因素，不只是交易而已，也不只是電子商務，否則我們不會投資十億美金致力於提倡「電子商業」。」儘管網路上的許多零售商都曾經宣稱他們已經創下了一種全新的商業模式（Business Model），但是實際上他們仍然訴諸著一種已傳承數百年不變的商業策略，那就是「低價」。大多數人都忘記了網際網路是一種科技，它只是一種非常有用的工具，但是它仍然無法輕易改變消費者想要的擁有消費的樂趣及選擇權，先看看商品的樣子，但不一定得購買。

4.4.3 電腦硬體及軟體未來的趨勢

硬體的趨勢是電腦/智慧型手機零件的改良與外部裝置，包括現有之觸控式螢幕、折疊式螢幕、未來之投影式螢幕、螢幕的要求也上修至 4K、8K。全球的電腦/智慧型手機設備的製造業者們知道，若想保持競爭力，必須不斷提升已推出的產品，並且持續地研發新產品，因為幾乎每天都有新的產品和升級版的產品問世。硬體產品的發展可能需要好幾年用心的研發和計劃。成功的硬體製造業者通常會建立時間表顯示未來將發表的新產品，從計劃、設計、發展、測試到最後的問世，整個時間表因為各種特殊因素，有些產品從未生產過，但是仍然有數以萬計的新產品被生產出來並公開發表。

對於許多未來的硬體產品仍有許多疑問，當有了升級版的微處理器，所有類型的電腦都將運作得更快、更有力，而且電腦的體積可以更迷你。例如：個人電腦處理器會速度更快更穩;高解析度的液晶電腦螢幕上市量產(4K、8K、HDMI)；5G/6G 的相關上網設備，會越來越普及。

軟體的趨勢是讓使用者能夠有生產價值和更完整性的套裝軟體（Software Suite），它會讓程式能更順利的執行，所以資料移動可從一個應用程式到另一個應用程式，當愈來愈多的使用者有機會能夠在網際網路、全球資訊網和電子商務上去改良瀏覽器與搜尋引擎時，新的瀏覽器和搜尋引擎會定時的提供資訊服務。

預計在未來幾年內，在軟體方面將有巨幅的提升，尤其與網際網路、全球資訊網和電子商務相關的軟體，同樣地，套裝軟體也會提升。而一些較不受歡迎的套裝軟體也將會被更新穎的程式取代。在未來軟體會使得瀏覽器和搜尋引擎運作地更快，也提供更多的服務，隨著升級版的誕生，我們可以預測介面的提升、更快速的存取和更多的用途。

資料通訊未來的趨勢：在國內近來 5G 設備供應商的開放，許多 5G 設備供應商已投資數億元在研究讓聲音和資料通訊更快速的新技術，其他生產資料通訊設備的公司也正尋找改善既有裝置，以及發展有更大寬頻的新裝置，如此一來，現有的通訊科技快速汰換更新。為了迎合漸增的存取和使用需求，5G 設備供應商正迫切地發展新科技以提供更快速地存取和滿足用戶的需求。而在此同時，無線網路已成為兵家必爭之地，例如：5G/6G 無線寬頻網路相關之應用程式與周邊產品，在全球各地均已開始商轉，也催生 5G 智慧型手機的換機潮。

4.4.4　電子商務未來的趨勢

電子商務已經呈現出急邊性和持續性地成長速度，幾乎是令人驚訝的。在幾年之內，電子商務以它多樣化的種類和應用程式，從理論性的概念成長到一個可以賺進大把鈔票的事實。很少人會想到電子商務將會對世界經濟造成什麼樣的影響，尤其是對美國以及其他科技先進國家的經濟。大部分有持續注意電子商務領域發展的專家和研究性組織團體，都同意電子商務在未來將會緊緊掌握個人、企業、組織，以及政府。

下一階段的電子商業只與兩件事情有關，也就是整合（Integration）以及基礎建設（Infrastructure）。企業 e 化已成為不爭之事實與當務之急，這些現象，都再一次點出電子商務下一波衝擊，已經蓄勢待發！

4-5 跨境電商（Cross-Border e-Commerce）

4.5.1　跨境電商之定義與概論

跨境電商（Cross-Border e-Commerce）簡易的說，即是用無所不在網路平台（Ubiquitous Networking Platforms）進行跨國交易，是一種國際商業行為。換言之，買、賣雙方在不同國家透過網路與電子商務平台，進行交易、支付，藉由跨境物流交遞商品，完成買賣。一般而言，跨境電商包括兩種情況：由海外進口到國內，或是由國內出口到海外。其商業模式（Business Model）有 B2B 和 B2C。

B2B 是企業在線上（Online）透過網路平台發布相關訊息以及廣告，然後在線下（Offline）達成通關跟交易，採 O2O 模式；B2C 則是跨國企業和消費者進行一對一交易，以個人需求為主要目的進行銷售。常見之物流方式有一般郵寄、快遞、航空。在傳統國際貿易進出口流程中，一般均要涉及國際貨款結算、國際運輸、進出口通關、產品保險等，同時還有安全性及風險控管等多方面考量，這

使得跨境電商和境內電子商務有所差異。跨境電商在今日成為推動經濟一體化、貿易全球化的重要商業模式，在全球具有非常重要的戰略商務意義。在臺灣，蝦皮購物和露天拍賣即是跨境電商之代表，因為有很多商品是自中國進口。

　　跨境電商不僅突破了國家間的貿易障礙，更將傳統國際貿易推向無國界貿易，也正因如此，跨境電商也正在引起全世界經濟貿易的巨大改變。對企業來說，跨境電商的開放，具有多邊經貿合作模式，大規模地拓寬了進入國際市場的路徑，促進了多邊資源的優化資源配置，對於潛在消費者而言，跨境電商可使他們非常容易地獲取其他國家產品的相關信息，透過跨國商務，可購得物美價廉的商品。一般而言，跨境電商之運作模式，如圖 4-10 所示。

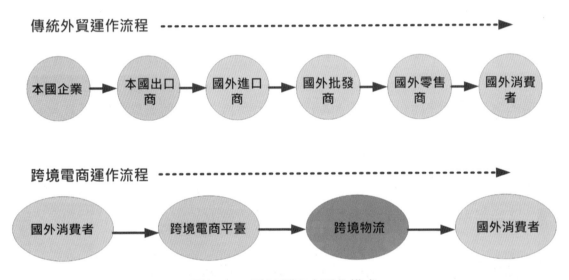

圖 4-10　跨境電商之運作模式

　　跨境電商開啟購物無國界之新紀元，對全球無數企業帶來更多商機，但是運作上仍有相當之風險。跨境電商交易平台的建立，在技術方面並無太大障礙，但在具體的跨境交易流程上，仍然面臨當地法律、信用評等、支付體系、多國語言等多方面的挑戰。在跨境電商法律體系建立方面，跨境電商相對國際貿易法律方面的問題，主要是因為現今應用於國際貿易的法律不夠完備，而造成的相關法律條文的制定，遠遠落後於跨境電商所需之相關技術及該產業的快速發展。

　　在跨境電商信用管理體系方面，雖然跨境電商具有自己的特點（低成本、高效率、全球性），仍具有傳統商務活動的風險。跨境電商支付體系存在有相當之安全問題，目前全球的大部分的支付方式大部份僅限於本國內，除 VISA、MASTERCARD 卡外，實現真正全球化的支付方式，畢竟是少數。此外，跨境電商物流成本較高，如此一來就限縮跨境跨境電商的競爭優勢。既使如此，跨境電

商之發展，已經受到很多國家高度重視，並協助相關企業積極參與。臺灣可以運用境外製造、跨國配送之方式，切入跨境電商的領域，進而構建全球市場。

4.5.2　跨境電商之特徵

◉ 快速演化（Rapid Evolving）

在網路世代中，唯一不變的就是不斷的改變。網際網路的電子商務活動也處在瞬息萬變的情況，僅在短短的幾十年中，電子交易經歷了從早期之電子資料交換（Electronic Data Interchange, EDI）到電子商務的興起，而數位化產品和服務更是不斷的改變著我們生活的各個面向。跨境電商具有不同於傳統貿易方式的諸多特點，也不斷延伸出新穎之商務議題。

◉ 全球到達（Global Reach）

無所不在之網路系統，造成沒有邊界的國際市場，跨境電商具有全球化的特性。網路用戶不需要考慮國界，就可以把高附加價值之產品和服務，向全球市場延伸。美國財政部在其財政報告中指出，對全球化網路系統建立起來的電子商務活動進行課稅是有相當之困難，因為現今之跨境電商是可說是虛擬企業的延伸，突破了傳統交易方式下的地理因素。

◉ 無形企業（Intangible Enterprise）

藉由無所不在之網路發展，能使數位化產品和服務的銷售在短時間內蓬勃發展。而數位化傳輸是透過不同類型的媒介，在全球化網路環境中進行，這些媒介在網路中，是以數位代碼的形式出現的，因而是無形的。以一個 e-mail 的傳輸為例，此訊息的內容首先要被分解為數以百萬計的數據封包（packet），然後按照 TCP／IP 協議，透過不同的網路路徑，傳輸到一個目的地，並再重新組成，進而轉發給接收人，整個過程都是在網路中瞬間完成的。電子商務是數位化傳輸活動的一種特殊商業形式，其無形性的特性，使得相關稅務機關很難控制和檢查銷售商的交易活動，稅務稽查員無法準確地計算銷售所得和利潤所得。如此一來，給稅務機關帶來稽核上之困難。

傳統商業交易以實物為主，而在電子商務中，無形產品卻可以替代實物，成為交易的對象。以書籍為例，傳統的紙質書籍，其排版、印刷、銷售，被看作是產品的生產及銷售。然而在電子商務交易中，消費者只要購買書子書便可以吸收書中的知識。因此，而如何界定該交易的性質、如何監督、如何課稅等一系列的問題，給稅務和法律部門帶來了新的議題。

由於跨境電商的去中心化和全球性的特質，因此很難識別跨境電商參與者的身份和其所處的地理位置。在線交易的消費者往往不顯示自己的真實身份和自己的地理位置，重要的是網路的匿名性絲毫不影響交易的進行。對於網路而言，傳輸的速度和地理距離幾乎無關。在傳統交易模式中，訊息交流方式，例如：信函、電報、傳真等，在信息的發送與接收間，有時存在著長短不同的時間差。而電子商務中的訊息交流，無論實際時空距離遠近，一方發送信息與另一方接收信息，幾乎是同時的，就如同生活中面對面交談，線上即時通軟體（LINE、Facebook Messenger、WeChat）造就了跨境電商溝通上便捷。某些數位化產品，例如：音樂、App 等的交易，訂貨、付款、交貨，都可以在瞬間完成。

跨境電商採取無紙化（paperless）的操作方式，而無紙化帶來的積極影響，使訊息傳遞擺脫了紙張的限制，但由於傳統法律的許多規範是以紙張交易為出發點的，因此，無紙化帶來了一定程度上法律的漏洞。而跨境電商所採用的其他保密措施，也增加稅務機關難以掌握納稅人財務透明化的程度。在某些交易無據可查的情形下，跨國納稅人的申報額將會大大降低，應納稅額和實際所徵得稅款，都將少於實際所達到的數量，進而造成徵收國際稅之流失。例如，世界各國普遍開徵的傳統印花稅，其課稅對象是以交易各方提供的書面憑證，而在跨境電商無紙化的情況下，傳統的合同、憑證形式可能無法完全取得，因而印花稅的合同、憑證貼花便有執行上之困難。

4.5.3　跨境電商之交易模式

根據相關文獻，跨境電商之交易模式可分為以下幾種：

◉ 跨境直接銷售模式

供應商將貨品交付給境內電子商務平台業者，境內電子商務平台業者，將商品直接銷售給境外購買者，如圖 4-11 所示。

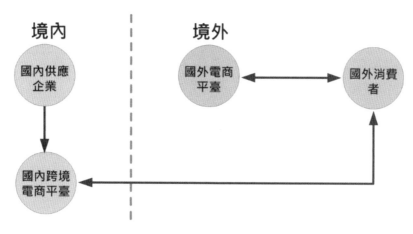

圖 4-11　跨境電商之交易模式：跨境直接銷售模式

橋接平台模式

　　供應商將貨品交付給境內電子商務平台業者，境內電子商務平台業者和境外電子商務平台業者橋接合作，境內電子商務平台業者作招商動作，商品由 B2B 報關方式，送至境外電子商務平台業者銷售，再藉由境外電子商務平台業者販售給消費者，如圖 4-12 所示。

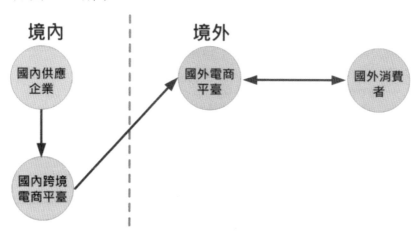

圖 4-12　跨境電商之交易模式：橋接平台模式

⊙ 代營運商模式

供應商透過中間代營運商,進而將商品上架至境外電子商務平台,再販售給消費者,如圖 4-13 所示。

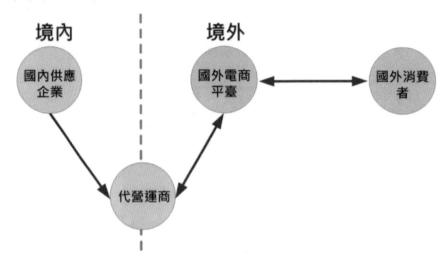

圖 4-13　跨境電商之交易模式:代運營商模式

⊙ 落地經營銷售模式

供應商直接至境外開設電子商務平台,販售商品給消費者,如圖 4-14 所示。

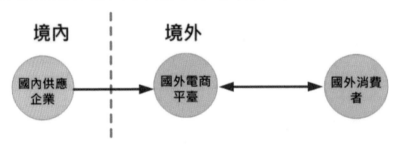

圖 4-14　跨境電商之交易模式:落地經營銷售模式

4.5.4　跨境電商之交易流程—以中國為例

⊙ 保稅進口方式

其運作的形式是採先備貨後接單之方式,國外商品一併放置在中國境內海關的特殊監管區域範圍或者是保稅監管場所內。因為消費者下單是透過和海關聯網的跨境電商平台,藉由消費者提供的支付訊息、訂單訊息、物流訊息,電商平台業者向海關核實申報,並且依照訂單內容,為各個物品承辦通關手續,在海關的

查驗之後，消費者會直接收到從保稅區清關發出的商品。因為商品是在中國境內特殊監管區域範圍或者是保稅監管場所存放，在檢驗檢疫局和海關等監督之下，搭配快速通關，一般在 2~3 個工作天消費者即可以收到商品。但是企業的商品備貨必須是在中國海關的監管倉庫裡，所以跟直接購買進口比起來，保稅進口的商品樣式和類別可能會比較少。而保稅進口制度，是允許對特定的進口貨物，在入關進境後確定內銷或復出口的最終去向前，暫緩徵收關稅和其他國內稅。基本上，是由海關監管的一種制度。換言之，進口貨物可以緩繳進口關稅和其他國內稅，在海關監管下於指定或許可的場所、區域進行儲存、加工、中轉或再製造，是否徵收關稅則視貨物最終進口為內銷或再行運出口而決定，如圖 4-15 所示。

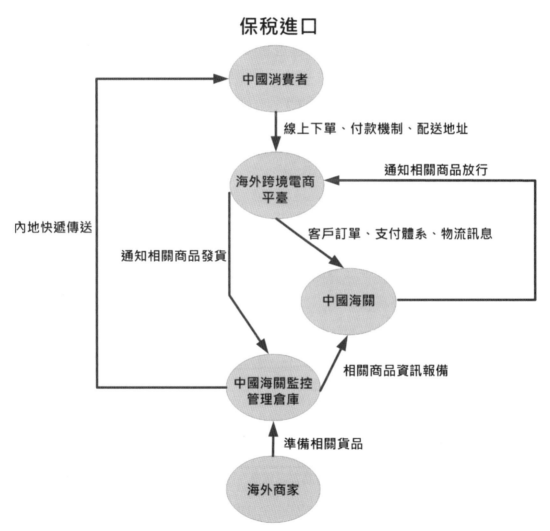

圖 4-15　中國為例之跨境電商交易流程：保稅進口方式

◎ 直接購買進口方式

其運作的形式是先下單後發貨，在中國的消費者在和海關聯網的跨境電商平台下單，電商平台則根據消費者提供的訂單訊息、支付訊息、物流訊息，傳遞給中國海關。另外在海外倉庫的商品會直接發貨，藉由國際物流的配送，商品到達位於中國內地海關的跨境電商監管場所，在發貨給消費者之前，完成清關、檢疫、查驗等相關手續。一般而言，消費者在 6~14 天收到貨品。無庸置疑，直購進口的商品其物流成本較高，運輸時間也相對較長。自另一角度分析直接購買進口，意謂著顧客在購物平台上確定完成付款機制後，商品以郵件、快遞方式運輸入境，達成跨境貿易的通關模式。換言之，中國國內的消費者，透過與海關連線的跨境電商平臺下單後，企業將電子訂單、支付憑證、電子運單等相關文件即時傳輸給海關，隨後賣方在海外將商品包裝好，通過國際物流配送到跨境電商之監管中心，進行清關動作，如圖 4-16 所示。

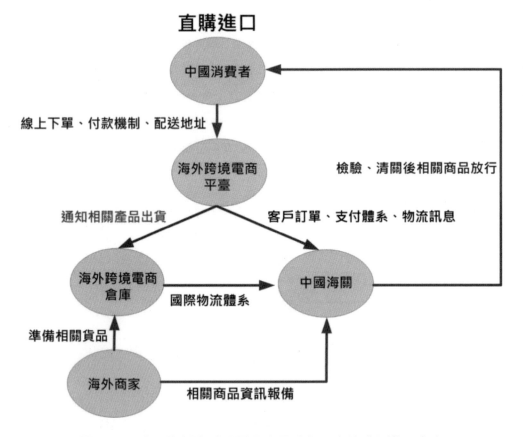

圖 4-16　中國為例之跨境電商交易流程：直接購買進口方式

一般出口方式

　　海外的消費者，可以在和海關連網的跨境出口電商平台下單，跨境電商平台業者把訂單訊息、物流訊息、支付訊息等傳回給中國海關。另一方面，在國內的廠商將產品包裝後，寄送至由中國海關監管的倉庫，海關在完成實貨查驗、檢驗、檢疫等手續後便通知電商平台業者，利用國際物流，發貨給位於海外的消費者，如圖 4-17 所示。

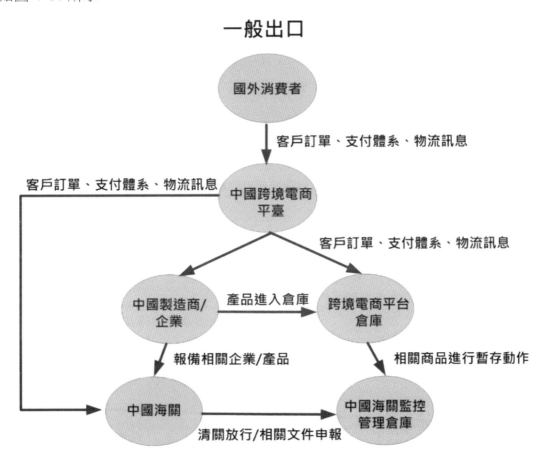

圖 4-17　中國為例之跨境電商交易流程：一般出口方式

保稅出口方式

　　中國國內的電商企業在海外國家採購的境外貨物，以 B2B 方式運作，可以藉由整合進口的方法，存放於中國海關的保稅物流中心備貨，當出口跨境電商平台收到來自海外消費者的訂單資料時，企業便依照訂單內容，分門別類挑選並包裝，再以 B2C 的散裝模式出貨，透過國際物流，寄送到海外消費者的地址。在全部的

流程當中，貨物都屬於境外貨物，企業利用中國保稅物流中心當作貨物中轉中心，取代海外中轉倉庫的功能，如圖 4-18 所示。

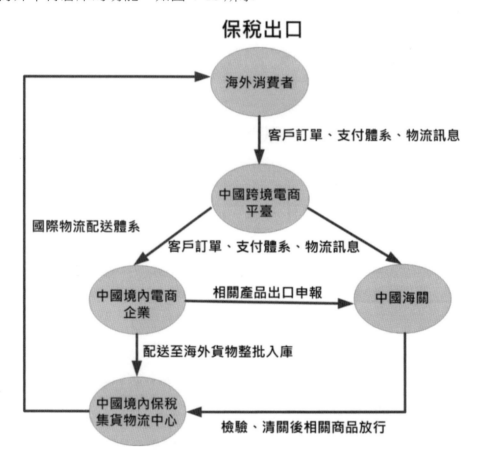

圖 4-18　中國為例之跨境電商交易流程：保稅進口方式

4.5.5　跨境電商運作之關鍵成功因素

◉ 自物流面向切入

　　加強物流的運作效能與效力，是增加產品銷售額的一個重要環節，因為唯有物流能力提升，才可以使整的銷售鏈的運轉速度加快，方能使資金回收速率加快，同時提高企業現金流（Cash Flow）的週轉速度，以期能增加公司的利潤。事實上，物流成本一直以來都是電子商務成功與否的關鍵成功因素之一。因此，要做好提高跨境電商的整體利潤，就必須將相關跨境物流成本控管好並加以最佳化。

自金流面向切入

對於現在的跨境電商，傳統的金流與物流條件不再是主要障礙。信用卡的廣泛使用、線上支付體系、網路銀行轉帳，以及眾多傳統金融業者透過聯盟形成的跨境支付協定，甚至是 LINE Pay、Pay Pal、支付寶、微信紅包、Apple Pay、PX Pay 等支付工具，在金流上是一個很大的突破。

自資訊流面向切入

在無所不在網路的今日，全球的使用者都可以透過瀏覽器或是智慧型手機尋找網上的相關產品，產品的銷售完全沒有地域性或時區的限制，同時透過大數據的分析，也可以明瞭哪一種產品是目前時下最熱門的商品，在哪個區裡面可以進行大規模的行銷策略運用。資訊流已經在全球間，廣泛成為人們獲得資訊的方式，相對的對於跨境電商有著最強的支撐力道，在現在這個 e 世代，只要掌握網路，就掌握商機。

跨境電商對於臺灣的相關業者而言，其目標以美國、中國、東南亞為主要代表對象。不容諱言，此三大國際市場，各有其當地文化特色和市場挑戰，受歡迎的臺灣商品項目，亦各有所不同，正代表臺灣商品在不同的地域市場擁有不同之喜好。就像傳統產業一樣，當在不同的國家，切入不同的市場的時候，就必須先對當地的環境有所了解，才能找出最好的立基點。由於跨境電商之銷售，常以小型包裹配送，由於數量龐大且較為零散，以致物流效率較低，無法以批量配送，相對成本較高，也通常導致通關部門工作負荷高，現行物流及通關模式，必須加以調整，否則難以應付。跨境電商經常會出現假冒品、劣質品，甚至非法運送管制藥品、刀械、槍砲等殺傷性物品，以上均為跨境電商存在之安全風險。

由於跨境電商網購之相關進口通關管理制度，仍在試營運中，在保護本國相關產業與兼顧國家安全情況下，提高跨境電商通關便利性是當務之急。目前跨境電商單一窗口式進口通關機制尚不成熟，跨境電商的物流通關效率較低，且運作成本相對較高，在此情況下，會直接影響消費者跨境購買產品之動機。

就中國市場而言，中國經濟的崛起，造成跨境電商的交易逐年的增加，而中國內地龐大的內需市場，部份必須藉由境外的國家之產品來滿足中國消費者之需求，而官方的跨境電商政策制定，一般而言，為利多政策，以行郵稅來降低商品進口關稅，因此，外國商品在中國內地會較具價格競爭力。一般而言，在中國以阿里巴巴相關企業主導之電商產業，臺灣相關業者跨入時，需掌握當地人民消費習慣，方有切入之商機。

就東南亞市場而言，一般民眾持有智慧型手機之比率遠高於擁有個人電腦，因此，行動商務之商機非常龐大，而東協十國每個國家都有其地區不同之文化特質，相對地，較難以一種共通之商業行銷策略達成目標，而電子商務之基礎建設仍有相當進步的空間，較難立即順利與跨境電商產業接軌，但卻又潛力無窮。

就美國市場而言，北美為電子商務重鎮，一般民眾普遍具有使用 Apple Pay 及信用卡，整體架構成熟，不像中國有獨大的電子商務企業。而北美因語言、文化與臺灣差異甚大，臺灣業者進入門檻相對也較高。更外，北美與臺灣距離遙遠，物流成本也相對較高。目前美國法規不因跨境電商而有特別優待，入境商品審核標準與傳統進出口貿易相似，原則上無太大差異。

4.5.6　跨境電商實例案例探討

▶ 平潭跨境電商特區

平潭是臺灣與中國一起建立的第一個跨境電商平臺，相關文獻指出，平潭已經有 20 餘家跨境電商經營的進駐，範圍包括了大眾休閒食品、服裝飾品、嬰兒奶粉。平潭是中國現在政策最為優勢、最具彈性、面積最大的對臺新關實驗商業特區，目前已開通不少對台北和台中的航線，平潭綜合實驗區特區的政策優勢，也為臺灣與中國的電子商務物流往來搭建了優異的通關環境。自從平潭開始進行跨境電商保稅進口試點業務後，相關貨物交易價值扶搖直上。海淘族意謂中國內地的消費者，直接在外國網站下單購物，相關商品通過快遞、國際物流、郵寄到中國。一般而言，平潭的直購進口試點，有以下幾個優勢：

- **零庫存**（zero inventory）：就保稅網購而言，電商企業需要事先在保稅區囤積商品，再依消費者訂單，將商品以個人物品的形式，通關後送達買家；就直購進口而言，則是讓中國境內消費者與境外賣家直接線上溝通，中國境內消費者在電商平臺上確定交易後，境外賣家則將商品以郵件、快遞方式，完成跨境配送。換言之，商品在中國境外就已經被分裝打包，然後再以個人物品的形式通關送達中國境內買家。對跨境電商企業而言，直購進口可以零庫存方式運作。

- **速度快捷**：若以平潭直購進口商品為例，若 4 月 22 日消費者下訂單後，約可於 4 月 24 日上午 8 時 30 分從臺灣的港口發船，進行跨境電商進口商品之配送。原則上，當天午間左右就能到達平潭。若當日順利清關，則可於當天或隔日進行境內派送。換言之，中國消費者最快 2~3 天，就可以收到網路上所訂購的臺灣商品。

- **有物流成本低廉之通道：**平潭與臺灣有直航，可以使用成本較為低廉的海運，卻可以達到比擬航空貨運的速度，對於組織企業經營直購進口，帶來極大的方便性和低成本。而負面清單商品意謂著某些商品種類是不能以跨境電商方式進口銷售，例如：放射性汙染產品、危險化學毒品等。

- **產品具可追蹤性：**在中國從事跨境電商的組織企業，需要經過海關和相關商檢部門的認證，在商品上架前，需向海關備案，而商家的進貨源頭可以追溯，為的是要提供良好之商品品質。

◎ 歐洲跨境電商企業代表—zalando

在德國的 zalando 是在歐洲跨境電商企業代表，主要銷售內容是鞋類店品、流行服飾，而其特色是免運費、免費退換，藉此吸引廣大消費者。在歐盟，zalando 的主要服務國家包括德國、法國、英國、西班牙義大利、捷克等數十個國家。而面對各個國家不同的文化差異，zalando 透過各國的消費習慣，去調整自己的購物網站，提供客製化與最好的服務。例如：zalando 察覺瑞士人比其他國家的人早起，所以瑞士團隊就提供了比其他國家更早的服務，來滿足瑞士人之需求；而義大利人則在購物時會再三考慮，當他們將要結帳付款時，會把價格較高商品從購物車中取出，改變購買動機；另外，在南歐的西班牙人和義大利人較偏好貨到付款模式，因此 zalando 必須配合跟南歐的國家，調整物流、金流之方式；德國則是習慣於收到發票後再轉帳；法國人較偏好在促銷期間大量採購，因此，zalando 在法國的 sale 期間，比其他國家來的更長；法國和英國使用信用卡的比率較高。

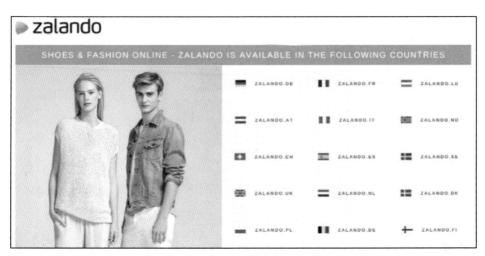

圖 4-19　zalando 之官網 (資料來源：https://www.zalando.com)

◉ 東南亞最大跨境電商—LAZADA（來贊達）

　　東南亞最大的跨境電商集團 LAZADA 於 2012 年成立，LAZADA 的崛起，採去中心化，是同時在多個國家設立公司，而不是先在一個地方發展後，再向外擴散。LAZADA 讓各子公司完全融入當地文化，成為東協十國中最大的跨境電商集團品牌。過去要銷售貨物到東協十國（新加坡、馬來西亞、泰國、菲律賓、印尼，汶萊、越南、寮國、緬甸、柬埔寨），必須一次跟一個國家交涉，分別等到各國的行政部門或平臺建立好關係後，才能運作。對於東協十國這樣複雜的廣大市場，LAZADA 建立了給許多廠商相對便捷的機會。現在只要跟 LAZADA 一個窗口談好，就能將商品打入東協十國的市場，可說是 LAZADA 整合一切，進而塑造了一個方便友善的銷售平台，進而創造高營收。

　　東協十國 60% 之人口結構為年輕人，智慧型手機上網的高普及率，消費力道十分驚人，對於電子商務有極大的發展潛力，東協十國在未來將有爆炸性的經濟成長，前途不可限量，如圖 4-20 即為 LAZADA 之手機 App。

圖 4-20　LAZADA 之手機 App (資料來源：https://itunes.apple.com)

作為東南亞最大跨境電商集團品牌，LAZADA 還要積極建立屬於東南亞的跨境電商生態，用以涵蓋物流系統、市場分析、支付體系等，目標就是要為跨境電商打造出最好的平臺，使東協十國都能用最簡單的方式進入東南亞市場。以市場面向來說，在金流方面，由於東協十國線上支付仍未普及，因此，LAZADA會提供不同的在地化服務，除了貨到付款、使用預付方式購買跨境電商產品外，並積極推廣 helloPay 為其線上支付體系，目前也已經逐步應用在新加坡、菲律賓等市場。

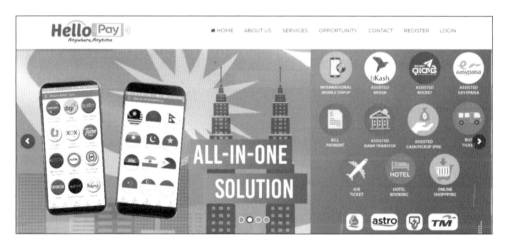

圖 4-21　helloPay 之運作機制 (資料來源：https://hellopay24.com/portal/)

在 2017 年，中國之螞蟻金服與東南亞電商網站 Lazada 旗下線上支付平臺helloPay 合併，helloPay 在其營運的每個國家將以 Alipay 的名義推出，包括新加坡、馬來西亞、印尼和菲律賓。helloPay 在新加坡、馬拉西亞、印尼和菲律賓等地，將會以 Alipay Singapore、Alipay Malaysia、Alipay Indonesia 和 Alipay Philippines。雖然兩家公司合併了，但其共同聲明表示，helloPay 的功能和服務上不會有太多的變化，依然會獨立於支付寶的 APP 來經營。

相對地，以臺灣商業角度評估以上市場，臺灣早期對東南亞的投資，多半是因傳統製造業考量並搭配當地低廉工資而在東南亞設廠。除了生產外銷之外，較少經營當地內需市場，但在東協十國此一龐大經濟體持續發展下，薪資水準已逐漸提高，臺灣廠商若轉變過去的思維，轉而擴大經營東協十國內需市場，透過跨境電商，則臺灣在東南亞就有無限的商業機會。

圖 4-22　LAZADA 之官網 (資料來源：http://www.lazada.com)

4.5.7　跨境電商現今遭遇之困難與解決方法

▶ 遭遇之困難

- **法律管轄權：**有關跨境電商的法律尚未完備，依經驗法則可推知，制定法律速度永遠無法趕不上實際跨境電商發展的速度，而且當跨境電商在國與國之間有法律問題時，涉及法律管轄權問題時，又是另一個難解之議題。

- **消費者信心：**原則上，跨境電商可採虛實合一（Click & Brick）運作機制，電子商務對消費者本來就有某種程度信心的障礙，又因跨境電商涉及境外購物，再加上距離的藩籬，消費者消費信心方面的問題，必須強化消費者信念。

- **線上安全支付體系：**線上電子支付體系是跨境電商成敗關鍵因素之一，必須要有安全的線上支付體系，並保障個人機密資料的外洩。

- **稅務問題：**當跨境電商消費者跨境交易的金額超過某一上限額度時，相關單位會進行課稅，因而延伸稅務問題，導致成本上升。

- **贗品充斥：**就如同一般電子商務之上架產品，贗品問題始終是個嚴重的議題，相關業者可能會面臨到國際智慧財產權組織之控訴，並被要求巨額賠償，而上述法律管轄權之相關問題也會應運而生。海外交易難免會遇到當地稅法、政策之相關問題，如能通盤了解，將可以把成本控管最佳化。

- **跨領域電商人才團隊整合：**跨境電商尚屬於萌芽階段，其所須之人力，必需為跨領域電商人才團隊整合，方能處理流程、營運方式之問題。基本上，跨境電商面臨到的問題，都比傳統的國際貿易來的複雜且急迫，跨境電商

組織企業必須有足夠跨領域的人才來處理相關問題。跨境電商是商務網路國際化延伸，所需電商人才若熟悉多國語言、熟稔國貿流程，跨境電商將可以進行更有效能與效率之運作。

解決方法

- **挑選合適之境外區域**：跨境電商業者必須深耕當地文化，了解普羅大眾之廣大需求，克服當地文化障礙，建立具彈性之在地化行銷策略，方能攻城掠地。

- **7X24X365 客服問題解決方案**：無庸置疑，跨境電商涉及時差問題，全年無休（around the clock）24 小時線上客服（7X24X365 Call Center）之建立，並以在地化語言及禮儀，回應顧客之問題，方能長久經營。

- **多國語系**：跨境電商涉及不同國家客戶的需求，在操作介面與過程中，應該提供多國語系轉換，方便在地消費者了解相關訊息。

- **通用的支付體系**：跨境電商應提供信用卡（Visa、MasterCard 等）、PayPal、支付寶、微信紅包、LINE Pay 等國際通用之支付體系，解決金流問題。

- **物流成本與時效性之控管**：在跨境電商中，物流跟時效性是跨境電商成功與否的重要面向，在成本範圍內，落實快速流暢的物流體系，有效結合通關流程，是顧客滿意度的先決條件。

- **建立逆物流系統以因應退貨需求**：跨境電商提供消費者退、換貨，是取得顧客信任的成功要素，跨境電商企業應建立完善逆物流機制，以該國境內運輸費用成本，用於國際物流系統將商品更換或退回，方可有效控制運作成本。

- **異業結盟**：跨境電商可以尋找任何異業結盟之可行性，以共生共榮之理念，與該國在地電商平臺或相關業者，聯手合作，造成 1+1>2 之加成效果，達成跨境電商在地深耕之永續發展。

學習評量

1. 何謂 e-Commerce？何謂 e-Business？兩者間有何差異？

2. 通訊媒介有哪些？有何利弊？

3. 如果公司或個人要申請網域名稱（如 www.abc.com.tw 或 www.hcchu. idv.tw），要去何處申請呢？如果申請之網域名稱為不註冊在臺灣（無.tw），要去何處申請呢？

4. B2B 和 B2C 在 Business Model 上，有何差異性呢？

5. 臺灣有無知名的電子商務交易平台？請舉例並詳述其特性。

6. 試說明 O2O？並分析其在目前在臺灣市場現況。

7. 何謂跨境電商？

8. 跨境電商有哪些特徵？

9. 請舉例跨境電商之交易模式？

10. 中國之跨境電商之交易流程為何？

11. 跨境電商運作之關鍵成功因素為何？

網路採購

5

本章學習重點

- ■ 網路採購
- ■ 電子交易市集（e-Marketplace）
- ■ 國內外著名之電子交易市集
- ■ 電子交易市集面臨之挑戰與發展趨勢

5-1 網路採購

5.1.1 何謂網路採購

網路採購（Internet Procurement）是利用網路技術，將採購過程脫離傳統的手動作業流程，也是透過網路媒體，大量向產品供應商、零售商訂購，以低於市場價格，獲得產品或服務的採購行為。網路採購與傳統採購相比，具有採購數量集中、採購價格低、作業流程精簡等優點，因此，可以降低企業的購買成本。除了將採購流程簡化及自動化外，利用網路採購技術與商業策略的結合，可創造出更多的價值。

網路採購又稱為電子採購（e-Procurement），一般而言，電子化採購是指在企業間的採購流程之電子化，企業與供應商之間，以網路為工具，進行商品或服務採購作業程序。透過電子採購流程，將企業與供應商結合，企業利用網路資源，例如：利用搜尋引擎（Search Engine），在網路上尋找貨源，企業除了內部採購流程，轉為自動化作業之外，在外部企業，可與多個供應商的採購流程，進行自動化，藉以提高採購效率，降低營運成本，大幅減低價格談判及交易時間。學者Kalakota 與 Robinson 提出電子採購有以下優點：

- 縮短交期（Delivery）
- 增加對供應鏈的控制能力
- 降低採購成本
- 更多的採購資訊
- 減少未確認的訂單
- 快速做好採購管理
- 後端系統有效整合
- 高品質的採購決策

　　將交易運輸倉儲收款作業電子化以分析顧客採購資料精確預測顧客需求此外，早期採購電子化著重在連接製造商與供應商間的電腦系統，藉由網路作商業文件（如訂單）的交換。因此電子資料交換（Electronic Data Interchange, EDI）即是根據此一理念發展而來。

5.1.2　何謂 EDI

　　電子資料交換是一種結構化和電腦可處理的格式，由一台電腦的應用系統，運用協定的標準與資料格式，經過電子化傳遞方式，將資料傳送到另一台電腦，使其能夠自動處理和回應。凡經過 EDI 格式定義的商業資料，可以在企業與生意夥伴之間的網路自由進行電子傳輸。好處是，企業之間不需要為了接收或發送商業資料給對方而重新輸入資料格式。依以上的定義，我們要注意，傳真與電子郵件，都不屬於 EDI。

　　EDI 標準起源於 1960 年，當時為了滿足並快速回應顧客之需求，以及採購流程之合理化，導致文書工作急速增加、交貨日期之確認次數頻繁、文件易出現錯誤等問題。因此電腦化作業，以及與往來供應商及客戶電腦連線作業，成為必然之趨勢，但因雙方使用資訊系統不同，反而增加資料格式的轉換成本（Switching Cost），所以出現了 EDI 標準。最初，EDI 的應用是針對個別企業需求，因而出現了適用於交易雙方，應用程式間交換資料用的「專屬標準」，但伴隨著 EDI 應用的概念，以及適用範疇不斷演進，EDI 標準從產業標準、區域性標準，逐漸發展成為國際通用標準。

　　EDI 多半是應用在供應鏈（Supply Chain）領域，即企業和供應商之間。藉由資訊科技，來達到電子化交易之目的。傳統的 EDI 實際運作方式如下：企業買方採購系統鍵入電子訂單，然後直接或間接把商業資料送給供應商，供應商接收電子訂單，並且不需重新鍵入，就可把商業資料轉換成與其訂單接收系統（Order-Entry System）相容的格式，最後再把訊息傳回給企業買方，並告知訂單已接收並處理完畢。

❖ EDI 有數種傳輸方式

- **直接傳輸：**直接傳輸的買賣雙方必須要具備：

   1. 類似的通訊網路協定（Communication Protocol）

   2. 相同的資料傳輸速度

   3. 在相同時段可供使用的電話線

   4. 相容的電腦硬體系統

- **透過加值網路**（Value Added Network, VAN）**傳輸：**無法達到上述直接傳輸要求的買賣雙方，則可透過 VAN 完成 EDI 商業過程。

EDI 最大的好處，便是以無紙（paperless）作業來減少人為處理資料時可能發生的錯誤。但當面臨多種不同作業平台、應用軟體時，就會出現相容性問題。以訂單為例，如果一家企業，每個供應商都使用不同的 EDI 系統，企業將需要多少的程式來處理這些電子訂單？而 XML 能夠做到以往 EDI 無法突破的限制，解決作業平台、應用軟體的相容性問題，因此，多數人都把它當做是取代 EDI 的最佳解答。如圖 5-1 所示，為使用 XML，作為資料交換的標準。

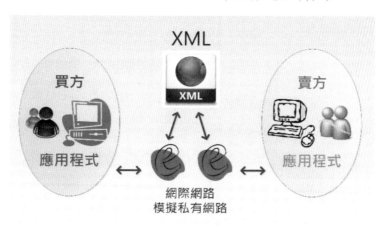

圖 5-1 使用 XML，作為資料交換的標準

延伸標記語言（Extensible Markup Language, XML）具有跨平台、網路、程式語言的特性，可用於企業間，不同的電腦系統，以作為資料庫和應用軟體間共同的資料來源，目前已被業界認可為資料交換的標準，現存之 EDI 系統也大多能支援 XML。此外，XML 不僅是電子商務上不可或缺的基本要素，也使資料在無線行動裝置，例如：智慧型手機、平板電腦上的運用更具彈性。

5-2 運作之平台--電子交易市集（e-Marketplace）

5.2.1 何謂電子交易市集

　　EDI 可說是 B2B 電子交易市集（e-Marketplace）的雛形，早在三十多年前，EDI 起源於大型企業與製造商之間訊息的交換，為了降低紙張的作業採購及存貨管理程序，而發展出來的封閉性網路（Proprietary Network）系統。目前全球有超過六十萬個企業使用 EDI 標準格式，來維繫他們與企業夥伴之間的關係。

　　EDI 之所以這麼盛行，是因為許多大型的零售業者，如 Wal-Mart 和 Home Depot 都採用 EDI 系統，沒有 EDI 系統的供應商們，就別想把貨源賣給他們。在此情況下，以至於一些想要維持競爭力的供應商，必須為每一大企業建置一套它專屬的系統，如此一來，也就造成中小企業導入 EDI 系統的成本過高，EDI 自然不易被企業界所廣泛採用。

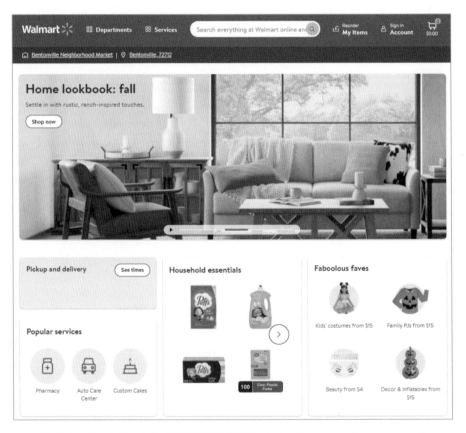

圖 5-2　Wal-Mart 之首頁 (資料來源：http://www.wal-mart.com/)

使用 EDI 的企業，確實從中得到了節省成本的好處，但是美中不足之處是，EDI 是私有的加值網路（Value Added Network, VAN），換句話說，這種利益只有裝得起 EDI 系統的大企業才能享用，倘若 Wal-Mart 想向一家小供應商購買較便宜的輪胎時，就無法做到了。這麼一來，企業從 EDI 所省下的多半只是紙張作業的成本，而非商品的成品，省下的錢實在很有限。如果能有一個所有企業都能自由參與的開放交易系統，就能彌補 EDI 的缺憾，這裡的開放系統指的，當然就是 Internet 了。

學者對電子交易市集的定義如下：

- McFarland（1994）的定義：電子交易市集是類似古時候的市集，人們為會在此地聚集，除了進行買賣的交易行為以外，他們還會進行社會交際的活動、評論政治議題，或者是執行身為公民所應有的一切權利，電子交易市集便是依此一概念而起，而一個開放性的、虛擬的空間是電子交易市集的特色。

- Kleinc 和 Langenohl（1994）的定義：電子交易市集，是市場參與者之間擁有平等權力，所形成的一種市場關係，並且能支援完成市場買賣雙方交易的流程。

- Benjamin 和 Wigand（1995）的定義：認為電子交易市集為電子化的交易流程，可支援買賣雙方交易流程的所有活動。

- Schmid（1996）的定義：藉由電子通訊，來完成交易的各種市場活動，支援市場交易的所有階段，包含產品與價格的談判。

- Bakos（1998）的定義：電子交易市集，扮演一個促使資訊、產品及服務交換的角色，為買賣雙方及市場的中間商（Intermediaries）創造經濟的價值。

- Gebauer（1999）的定義：將電子交易市集，視為是傳統市場觀念的延伸，透過網路與資訊科技輔助，所形成的虛擬市場，匯集買賣雙方，交換價格、產品等商業資訊，並提供買賣雙方協商與交易完成的機制。

- Deloitte Consulting（2000）的定義：認為電子交易市集，是在特定的交易範圍下，讓供需雙方願意經由網際網路所提供的機制與規範，完成金流與物流、實體商品與服務商品的交易，或是取得更有價值的資訊流。

所以，電子交易市集能夠提供買賣雙方的交易環境與場所，是扮演一個中間人的角色，匯集採購商和供應商的各項資訊，提供買賣雙方一個交易的環境和場所，電子交易市集改變了傳統商場之交易模式，將金流與物流等相關流程連結、同步處理，並為買賣雙方找尋最能滿足其企業需求的交易夥伴。

電子交易市集的出現，去除企業作業流程多餘的交易成本，並增加企業競爭力。在這裡，買方、賣方可能在接觸時，對彼此都是全然陌生的。因此，凡是加入電子交易市集的採購商和供應商，都必須先登記公司的基本資料，而不管電子交易市集是扮演仲介者（不參與實際交易過程），還是負責主持交易過程，基本上都必須對會員基本資料，進行詳實查核，扮演公證角色，保證交易雙方的身份之合法性、交易不可否認性。

5.2.2　電子交易市集的類型

就營運內容來說，電子交易市集可分為：

▶ 水平式的電子交易市集（Horizontal Market）

產品是跨產業領域，可以滿足不同產業的客戶需求。藉由一個交易平台以間接性材料（Maintenance、Repair、Operations, MRO）採購、國際貿易行為等，交易大都以間接性材料為主，如日常事務性用品，以辦公室用具為代表，舉凡辦公室需要用到文具、紙張、家具，以及出差時的住宿、交通等項目，在各產業中此類用品的需求都大同小異，同時也比較不需要個別產業專業知識，所以經由電子交易市集可進行統一採購，讓所有企業對非專業的共同業務進行採買或交易。

也正由於不限於任何產業，因此單筆採購金額不高，屬於「低價多量」，供應市場與消費者市場相當分散。因此，水平式的電子交易市集，可為買方與賣方提供非常實在的價值，可因增加經濟規模而大幅降低成本，買賣供需之間能夠很有效率的配合。如圖 5-3 所示，為一典型之水平式的電子交易市集。

而貿易類型的電子交易市集，則是著眼於國際貿易流程中詢報價、下單、交易、付款及貨運交貨等皆已標準化，透過統一交易平台的電子交易市集來進行，可以增強整體效率，更可因國際能見度大增，使以製造能力見長之我國中、小企業供應商，得以獲得更多的訂單。

圖 5-3　典型之水平式的電子交易市集 (資料來源：http://www.officepro.com.tw/)

垂直式的電子交易市集（Vertical Marketplace）

只著重在一個特定的產業，也就是針對特定產業進行物料買賣而設的網路市場，依據此產業做垂直整合交易，由於牽涉到許多產業的專業知識及交易習慣，目前垂直產業電子交易市集，多由各產業的領導者或公協會以轉投資公司的形式來籌建，此類電子交易市集，要必須具有該產業的專業領域知識，其提供的服務，通常先將採購自動化，再進一步垂直整合到其上、下游廠商。如圖 5-4 所示，為一典型之垂直式的電子交易市集，專注於 DRAM 垂直整合之交易。

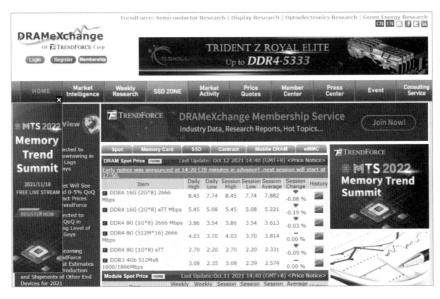

圖 5-4　典型之垂直式的電子交易市集 (資料來源：http://www.dramexchange.com/)

就市集模式而言，「麥肯錫季刊」將電子交易市集分為：

- **賣方建立**（Supplier-Managed）：產品目錄（Catalogs）型，屬賣方導向，通常是單一供應商，面對多家買方的型態。賣方提供數位化型錄，協助買方進行搜尋，使其能一次購足（One-Stop Shopping）。

- **買方建立**（Buyer-Managed）：**採購中心**（Procurement Hubs）型，屬買方導向，一些大型企業設立採購網站，供上游供應商前來搜尋可能的銷售機會，如 Dell、Wal-Mart。

- **第三者建立**（Third Party）：經營者為中立者，主要提供買賣雙方交易的場所，促進買賣雙方交易，提高合作效率，不但使賣方業績成長，也讓買方降低成本。強調讓買賣的雙方都不吃虧，提供同時競標的參與者公平得標的機會，對經營者而言，無論誰得標，都能從交易中抽取交易佣金，具有中立性。以 B2B 來說，此類交易市場中的收益，多為仲介費及訂單撮合費。

5.2.3 電子交易市集的功能與參與者

電子交易市集的營收主要來自：

- 交易佣金（Transaction-based）：撮合交易的收入。當每筆競標交易成交時，向賣方收取一定比例佣金。

- 軟體授權費（Software License）：如客戶於市集中架站開設店面或為客戶提供 eMarketplace 解決方案的費用。

- 會員費（Membership）。

- 附加價值服務費（Value-added Service）

- 標題贊助廣告收入。

- 顧問諮詢費用：目前以會員費為主要收入來源，但長期而言，會員費將愈來愈低，未來其他收費方式將會是主流。

電子交易市集的主要功能可以分為下列四大類：

- 價格：包括詢價、議價、競價或拍賣。

- 交易管理：包括下單、帳款處理。

- 電子型錄（e-Catalogs）：提供電子型錄給潛在的網路買主。

- 顧客及供應商管理：供應商績效管理等。

在電子交易市集裡，基本上會提供「產品目錄公佈欄」、「招標公佈欄」、「產業動態」、「發展趨勢」等資訊。以賣方為導向的電子交易市集為例：加入會員的供應商，可以在這裡刊登產品目錄，讓採購商搜尋或查詢，同時，也可以回應採購商的詢價，給予即時的報價。

相對的，加入會員的採購商，也可以在這裡查詢相關供應商和產品訊息，以及詢問產品價格。當然，如果有滿意的產品價格，更可以直接在電子交易市集中下訂單採買。此外，電子交易市集，還有另一項重要的功能，就是採購商可以把自己想要的貨品與服務張貼在招標公佈欄上，讓相關供應商競標，採購商藉此取得較優惠的價格。舉例來說：當買方想採購 W 產品，因而進入電子交易市集中，他可以在這裡張貼 W 產品的招標公告，有興趣的供應商便會開始競標，例如：像賣方 A 的 W 產品報價是 100 元，賣方 B 報價是 110 元，賣方 C 報價 105 元，在所有客觀條件情況下，很明顯的賣方 A 的 W 產品採購案，自然是由報價最便宜的賣方 A 得標，如圖 5-5 為電子交易市集示意圖。

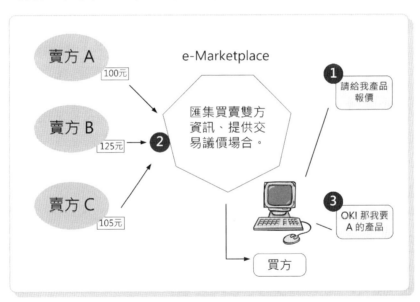

圖 5-5　電子交易市集示意圖

電子交易市集的參與者：

- **買方（Buyer）**：電子交易市集，使得買方跨越原有供應鏈的限制，增加上游供應商的選擇性，透過賣方競價的過程，大幅降低採購的時間與人力成本，並可透過電子交易市集平台與下游賣方更緊密的結合。

- **賣方**（Seller）：電子市集增加賣方與買方之間一條新的溝通和交易管道，能提升交易效率、接觸到更多的客戶、匯集更好的客戶資訊、更有效率的找到目標客戶群，並且提供更好的服務，並強化彼此合作關係。

- **電子交易市集經營者**（Market Maker）：經營者由買方、賣方到中立的第三者都有，除了協助促成買賣雙方的交易，收取低廉交易手續費，也能藉由提供加值資訊服務、協助買賣雙方建置相關應用軟體以及諮詢服務等。

- **內容提供者**（Content Provider）：為廠商及產品目錄管理者，對其內容作維護與更新，內容提供者必須主動和廠商聯繫，定期更新資訊。除了被動地提供買家查詢資料外，還會運用電子郵件將最新的產品訊息，依買方需求送給買方，例如：阿里巴巴（http://www.alibaba.com）。另外，很多YouTuber、網紅，透過按讚、分享、訂閱、開啟小鈴噹，形成另類內容提供者，也有相當多的成功案例。

- **加值服務提供者**（Value-added Service Provider）：進一步提供從基礎的互動與型錄服務，到線上付款、物流及資訊流、動態交易等專業的服務，例如：eBay 拍賣網站的付款機制，其中一種使用由 Paypal 提供的金流服務，交易時，賣方會透過 Paypal，以他在 Paypal 的帳號，寄一封請款的email 給買方。買方接到 e-mail 後，透過信上的連結到 Paypal 的網頁，輸入自己的帳號和密碼完成付款。廣泛使用信用卡，或是某些網站之登入，有時必需透過持卡人或該網站之會員所綁定之智慧型手機，輸入該網站即時發送之簡訊碼，進行安全確認，提升網路交易之不可否認性。

- **支出匯集者**（Spend Agreement）：匯聚不同買方的採購訂單，期以集體議價與賣方協商出較優惠的價格，並且可以利用所凝聚的買方市集力量來吸引更多的賣方加入電子交易市集。

5-3 國內外著名之電子交易市集

5.3.1 個案剖析：C2C 電子拍賣交易市集─電子海灣（eBay）

eBay 創立於 1995 年 9 月，是由全球個人與企業，共同組成的電子拍賣交易市集，在網路上出售商品和提供服務。eBay 的特色是提供國際的交易平台，將物品分門別類，並提供各種必要的會員工具，讓會員能以拍賣方式和固定價形式進行有效率的線上交易的服務。

　　eBay 的創立者，運用由賣方和其他買方互通有無的概念，使這個網路平台上的所有人都能進行買賣，使無數的買方和賣方得到了雙贏的獲利機會。在 eBay 電子交易市集中，所有的競爭者一律平等，所有買方擁有相同的產品與價格資訊；賣方也都擁有相同的機會來行銷自身的商品。資訊的透明和公平競爭，將使物品會在供需平衡點上賣出，藉由拍賣形式產生出完美的價格。

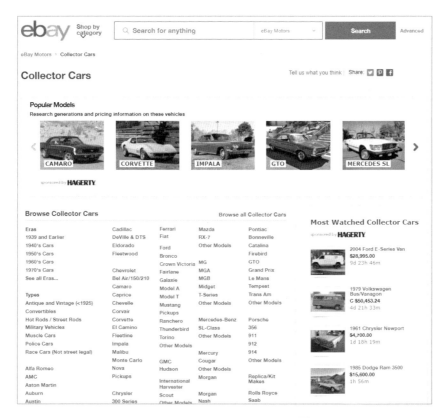

圖 5-6　eBay Motors 的網站
(資料來源：https://www.ebay.com/motors/collector_car)

　　早在 2000 年網路科技股爆發股價嚴重的下跌，網路產業陷入前景不明的狀態，造成網路泡沫化的危機。而 eBay 卻能在.com 泡沫後，不僅屹立不搖，還漸入佳境，不景氣與高失業率顯然是其外在環境的助力，因為消費者求便宜愛比價的態度，反而有利於像 eBay 這類的電子拍賣交易市集之發展，除了到 eBay 撿便宜的人變多外，愈來愈多的企業，也習慣將汰換下來的辦公設備拿到 eBay 上拍賣，以增加收入，也難怪美國《商業週刊》把 eBay 形容為「在市況不振下，自然而然崛起的贏家」。

除了外在的助力，內部的創新也是 eBay 獲利不斷攀升的原因，如 eBay 推出以固定價格購物的立即購（Buy It Now）功能，也就是由賣方設定一個可接受的結標價位，買方則可在物品還沒結束拍賣前，馬上用結標價買下來。不僅縮短物品的拍賣期間，賣方售出物品的成功率也提升了。

除了 C2C 外，eBay 也積極經營 B2C 的部份，由於低成本的優勢，網路 C2C 的交易市集，將會隨著交易量增加和會員信用度的增強，就會漸漸出現 B2C 的交易模式，如 eBay 成立專賣車子與零組件的電子交易市集 eBay Motors，目前成為 eBay 重要的營收來源之一。

5.3.2　個案剖析：國外的 B2B 水平電子交易市集—阿里巴巴（Alibaba）

阿里巴巴（www.alibaba.com）是目前全球 B2B 著名的商務交流社區和電子交易市集。良好的定位，使它成為擁有來自超過 200 多個國家地區 246 萬企業會員的電子商務網站，它曾被美國權威財經雜誌《Forbes》選為全球最佳 B2B 網站之一。阿里巴巴是由外國媒體稱為「中國互聯網之父」的馬雲，在 1999 年所創立，主要以中、港、台三地為中心，發展至全球的電子交易市集，成立至今，被傳媒界給予極高的評價。

其網站的定位是國際貿易的電子交易市集，提供醫藥、化學、農業、民生用品等原物料，及商業服務和工業用品的相關供需資訊，帶來自全球商業機會信息。它主要盈利來自「中國供應商」會員服務費，約佔收入 70%，憑著超過 50 多萬海外買家、進出口商，中國供應商可在阿里巴巴國際網站，推廣做國際貿易。

2003 年亞洲地區爆發 SARS 疫情，同時也使得網路商務價值突顯，阿里巴巴成為全球企業首選的商務平台，透過對阿里巴巴 140 萬中國會員的抽樣調查，發現 SARS 時期三個月內，達成交易的企業，占會員總數 42%，業績逆勢上升的企業達 52%。（數據來源：www.alibaba.com）

阿里巴巴建構了一個線上訊息平台（例如：供需、產品庫存等），由買賣雙方自動登錄所有的供需訊息，會員以自由開放的形式，在這個平台上尋找貿易伙伴，自行洽談生意。阿里巴巴集團背景簡介：

1. 阿里巴巴創立於 1999 年，是一間提供電子商務在線交易平臺的公司。主要業務涵蓋 B2B 線上貿易、網路零售、購物最佳化搜尋引擎、第三方支付和雲端計算服務（Cloud Computing Service）。

2. 集團的子公司包括阿里巴巴 B2B、淘寶網、一淘網、天貓、支付寶、阿里雲。而淘寶網和天貓在 2012 年銷售額達到 1.1 萬億人民幣，超過亞馬遜公司和 eBay 之加總。

3. 英國經濟學人雜誌（The Economist）稱其阿里巴巴線上交易市集為世界上最偉大的市集之一。而阿里巴巴線上交易市集能快速進入消費者零售市場，普及化，是關鍵成功因素。

4. 阿里巴巴集團主要有六大領域，包括網路基礎架構、國際零售、中國零售、國際批發、雲端計算服務以及其他新創業務。

5. 最大收入來源來自淘寶、天貓、聚划算三個平台。

　阿里巴巴集團在美國紐約證券交易所（NYSE）IPO 之原因：

1. 美國允許企業管理層通過具有更高投票權的股票控制公司。可透過強大的律師團、集體訴訟法、財務監管和披露制度，主要以機構投資者為主，方能比較有效地制衡大股東。

2. 若在香港 IPO 則合夥人方案，與目前香港市場的股票上市規則相抵觸。

3. 若在上海 IPO 則股市所堅持的同股同權的原則，這與合夥人方案所體現的同股不同權是相背離的。

4. 那斯達克(NASDAQ)股票交易所是美國的一間電子股票交易所，創立於 1971 年。現在是世界上第二大的證券交易所。

5. 在那斯達克掛牌上市的公司以高科技公司為主。

6. 2012 年 5 月 18 日，Facebook 通過在那斯達克上市，募得約 160 億美元，成為僅次於 2008 年 Visa（約 179 億美元）的美國第二大 IPO。

7. 阿里巴巴原希望在納斯達克（NASDAQ）上市，但臉書（Facebook）當時在 NASDAQ 交易首日出現問題，阿里巴巴便轉而決定轉向紐約證券交易所（NYSE）尋求股票公開發行。

8. 阿里巴巴於 2014 年 9 月 8 日在紐約證券交易所啟動上市說明會後，短短 2 天內便獲得超額認購。

9. 2014 年 9 月 19 日北京時間晚上，阿里巴巴正式在紐交所掛牌交易，股票代碼 BABA。阿里巴巴集團的承銷商行使了超額配售選擇權，從而將籌資規模擴大了 15%，從而使阿里巴巴在交易中總共籌集到了 250 億美元資金，創下世界有史以來規模最大的一次的 IPO。

5.3.3 個案剖析：國外的 B2B 水平電子交易市集——環球資源（Global Sources）

Asian Sources 創立於 1971 年，早期的發展重心在於亞洲區的採購資訊，以雜誌起家，是買家和供應商訊息的傳播中介，1980 年進入中國市場，並出版針對中國市場的貿易資訊雜誌，並在 1995 年建立電子交易市集 Global Sources。

Global Sources 除了將賣方分為數大類，包括電腦、電子消費品、電子零配件、服飾及配料、五金機械、禮品及家居用品、通信產品等。也提供內容資訊服務，如產品及供應商資訊，提供買方「廣播信」服務，買家若有採購需求，可以透過 Global Sources 發出訊息查詢（Request for Information, RFI）給所有生產該項產品或原料的供應商，買方可在新產品上架到網站時收到產品資訊、每日最新貿易商情、國家產業資訊等。

因為 Global Sources 在平面媒體時就已擁有相當高的知名度，所以在發展電子商務的初期，便以電子媒體搭配平面媒體，也因此強化了 Global Sources 的電子目錄的內容與知名度。再加上有多數知名的買家參與 Global Sources，所以更能吸引其他的供應商加入。Global Sources 和 Asian Sources 為同一商業集團，使用相同之 Logo。

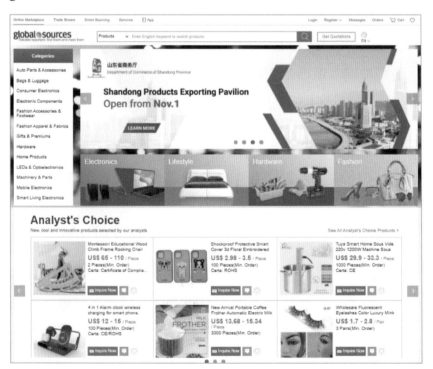

圖 5-7　Global Sources 的網站 (資料來源：https://www.globalsources.com)

圖 5-8　Asian Sources 的網站 (資料來源：https://www.asiansources.com)

5.3.4　個案剖析：國內的 B2B 垂直電子交易市集─網際優勢

　　中鋼集團和遠東集團於 2000 年 1 月創立了網際優勢（UXB2B），目標為建立一個全方位的 B2B 電子交易市集，網際優勢早期提供鋼鐵、水泥建材、石化、車輛與電子這五大產業的電子商務，為了提升鋼鐵企業的競爭優勢，網際優勢於 2001 年 1 月成立「鋼鐵優勢電子交易市集」，並鼓勵國內鋼鐵業，中下游廠商進行電子商務整合，開創鋼鐵交易的網路商機，由中鋼集團率先加入「鋼鐵優勢電子交易市集」，且進一步尋求與國外鋼鐵交易市集，達成互惠式連結。初期目標是提供臺灣鋼鐵業從事 B2B 電子商務，中期目標為推廣至中國及其他華人的鋼鐵業，長期目標為推廣至全世界鋼鐵業。希望藉由此交易平台，能夠開拓鋼鐵市場的全球商機。

　　網際優勢電子交易市集，以建立一個亞洲區最大的鋼鐵市集為目標，除了有各項交易服務，如提供了詢報價、現貨拍賣、合約訂單、開盤價等線上交易功能，市集資訊內容有會員交易資訊、市集功能展示、交易安全說明等。並利用商情中心提供產業新聞，此外更有多項加值服務，如多樣化金流服務─與金融夥伴策略

聯盟，提供全球性的線上金融服務，或提供國際認證安全機制—以多重的安全機制和識別系統，確保會員在交易過程中的安全性與機密性。

其會員主要來自鋼鐵業的上中下游廠商，未來鋼鐵業將慢慢接受電子交易模式，進而從電子交易市集中創造新的獲利方式，「鋼鐵優勢電子交易市集」除了必須整合金流、物流和客戶端資訊系統外，並與全球各大鋼鐵電子交易市集策略聯盟，才能協助國內鋼鐵業面臨加入 WTO 後的挑戰。

圖 5-9　網際優勢的首頁(資料來源：http://www.uxb2b.com/index.htm)

我們也要以此案例，說明電子商務環境變遷之快速，中鋼集團之網際優勢，今日已轉型為以 eBusiness 金融整合、eConsultant 商務諮詢、eSolution 系統代管等相關業務，我們藉此案例研究也了解到電子交易市集的生態消長。

5.3.5　個案剖析：國內的 B2B 垂直電子交易市集—台塑網

台塑企業於民國 49 年創立「臺灣塑膠」，經過 40 多年的發展，目前共計擁有台塑、南亞、台化、台塑石化等多家關係企業，及龐大的醫療和教育機構，是國內知名的民營企業。由於集團規模龐大，不論是有關維持企業基本運作所需的用品，或是專業生產所需原料等，其採購交易數量十分龐大。

早年傳統人工採購作業時，旗下關係企業若想請購原料，必須要從開立請購單，到經由幾萬家的供應商名冊中，找出幾家符合的供應商後，填寫詢價單寄給這些廠商進行詢價、比價，最後再執行開標作業，這其中所花費的時間成本大，也沒有效率可言。而且對製造業來說，採購成本約佔其營業額的一半以上，因此降低採購成本，在微利時代下是其提升營運績效的重要策略。

　　所以 1999 年，台塑集團使用網際網路採購招標系統，使其採購招標作業簡化，節省大量傳統人工作業的金錢與時間，大幅降低採購與工程發包成本，也因為網路採購投標具有隱密性、數位化、透明公平化，也減少了一些人為因素介入的弊端。此外，由於電子交易市集，可以使得買方跨越原有供應鏈的限制，增加供應商的選擇性，透過賣方（供應商）競價的過程降低成本。台塑集團早在 2000 年 4 月成立台塑電子商務網站，簡稱為「台塑網」，是由台塑集團旗下的台塑、南亞、塑化、台化、總管理處等共同投資成立。

圖 5-10　台塑電子交易市集 (資料來源：http://www.e-fpg.com.tw/j2pt/)

　　台塑網目前除了提供採購作業平台、採購的服務系統外，並協助有需求的供應廠商，建置企業內部的企業資源規劃(Enterprise Resource Planning，ERP)系統。台塑網主要服務為：

- **工程發包詢價：** 透過衛星網路系統，可將台塑集團近期的工程發包案全面上網招標，落實公開、透明化的工招標制度，遏止人為因素介入、圍標等弊端，進而提升工程品質。

- **工程發包報價：** 提供台塑企業工程協力廠商，於線上輸入報價資料，經由電子簽章後，加密傳回發包中心資料庫，並於開標日統一進行電腦開標，可有效避免書面報價資料寄送延誤、遺失風險，及可能發生的人工輸入錯誤，避免失去競標機會。

- **採購資訊系統：**整合台塑企業與供應商間之採購動態資訊，線上提供供應商，有關採購詢價、報價、訂購、交貨通知、付款進度查詢等作業功能，大幅簡化了傳統人工作業，進而快速反應效率，提升企業核心競爭力並強化上下游供應鏈。

- **採購招標公告：**即使尚未加入台塑企業的供應商之廠商，也可以瀏覽其近期之採購案件內容，並可線上申請加入其交易市集，鼓勵廠商參與競標。

台塑集團除了原油採購與特殊的工程建設之外，幾乎所有的採購，都透過台塑網執行，因此詢價採購的工作天數能降低二～五天，行政效率則大幅提升。

電子交易市集的買賣雙方交易可分為五種模式：一對一、買方一對多、賣方一對多、多對多（集合大量買家和供應商，於同一交易平台），以及市集對市集。原本台塑網是屬於買方一對多的模式，為台塑內部網路採購平台，因為台塑網本身就有大量的採購力及工程發包需求，加上擁有臺灣七千多家的材料供應商，及約三千多家的工程協力廠商，使台塑網具有維持電子交易市集之基本營運條件。

5.3.6　政府電子採購網

在「政府推動產業電子化方案」中，以推動各企業運用電子商務之技術，大幅降低企業營運成本為目的。每年政府均有龐大的採購預算，若能將此商機投入電子商務的市場，相對的，就能帶動中小企業的參與，所以由行政院公共工程委員會，提出「政府採購電子化推動計畫」，在網路上建置相關採構機制及提供政府採購資訊。利用電子商務及網路作業模式，公開各項資訊，並透過採購流程的整合與簡化，達成節省採購人力、降低採購成本之目標，同時可建立有效率、公平、公開、透明化的政府採購環境。

「政府採購電子化計畫」早在 2000 年 9 月開始推行，將推動集中採購，以避免機關重複進行採購作業，浪費人力、資源，並藉由共同採購提高議價空間，獲取價格折扣，透過資訊流及金流之結合，以集中採購結合「政府採購卡」付款機制，簡化政府小額採購的付款方式及文書作業，以提升採購效率，使採購流程全面電子化，其結果對於節省政府支出及提升採購效率有顯著的效益。

目前政府已建置多項資訊系統，如「政府採購資訊公告系統」、「廠商電子型錄及電子詢報價系統」、「政府採購電子領投標系統」、「政府採購網路論壇」、「共同供應契約電子採購系統」，此外，為了使供應商更能隨時隨地充份掌握政府採購訊息，結合政府採購資訊公告系統，推出「政府採購個人化電子報」及「招

標文件閱覽」的加值服務。並可進入最新招標資訊摘要，按照分類查詢符合的招標案件，如圖 5-11 為政府電子採購網招標資訊摘要。

圖 5-11　政府電子採購網招標首頁 (資料來源：http://web.pcc.gov.tw/)

　　將網路資訊技術融入政府採購程序，建構更為完善之電子採購環境，以落實政府採購電子化之目標，政府採購進入網路交易的時代，一年可節省數十億元政府採購經費、一半以上的政府採購作業流程時間，提升行政效率。而隨著「電子採購作業辦法」的正式施行，除了可加速推動採購電子化，每年可節省政府採購成本將超過 50 億元臺幣。

5-4 電子交易市集面臨之挑戰與全球發展趨勢

　　亞太區 e-Marketplace 為全球 B2B 商務市集火車頭（新觀念帶動新商機），根據市集權威研究機構—Gartner Group 預測，電子交易市集未來的市集規模，成長仍將非常驚人。

　　在電子交易市集中，企業間從事動態商務行為的交易比例將佔總體電子交易市集交易量的三成以上，可見未來 B2B 間的合作關係更具動態及彈性。此外，GartnerGroup 指出，亞太區之電子商務交易市集，增長主要由區內之電子交易市集製造者（e-Market Makers）所推動。電子交易市集製造者，是指一些機構，在特定的產業、地區或相關組織中，為買賣雙方開發以 Internetwork 為基礎之 B2B 電子交易市集。目前，知名的電子交易市集製造者有 R Systems。

圖 5-12　電子交易市集製造者 R Systems 之首頁
(資料來源：https://www.rsystems.com/)

　　這些電子交易市集製造者，也特別為區內眾多的小型企業，設立各式產品和服務，全面滿足他們採購成本的需要。而全球的買方，居於成本及交易效率的考量，將電子市集列為採購及搜尋商品的第一考量。全球賣方如何讓全球買方知道在哪裡能快速找到自己？加入電子市集將會是其中一種解答。

學習評量

1.　何謂網路採購？網路採購有何優點？

2.　何謂 EDI？有哪三種傳輸方式？為何 XML 大有取代 EDI 的氣勢？

3.　何謂電子交易市集？有哪些類型？

4.　各舉國內外一個知名之電子交易市集，並稍加解釋其商業模式。

5.　政府電子採購網之用途為何？請拜訪該網站，並提出您之看法。

6.　電子交易市集所面臨之挑戰為何？請提出您的看法。

7.　COVID-19 疫情肆虐全臺時，網路採購對一般宅男宅女有何吸引力？有哪些產品不適合網路採購？

8.　請分享在 COVID-19 疫情肆虐全臺時，你所觀察到的 Uber Eats、foodpanda 訂購現象？

知識經濟與大數據

6 CHAPTER

本章學習重點

- 資料倉儲（Data Warehousing）與資料庫（Data Base）
- 構建資料倉儲
- 資料探索（Data Mining）
- 知識管理（Knowledge Management）
- 商業智慧（Business Intelligence）
- 大數據（Big Data）

6-1 知識經濟時代的來臨

　　電子商務中知識經濟時代之重要性，而組織企業之無形資產（Intangible Asset），在電子商務時代中，更佔有舉足輕重之地位。正因此，組織企業運用資料倉儲（Data Warehousing）、資料探索（Data Mining）、大數據（Big Data）機制，藉以提升企業競爭優勢，以上目標，更成為眾多營運電子商務之組織企業，極力追求之下一個企業願景。本章中，逐步為同學介紹資料倉儲、資料探索、大數據在商業界之實際應用，以期在進入職場後，可以很快地上線。而一旦有了資料探索後之寶貴無形資產，知識管理就更顯得迫切需要，本章中除闡述知識管理之定義與重要性之外，也將高科技產業運用知識管理的成功案例，逐一向各位介紹，而最終累積下來的無形資產，也逐漸成為組織企業之商業智慧，以期企業能永續經營。

6.1.1　資訊科技的發展

　　今日競爭的商業環境中，企業必須妥善地保管和應用公司以往取得的資料和資訊，並應付快速變化的市場與環境。也就是 Bill Gates 所提出的數位神經系統（Business@the Speed of Thought）。企業必須要能做敏捷的反應，才能在快速

變遷的社會中生存。以往由於沒有利用資訊科技來保存資料並加以應用，以致於企業在運用知識是十分花費人力及時間的。今天，由於資訊科技發達並且普及化的結果，使得資訊科技應用所需的成本，大大地降低。因此，運用資訊科技並將資料儲存在電腦中，就可以運用電腦加以管理，以有系統性的方式存取並擷取資料。因此我們必須定義資訊系統以管理資料，依照特定的演算邏輯方式和資料結構來組合，以將資料完整地儲存在資訊系統中，並且有效地加以處理及應用。

6.1.2　知識經濟時代的企業—微軟公司與通用汽車

知識經濟時代的企業—微軟（MicroSoft）公司就是一個非常典型的案例，MicroSoft 以無形資產（Intangible Asset），也就是以知識（Knowledge）做為基礎的公司，其公司的資產就是智慧財產，常產品到達成熟階段，就可以毫無限制的進行拷貝，複製包裝相同的產品進行銷售，其硬體設備成本與傳統產業相較之下，顯然少了很多。

相對於工業時代的代表性企業—通用汽車（General Motor, GM）公司，則以有形資產為基礎的公司。其無論廠房設施、員工數量以及相關的機械設備與上下游供應商而在這二家公司中，微軟公司的資產市值高達通用汽車公司的十倍，平均每一名員工創造的銷售額是通用汽車的二倍以上，就獲利率而言，微軟公司的獲利率是通用汽車的十多倍。因此，在這個以知識為競爭基礎的時代，知識與知識管理是十分重要的，財星雜誌曾指出，知識管理是繼企業再造之後，另一個最熱門的管理話題。

6-2 資料倉儲與資料庫

6.2.1　資料倉儲（Data Warehousing）

資料倉儲的目的是希望能夠整合公司內部及外部的資料，提供決策者一整體且、廣泛的資訊，以利完成策略性的決策，其設計的重要指標就是將資訊系統中的資料，經整合、系統化、結構化後，轉換成為有用的策略性資訊，使組織企業能有效且快速的做正確的經營決策，符合市場的快速變動需求，以提昇企業的競爭力。

6.2.2　資料倉儲的特性

資料倉儲之父 Bill Inmon 與 Chuck Kelley 認為資料倉儲不只是一個資料庫，而且認為資料倉儲為決策支援系統中最重要的核心。因此，將它分成四大特性：

- **整合性**：資料的來源自日常交易之資料庫，並且結合了公司的各種不同資料庫來源，包含了不同資訊系統或作業平台之資料庫，將這些來自不同系統的資料加以整合。

- **目的導向**：資料中被刻意地組合以了解公司組織所需要的資訊。

- **時間的變數**：在資料倉儲中特別重視時間的變化如：年、月、季、週，的動態資料，因此累積了許多歷史資料，並且附加了記錄時間。

- **非變動性**：其歷史資料為靜態，一旦存入資料倉儲中，即不可以被更改，新增的資料將不斷地增加，並依時間點的不同累積歷史的資料，提供決策者運用。

6.2.3　資料庫與資料倉儲的差異

- **資料庫與資料倉儲**：資料庫與資料倉儲的操作，在使用方式上不盡相同，往往有許多的使用者，往往會誤將傳統的資料庫與資料倉儲的關念相互混淆。

- **資料庫（Data Base）**：傳統的資料庫其重點在於對單一時點的單一資料處理（One Record at a Time），而且傳統資料庫偏重於擷取詳細之資料以提供中階管理者做為決策參考，且重視資料檔之構成及資料的正規化（Normalization）之過程。

- **資料倉儲**：是注重於某一段時間內之綜合資料（Summary Data on a Given Period of Time），其資料有許多來源，且資料包含許多歷史資料，同時資料不會再異動。亦可以包含一些衍生性、彙整性、摘要性的資料。例如：總合、平均。並且提供大量資料的過去的走向、並且分析預測未來趨勢，注重資料本身所包含的意義以其所提供的訊息，以提供高階主管與決策支援系統做參考。

6-3 構建資料倉儲的階段

6.3.1　構建資料倉儲

　　資料倉儲的建構是以資訊主題（Information Subject）為核心，並且從不同的功能性資料庫中直接取得資料資源，並同時滿足例行性的處理需求，以提供決策者做為決策時查詢的需求。因此可以說是決策支援的資料庫，如圖 6-1 所示。

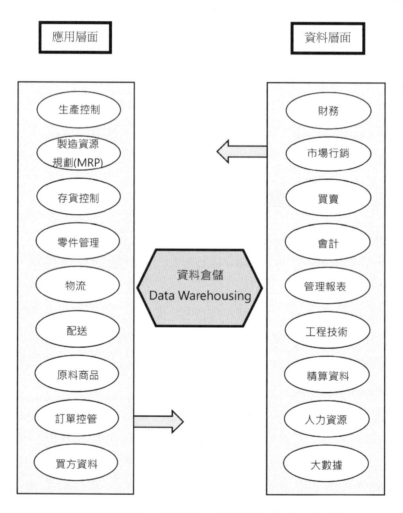

圖 6-1　建構資料倉儲可以從日常的交易記錄，依照不同來源及性質加以大量儲存，提供線上即時分析

　　建構資料倉儲是一個工程浩大、開發期間長、風險性高、需投入大量資金，而且未來需求無法預定；因此，在開發資料倉儲需要長期的規劃，同時要考量組織企業願景（Vision），所以需要 CEO 的全力支持。資料倉儲的資料來源是整體企業，因此除了資訊部門的參與外，仍需要組織企業各部門的合作，整合企業內

部的資源與需求，以利開發出適合組織企業的資訊系統。在實際的運作中，很多企業將傳統式的資料庫和資料倉儲相互混淆。事實上，以上二者操作方式不盡相同。一般而言，傳統資料庫著重於單一時間之單一資料處理，而資料倉儲則鎖定某一段時間內之綜合資料。另一方面，傳統資料庫較偏重於擷取詳細之資料以供決策者參考，而相對地，資料倉儲則較注重於大批資料所提供之趨勢走向。傳統資料庫之使用者多為中層階級之經理人員，而資料倉儲之使用者則為決策支援系統和高階主管資訊系統的使用者。在資料倉儲的建構時，如果企業本身的資訊部門，且在人力、技術上有足夠資源下，建議最好是由企業內部資訊部門自行開發較能夠掌握使用者需求，通常會採用雛型法（Prototyping）反覆地開發，因應需求的改變來調整該系統。

6.3.2　資料收集

在資料收集階段中，最主要的工作項目就是資訊需求的評估，所以要先全盤了解企業的現況，並訂定未來的目標，在評估過程中，要充份地溝通，因為建構資料倉儲是企業整體、長程性的大型投資，因此充份的了解企業整體現況與未來發展目標，將有助於建構資料倉儲所需要的資料資源。

在資訊需求評估中，當企業有了明確目標之後，接著研擬目標決策過程，從企業日常的作業資料、歷史資料及外部的資料中收集，經由整合後，將成為資料倉儲中的重要資料項目，最後產生系統需求定義規格，詳實記載使用者的需求。

6-4 資料倉儲的系統分析

6.4.1　系統分析（System Analysis）

在定義企業目標需求及了解使用者（End User）需求以後，接下來就是要進行系統分析的階段。由系統開發工作小組將事前所產生的系統需求定義之規格加以評估分析其可行性（Feasibility）。

- **技術可行性**（Technical Feasibility）：對於系統軟體及硬體、資料庫架構的選擇（例如：採用關聯式或階層式資料庫）、網路架構、系統的存取及回應時間評估。

- **經濟可行性**（Economic Feasibility）：評估開發資料倉儲的效益（包含有形及無形成本與利益）、投資風險及報酬率。

- **作業及時程可行性**（Operational & Scheduling Feasibility）：分析使用者對於資料倉儲作業流程是否熟悉了解，以及相關人員的教育訓練。此外，對於系統開發所需時間及進度控管，並分析不同時點的需求差異，並且對於未來資料量的成長加以預期、評估解決方法。
- **法律方可行性**（Law Feasibility）：除了系統中軟體的合法性外，企業外部資料來源、企業內部資料的所有權及隱私權相關問題，是否合法。在分析其可行性之後，接下來要對於資訊系統的每一個因素加以分析：如硬體、軟體、人員及資訊處理活動、資料分析。

6.4.2　資料倉儲系統維護（System Maintenance）

資料倉儲的系統開發與一般資訊系統開發一樣，並不是系統開發完成上線後就此結束，甚至比一般資訊系統之後續的維護管理、修改以及使用狀況更加複雜，更是一大挑戰。因為在系統開始上線使用時，就會有大量的使用者及資料產生，在此時原本設計時未考量的問題，會隨著資料量的增加而浮現出來。

所以資料倉儲在維護管理及所面臨的狀況要比一般資訊系統開發還要複雜，因此，在維護上要更加的留意。維護時在系統方面要注意資料儲存容量的需求是否符合現有系統，包含未來增加的使用需求，同時資料的安全維護及管理、現有系統設備的效能管理評估等，以考量未來新購設備時作參考依據。另外，在資料量方面由於資料倉儲的資料量相當的大，因此資料的管理要特別的注意。

6-5 資料探索（Data Mining）概述

6.5.1　資料探索（Data Mining）

又可以稱為資料擷取、資料挖掘、資料探勘，其技術是用以將大數據中隱藏的資訊擷取出來。進行資料探索時需要先對於資料的屬性加以定義清楚，且所要處理的問題主題要明確，可以使用分析及演算法，如圖 6-2 所示，為美國阿拉巴馬大學 Data Mining 工具之開發研究成果。例如：人工智慧（Artificial Intelligence）、決策樹（Decision Tree）、類神經網路（Neural Networks）、統計分析（Statistics Analysis）、模糊理論（Fuzzy Theory）以及定性及定量分析，找出數個變數之間的關係。而傳統的統計方式只是用統計分析方法，逐一分析變數建立模式，而且資料必須是數據化的。

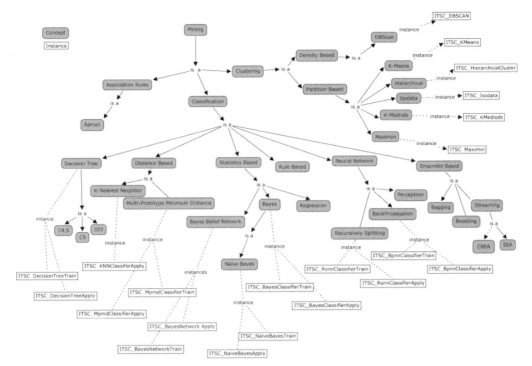

図 6-2　美國阿拉巴馬大學 Data Mining 工具之開發研究成果
(資料來源:http://www.itsc.uah.edu/main/projects/smart-assistant-mining-sam)

6

知識經濟與大數據

　　資料探索的資料來源是大量的資料，時常會與資料倉儲相互配合，加以分析不同屬性資料之間存在的資料關係，如：

- **分類問題**（Classification Problem）：不同族群之間的特色或特性，例如男性與女性所喜歡選購的產品。

- **關聯問題**（Association Problem）：某種模式與另一種模式之間存在的相關性，例如：可樂與洋芋片的關係。

- **區別問題**（Discrimination Problem）：不同族群之間的差異性，例如：已婚與未婚族群對於跑車與房車的喜好。

- **群集問題**（Clustering Problem）：各群集資料之分佈情況與特性。

- **演化問題**（Evolution Problem）：某段期間的趨勢變化，例如:股價變化趨勢、民意變化、網路聲量等。

　　已有相關軟體業者，開發出不錯之資料探索應用程式，有興趣之相關業者可以 shopping around 適合之資料探索應用程式。一個經典的範例就是，在美國週五的晚上，超商的啤酒箱旁會擺設較貴或滯銷之嬰兒尿布，因為很多年輕爸爸，

拿完啤酒後會不假思索直接抓取旁邊之嬰兒尿布，交差了事，這也是根據超商的大數據，經過資料探索後的商業智慧，目的就是提升組織企業的獲利能力。

6.5.2 資料倉儲與資料探索在商業界之應用

在 e 世紀資訊化的時代中，客戶關係管理顯的十分的重要，可以運用資料倉儲與資料探索技術的結合，在大量的交易資料檔案中，挖掘出其隱藏的特有模式或消費行為，針對消費者喜好的差異，分別給於客製化的個別服務，例如：信用卡銀行可以針對其消費者刷卡消費的類別，加以分析歸納出不同類別的產品型錄，並與各種不同類別的郵購公司做策略聯盟，達到雙贏的目的。

此外，百貨公司或賣場，可以依據消費者購買產品之關聯性，規劃出產品擺設的位置與良好的動線，以滿足消費者的需求。換句話說，關聯法則（Association Rule）已應用到商業界，企圖要開發潛在客戶。資料倉儲與資料探索在客戶關係管理的商業運用模式中，就是希望自現有顧客之歷史資料，不僅能想辦法留住舊顧客，更重要的是藉由現有顧客之消費資料，分析出其所隱藏的潛在客戶，才能將行銷之費用真正花在刀口上。如圖 6-3 所示，為資料倉儲運作時之系統流程。

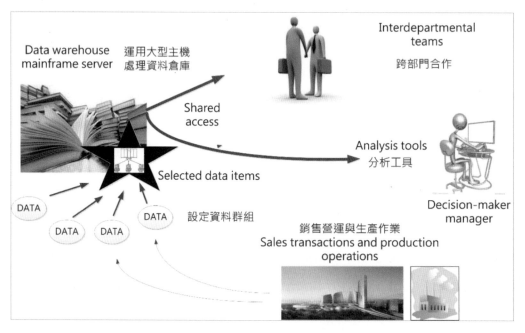

圖 6-3 資料倉儲運作時之系統流程

6-6 知識管理（Knowledge Management, KM）

隨著資訊科技及網路的普及，使得管理人員昔日想做、又無法做到的事，終於可能美夢成真，而知識管理即為其中重要的一個議題。以往組織企業的知識，都是累積在公司成員或員工的腦海中，然而也將隨著員工流動而消失，無法有系統地記錄下來，實為企業在無形資產上之一大損失。既使記錄下來做成文件，想要做檢索查閱，卻是十分地繁雜。近幾年來，網際網路及其工具的進步，在這個知識爆炸的時代，知識管理勢必成為未來管理的主流，亦是未來企業決勝的關鍵。

6.6.1 知識管理的重要性

企業的策略在於求勝，其底線就是要能夠勝過競爭對手，而知識管理可以長年地累積知識，並且能夠將自然人（即是個人）的寶貴經驗永久且有系統地加以保存於法人（公司）的組織中，不會因個人的離職，使公司無形的資產也隨之流失。重點在於企業必須將個人的知識化為組織的無形資料，並且能有系統、有效率的加以儲存，進一步成為公司的規章制度，如此才能發揮知識管理的功效。

然而這些資料的累積，只靠人工的方式來管理，無法做的盡善盡美，必須運用資訊科技，將這些經驗知識加以有系統的保存，並且能夠容易的讀取，在這些資料中創造新的知識。

6.6.2 知識管理之定義

一般所謂的知識管理，通常都是指組織企業的知識管理而不是個人的知識管理，而知識又可以分為隱性（Tacit）知識與顯性（Explicit）知識二種。所謂隱性知識就是高度個人化的知識，很難將它公式化，因此不易與他人分享；反之，則可以被公式化，也就是從書面化的知識，容易傳授給他人的知識，可以詮釋為顯性知識。

隱性知識包含了技術方面的經驗累積，也就是非正式、難以言傳的「know-how」技能。例如：工藝師父所累積多年經驗，而成就的一身豐富的專業知識技能，是無法用他所知的科學或技術原則。它所包含的心智模式（Mental Model）、觀點及信念，以致使我們無法輕易描述其精髓所在。

6.6.3 創造知識的期本型態

在任何組織企業內創造知識可分為四項基本型態：

- **從隱性到隱性：**指人與人間之分享隱性知識。例如：麵包師父教授學徒如何學習製作麵糰。雖然麵包的製作材料及流程可以用文字化加以表示，但是麵糰的製作必須用多年經驗及感覺才能完成，例如：師父教授徒弟「以一定比例的水及麵粉，加上酵母菌後，加以搓揉成麵糰約 5 分鐘左右，且感覺微熱…等」。到底約 5 分鐘是指 5 分鐘半還是 4 分鐘半，而所謂微熱是攝氏幾度，無法完整的以文字化表示。這是所謂隱性到隱性的傳授過程，也就是社會化（Socialized）。

- **從顯性到顯性：**就以上述製作麵包的例子延伸，麵包店的所有師父將製作點心及麵包的材料明細及基本流程加以文字化後，不同師父的書面資料中，彼此以文字化交流其心得，在不同的材料明細及製作流程中，或許可以發現另一種更好且更具獨特的產品，同時加以文字化記載製作的方式，這是顯性和顯性知識之間的交流，也就是表達（Articulation）。

- **從隱性到顯性：**在以上所提到的顯性與顯性製作麵包的例子中，當麵包師父在彼此以文字化交流中，當他發現另一獨特產品時將它所想到的製作過程及方法，寫下來以文字表示時，此過程是隱性到顯性的傳過程，也就是整合（Combination）。

- **從顯性到隱性：**以製作麵包的例子中，新進的學徒看著師父所留下的文件，學習如何製作麵包；或者是麵包師父看著其他師父所寫下的製作新式麵包的文件，加以學習製作，此過程可以說是從顯性到隱性，也就是內化（Internalization）。

6.6.4 知識的迴旋（Spiral of Knowledge）

在知識創造的公司中，上述言四種型態交流互動，形成一種知識的迴旋（Spiral of Knowledge）。其過程中把隱性知識轉化成顯性知識過程稱為表達（Articulation）；而利用轉化後的顯性知識擴大個人的隱性知識這過程就稱為內化（Internalization），也是知識迴旋中最關鍵的步驟。實其，隱性知識除了技能之外，還包含心智模式和信念，因此從隱性知識轉化到顯性知識，其實就是表達個人的觀點與信念。

6-7 知識管理的成功案例

　　知識管理是否可以成功，最大的考驗在於公司上下是否能貫徹且徹底地執行，以下就以個案來為各位介紹。

6.7.1　個案剖析：台積電（TSMC）

　　台積電能夠從數年以前，當美國英特爾（Intel）公司來台尋找工廠，代工生產晶圓時，自當時發現有二百六十多個缺點（Defects），到半年之內將缺點降為六十六個，再歷經一年就將所有缺失，能夠有效地控制只剩下六個，在短短的十幾年中，迅速擴廠，竹科、中科、南科均有 TSMC；另外中國也有南京廠，如今已是全世界最大的晶圓代工廠。

　　台積電內部有一套非常嚴密的製程，不斷地更新流程，在此同時也激盪出最好的知識，台積電內部隨時均非常積極地在標竿學習（Bench Marking）相關領域中最好的知識。連工廠內操作機器的最佳效能，也一定會被記錄下來，供台積電其他廠學習，同時跨部門的溝通也十分良好。例如：資訊部門也會盡量去滿足生產部門的需求，台積電資訊科技處處長曾指出：「要多溝通，把一些歧見化解」。

◉ 聰明複製（Smart Copy）

　　台積電是用中央團隊（Central Team）的概念來做聰明複製新廠。也有所謂複製主管（Copy Executive）來確保其他廠的成員是否做到正確的複製。因此，台積電內部有所謂的教戰手冊，只要工廠一建好，機器一進來，就會有教戰手冊，教育新的工作人員在最短的時間內讓機器上線生產。

　　同時知識管理匯集的手冊中，會提醒技術員上機時，可能會遇到什麼樣的困難，要預先防範錯誤，要先知道什麼時候會出問題，出問題時要如何解決，並且教導如何操作機器，如何設定，等於是把既有的經驗記錄下來並傳承下去，不會因為有人離職，而讓經驗中斷，這就是台積電運用知識管理的完美經驗。然而，支援台積電可以做好知識管理的一大工具，就是資訊通訊科技（Information Communication Technology，ICT）。

◉ 現代虛擬工廠（Virtual Fab）

　　ICT 也積極讓整個台積電的製程透明化（Transparency），讓客戶可以透過無所不在網路，將台積的工廠當成自家後院的工廠。遠在歐、美的台積電客戶（無晶圓廠的 IC 設計工廠）可以透過網際網路，直接連接台積電在各地的生產工廠，

以 ERP 為根基的後台資訊系統，即時瞭解他們的訂單狀態。例如：在哪一個生產站，是否卡住不動？完成進度如何等等。客戶隨時可以掌握他下單的進度，讓遠在歐美的客戶覺得其實不用自己設晶圓製造廠，讓台積電代工就好了，這就是在台積電全球資訊網首頁（http://www.tsmc.com.tw）上的 TSMC-Online 選項，如圖 6-4 所示。此一成功之建置，足以成為臺灣 OEM（Original Equipment Manufacturing）代工製造業之完美成功資訊管理，建置的一項完美典範。

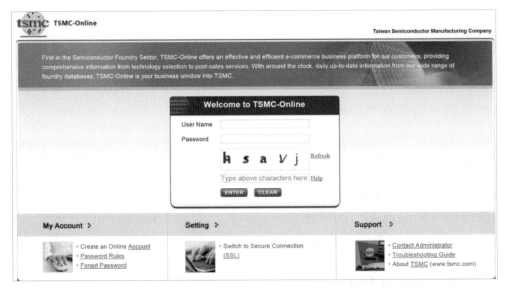

圖 6-4　台積電網頁上的 service on-line (資料來源：http://www.tsmc.com.tw)

知識累積

前台積電董事長張忠謀先生曾提過一個台積電內部知識累積的例子：當台積電準備設立一個新廠時，每一個新廠，不論設備、製程都被要求和舊廠一樣，等到新廠的水準和舊廠一樣好，再讓新廠自己發揮，去嘗試新的東西，即使嘗試失敗了，還可以回到原來的製程，繼續作業，這就是累積知識的好處。也因為大家累積了專業代工的技術與知識，讓製程一直不斷改進，讓台積電的良率（Yield）可以達 99%。如果不這樣做的話，假如有人離職了，每個廠又不一樣，找不到人代替，他的知識也跟著他走了。由此可知知識之累積必須要有一套完善之管理資訊系統來將其發揚光大，那一個管理資訊系統正是知識管理系統。

知識管理的挑戰

知識管理的過程，首先是創造新知，然而新知的創造可以來自於組織內部或外部。組織內部知識，可以將員工的經驗加以累積，進而成為企業的無形資產；而外部的知識來源是從供應商、顧客及競爭對手得到之經驗。如何有系統地創造

新知，對知識管理是一大挑戰。同時，員工的心態也是相當重要的。倘若每個員工無法發揮團結的力量，認為與他人分享就會降低自己的競爭力，且抱著多一事不如少一事的心態，那麼要做好知識管理將是相當不容易的。因此，公司的組織文化，需要去推動，使員工們能充份發揮其專長，並且能夠彼此分享其經驗。知識管理的過程包含了知識的「創造、編碼、擴散」，新知在創造後，企業所面對的問題是要如何持續不斷地去「創造」新知，在創造新知後，如何將這些知識加以分類編碼（Codification），因為有效率的分類編碼，是知識管理之必備要件，如此才能建構良好的知識庫，也才能夠使這些創造的知識，加以整合運用。

但是，就算有了新知識及知識庫，如何讓員工能夠運用得當，就是要將知識加以制度化，另外，知識管理必須要建立誘因機制（Incentive Mechanism），讓員工願意使用所建構的知識庫，因此亦要有配套的誘因機制，而上述台積電的教戰手冊就是典型的例子。其實知識管理最困難的問題，在於如何使員工願意分享知識、如此才會有知識累積，而最佳的機制當然是組織的文化，組織的文化將創造出這種無形的力量，使員工主動願意分享知識，如此知識管理就成功一半了。

這種理念文化的推動，並不是短時間內可以完成，必須得到 CEO 長期推動與支援，培養出員工互動與互信的觀念，主動地分享自己的經驗，使組織能快速且有效地累積知識，並創造並建立學習型的組織，對於過去經驗的學習、競爭對手的分析等，做好知識管理，方能提昇企業組織的競爭優勢。

知識長（Chief Knowledge Officer, CKO）

CKO 這個名詞近幾年相當熱門，在以知識為競爭基礎的時代中，他們所扮演的角色日漸重要。他們的主要任務是將公司所擁有的知識，做最大且最有效的利用，以協助公司達成目標，為公司創造價值。

當知識在企業資源中扮演的角色逐漸加重，一些有遠見的企業執行長（CEO）任為知識將是未來企業唯一主要的資源，憑藉知識資產的企業才是最具競爭力的企業。因此開始著手將散佈於員工身上以及部門間的知識，加以收集、整合、研發、創新，並且指派一位資深的高階主管來主導知識管理的工作，並委以 CKO 這樣的職稱。

這個名稱最早出現在財務及管理顧問公司等專業機構，這些公司並沒有龐大的有形資產（如：工廠、機械設備等），他們的最重要資產就是人，其實就是指儲存於人類腦中的知識。因此，他們也是最早意識到知識管理對公司的重要性。不僅是在公司的內部推動知識管理，或是更進一步協助客戶進行知識管理。

CKO 的主要工作內容大致歸納為以下幾點，基本上可代表現階段企業對於知識管理工作內涵的認知：

- 發展一個有利於組織知識發展的良好環境，包括各項配套的軟硬體設施。

- 扮演企業知識的守門員，適時引進組織所需要的各項知識，或促進組織與外部的知識交流。

- 促進組織內知識的分享與交流，協助個人與單位之知識創新活動。

- 指導組織知識創新的方向，自企業整體有系統的整合與發展知識，強化組織的核心技術能力。

- 應用知識以提昇技術創新、產品與服務創新的績效以及組織整體對外的競爭力，擴大知識對於企業的貢獻。

- 形成有利於知識創新的企業文化與價值觀，促進組織內部的知識流通與知識合作，提昇成員獲取知識的效率，提昇組織個體與整體的知識學習能力，增加組織整體知識的存量與價值。

6.7.2　個案剖析：道爾化學公司

道爾化學公司（Dow Chemical）專門負責管理全世界各地智慧財產的主管皮崔許（G. Petrash）認為，公司的最大資產並不是化學工廠，而卻是公司所擁有的許多的專利權，因為他能夠將知識管理策略配合公司的商業策略，因此他決定加強對於公司的所有專利權進行管理，並且製作出一個「專利權樹」的圖表，清楚顯示公司擁有專利權的情況，並分析如何從這些專利權中獲利，在當時因此替公司節省了四千多萬美元的相關稅賦，同時亦增加了專利授權費用的收入。

6.7.3　個案剖析：英國石油艾莫可公司案例

英國石油艾莫可公司（BP Amoco），如圖 6-5 所示。在 Teleos 公司的 1999年「最受推崇的知識型企業」排行榜上，總排名從前年的第二十名快速的躍升至總排名第二，僅次於微軟公司，1999 年躍升最快的企業；在 1999 年當時，BP（尚未購併 Amoco）的 CEO 負責提高公司的績效，善用公司的知識、加強組織內的學習、並分享各部門的最佳措施與經驗，率領知識管理九人小組設計一些可行性方案，推廣至全公司。

他們採用了五種知識管理的工具，分別是：同儕協力小組、行動檢討、回顧、連結通訊錄、及虛擬團隊。第一年替公司結省了二千萬美金；第二年又設計了十

五項知識管理計畫，協助公司進入日本零售市場以及煉油廠重整等計畫，在當時更為公司節省了二億六千萬美元的支出。如此的成功，秘訣在於建立一套有助於知識管理的硬體設備和鼓勵知識管理的環境。此外，身為 CKO 同時也必須是技術專家，但 CKO 本身不一定要是電腦科技專家，但是對於資訊科技要有相當的瞭解，才能夠選擇恰當且有效率地使用工具和設備來蒐集、儲存、分析、運用、分享並創造知識。

圖 6-5　如圖為英國石油艾莫可公司全球資訊網
(資料來源：http://www.bp.com)

6.7.4　個案剖析：富士軟片資訊股份有限公司

　　早在五、六十年代，富士軟片（Xerox）就已經是世界上著名的辦公設備的生產者，它生產的各種影印機名聞天下。Xerox 為了鞏固自己在複印設備領域的領先地位，採取了很多方法，提高了企業的競爭力。進入 90 年代後，Xerox 又以策略性的眼光，率先建立起較完善的知識管理體系。

　　Xerox 建立了企業內部的知識庫，用來實現企業內部知識的共用。Xerox 的業務人員都會輪調，平均每個客戶服務一年，以往這會讓公司損失大量的知識，因為每次業務人員對新客戶都是陌生的，需要重新瞭解這個客戶，這不僅浪費時間而且容易造成客戶的不滿，客戶希望按以前約定好的方式進行，不希望因為換人而有所改變。現在 Xerox 在公司的內部網路建立了一個系統，業務人員將客戶的所有資訊，包括每筆交易的情況、客戶的商業資訊，甚至客戶的個性、脾氣、喜好、習慣等都存入這個系統。這不但可累積知識，還減少與客戶間的衝突。

圖 6-6　臺灣富士軟片資訊股份有限公司
(資料來源：https://www-fbtw.fujifilm.com/zh-TW)

　　另外，Xerox 也開始了一項有關維修業務的知識管理計劃，以便獲得並保存維修人員的知識。在以前，售後服務部門的維修人員都必須是透過手冊才能得到相關的維修知識，由於產品的生命週期越來越短，手冊一制訂出來往往就過時了。因此 Xerox 的技術人員已經不再依靠手冊，而是智慧型移動裝置，與雲端大數據連結，利用智慧型移動裝置來診斷和維修機器。假如技術人員要進行影印機的例行檢查，就可以快速連接到有關的工作指南中；若技術人員打算更換某個零件。那麼這個系統也可自動連接有關零件更換程式。甚至在這個系統中維修人員可以進行實地交流、診斷和維修機器。維修人員還可將在工作過程中發現的新問題或新方法存入這個系統，讓其他維修人員知道，達到分享及即時更新的目的，如此一來，雲端大數據資料庫就更臻完善。2021 年 4 月起，公司名稱變更為 FUJIFILM Business Innovation Corp.，臺灣分公司則名為臺灣富士軟片資訊股份有限公司。

6.7.5　個案剖析：惠普科技 HP 案例

　　惠普科技顧問事業群人力發展暨知識管理經理指出：「組織知識的創造與移轉，是企業能夠永續成長的源頭，對每一個組織來說，因為各自擁有自己的脈絡，只有其組織內的關鍵知識或技術才是獨特唯一的，同時也是組織能夠維持競爭力的關鍵因素。」惠普科技曾以全球內部員工網站「@hp」作為員工知識分享工具、充分管理企業知識的效能，並將其高度發揮轉化為經營優勢，而獲選為全球「最佳知識應用企業獎」第二名，由此可知惠普科技在知識管理上的努力。

　　人的因素仍是知識管理最難解決的部份，唯有建立將個人知識轉化為企業知識的誘因制度，才能使員工樂意將個人知識分享、利用知識，進而獲得更多得智慧，為企業及個人創造新的知識財富。因此，知識管理制度的導入的有三階段：

1. 創造基礎。
2. 建立開放信任的知識環境。
3. 知識管理生活化。

　　經由這幾年對於知識管理專案的推動過程與經驗，有下列結論：

1. 知識管理必須為企業的策略之一，並與組織目標結合。
2. 知識管理必須能夠隱含於企業策略及核心工作流程內。
3. 必須持續鼓勵推動知識管理的運作。
4. 科技與基礎建設僅是知識管理的活化劑，而非成功的關鍵驅動力。

6-8 商業智慧（Business Intelligence, BI）

　　一般而言，BI 是指能在廣大的資料中進行快速的分析、整合、提煉出資料之隱藏特性並可及時用於商業上之決策使用，以期能開創更多潛在客戶或在市場上可以擊敗競爭對手，進而掌握商機。換言之，其目的是為了能使決策者在下判斷時，盡可能地做到精準的商業競爭策略。BI 要具有正確的資訊、及時、合適的人員（Right Information、Right Time、Right Person）。

　　在 c 化條件完整的今日，豐富、多元、普及化之資訊，遠遠超過數年之前所能想像，主管人員，知識工作者面對日漸膨脹而氾濫的資訊，有茫然無所措之感覺，而透過了商業智慧之運作機制，透過適當之分析軟體程式，便可擷取出黃金資訊。舉例來說，電子商務之網站架設完成，在大量之交易明細中，在資料庫中所儲存之交易與客戶資料，如果沒有系統化（Systematic）的處理保存，便會散落在企業的各個部門，但若能善加處理，將會是企業的無型資產（Intangible Asset）。

　　因此，企業智慧系統（Business Intelligence System, BIS）也逐漸應運而生。BIS 可說是資料倉儲（Data Warehousing），資料採礦（Data Mining），高階主管資訊系統（Executive Information System, EIS），和決策支援系統（Decision Support System, DSS）之系統整合。例如：在一個組織企業的基本架構中，資訊流是由下往上（Bottom Up）進行移動，第一線工作同仁將每天的營業資料逐筆系統化記錄，成為原始的資料（Raw Data），為了商業決策之需要，相關應用程

式會將資料萃取、處理之後，成為更具有意義、價值的資訊，進一步可結合公司內獨具的 know-how，進而結合企業決策者本身所在商場上具有的經驗與能力，將萃取後的知識靈活應用，而最終成為企業獨具的商業智慧。

然而在實際的商業智慧的建置中，在千頭萬緒中首要的任務是要能將企業內的相關資料，這可能涵蓋 ERP、CRM、SCM 等企業的相關應用程式，以資訊科技之方法由擷取（Extract）資料、轉換（Transform）資料、饋送（Load）資料到資料倉儲系統中。配合 ICT 之高效能與效率以完成資料的收集及儲存，同時運用各種線上資料分析技術的應用程式，以產生報表，並針對大數據，快速執行線上即時分析（Online Analysis Processing, OLAP）暨資料採礦（Data Mining），如此一來，這些具有戰略性的資訊，可以應用於人力資源、銷售、行銷、生產、財務、等各單位以做為決策的依據。如圖 6-7 所示，即為 BI 之運作模式架構圖。

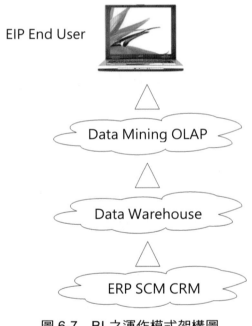

EIP End User

Data Mining OLAP

Data Warehouse

ERP SCM CRM

圖 6-7　BI 之運作模式架構圖

不容諱言，在 BI 的建置過程中，Data Warehouse 的建構是關鍵成功因素（Critical Success Factor, CSF）所在，根據國外相關學者的研究，有高達七成置時間或建置成本超過當初預估，或是未達預期的使用效果，而最終宣告失敗。因此，BI 在導入前必須要加以詳加分析規劃，以免勞民傷財。BI 強調運用應用程式（Application Program）以實踐資料採礦技術的應用，但希望企業主們不要視資料採礦為萬靈丹，而應了解唯有一切步驟正確，資料採礦技術的結果才會對組織企業有如虎添翼之功效。

6-9 大數據（Big Data）

一般而言，Big Data（中文別名：海量資料、巨量資料、大數據）泛指的是組織企業所涉及的資料量，其規模巨大到無法透過目前主流軟體之應用工具，在經濟效益合理時間內達到萃取（Extraction）、處理（Procession）、分析（Analysis）、整合（Integration）而成為能支援組織企業高階主管資訊系統（Executive Information System, EIS）經營決策層之參考資訊。而廣義來說，在現今社群網路（Social Networking Service, SNS）上每一筆發文或上傳的每一幅照片、商業網站上每一筆交易，經過適當的資料採礦（Data Mining）步驟後，蒐集起來的資料，可為組織企業帶動更大的潛在消費力量，進而產生出更大的經濟效益。企業對於商業智慧（Business Intelligence, BI）、資料分析（Data Analytics）與資料管理的人才需求日益激增，希望能夠藉此了解客戶的購買動機與市場趨勢，進而做出致勝的關鍵決策。我們每天建立 2.5 百萬兆位元組的資料，僅僅過去一年所建立的資料，就佔當今世界總量的 90%。

這些資料來源非常廣泛，如：社群網站上的發文、使用者任何互動，數位圖片與影像、全球採購交易記錄、GPS 訊號以及智慧型手機即時通（Instant Message, IM），例如：Facebook Messanger、LINE、WeChat 等。大數據的常見特點是 4V：

- Volume（**資料量大**）：大量資料的產生、處理、保存，談的就是 Big Data 就字面上的意思，就是談大數據。

- Velocity（**輸入和處理速度快**）：時效性，就是處理的時效，所以處理的時效對 Big Data，來說也是非常關鍵的，500 萬筆資料的深入分析，可能只能花 1 分鐘的時間。

- Variety（**資料多樣性**）：多變性指的是資料的形態，包含文字、影音、網頁、串流等等結構性、非結構性的資料。

- Veracity（**真實性**）：這些資料本身的可靠度、品質是否足夠，若資料本身就是有問題的，那分析後的結果也不會正確。

大數據是由數量巨大、結構複雜、類型眾多資料構成的資料集（Dataset），是基於雲端運算（Cloud Computing）的資料處理與應用模式，透過即時/非即時、結構性（Structured）資料/非結構性（Unstructured）資料的交叉整合與共享，形成組織企業的智力資源和知識服務能競爭能力。大數據由巨型資料集組成，這些資料集大小常超出時下常用應用軟體（Application Software）在一定時間內可容忍之處理能力範圍，例如：資料集之收集、萃取、整合、應用、管理。

　　由於藉由網路而衍生爆炸性資料集不斷地持續成長，決定大資料大小的指標持續在變，大數據中的資料集可以由現今 PC 硬碟所使用之 Megabytes（MB）→ Gigabytes（GB）→Terabytes（TB）→Petabytes（PB）→Exabytes（EB）→Zettabytes（ZB）→Youtbytes（YB）。大數據處理的資料量會在 Petabyte 以上，就是目前市面上 1000 顆 1TB 的硬碟，才有 1 PB 之容量。由於資料量超級龐大，儲存的單位從常見的 MB、GB，進化到 TB、PB 等，早已超過一台桌上型電腦能處理的範圍。早在 2012 年，思科（Cisco Systems）曾宣佈旗下設備衡量的數據，將以 ZB 為單位，而下一個順位的衡量單位則會是 YB，相當於 1024 位元。因此 IBM 指出五大產業重點領域，包括智慧型分析（Smart Analytics）、智慧型基礎架構、行動化、社群企業，以及行銷與業務模式轉型，強化軟體核心競爭力，智慧地擷取、分析應用大數據，發掘創新商業模式，精準洞察市場趨勢。並可廣泛地應用在能源、高科技、醫療與金融等多元產業，協助組織企業做出最佳化決策判斷，在快速變動的產業環境中，找到具差異化之競爭優勢。如圖 6-8 所示，為大數據之複雜度與資料量大小。

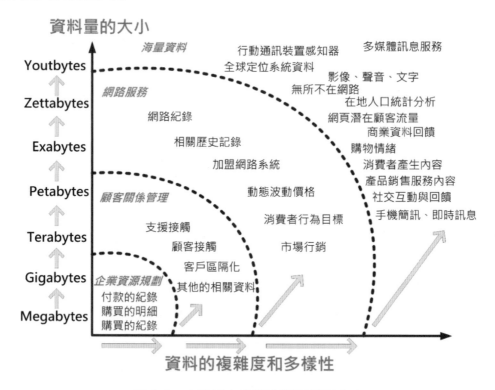

圖 6-8　大數據之複雜度與資料量大小

　　這些容量指標不斷提昇之主要原因，在於組織企業中為數眾多的應用程式不停地產生大數據資料，以及像企業資源規劃（Enterprise resource Planning, ERP）、銷售點（Point of Sale, POS）、顧客關係管理（Customer Relationship Management, CRM）等系統應用程式，它們使用的科技和處理大容量資料的能力不斷在改進。

　　美國早在 2012 年就開始著手大數據之應用，歐巴馬前總統更在同年投入 2 億美金在大數據的開發中，涵蓋從基礎科學研究到醫療、國防、國土安全維護、能源系統監測到地球系統等應用科學，更強調大數據會有黃金資訊之產出。大數據的議題會受到組織企業之重視，最主要的原因是現在組織企業所要收集的資料，不再只是文字類型，還包括有影音和圖像。由於無所不在的網路環境，資料來源也大不同，除了傳統的人工輸入和計算系統所產生的龐大資料之外，還包含網路上每日產生的大量資料，而這些資料產生的速度，遠超過人工和現行資料庫所能處理的能力範圍。另外，資訊化已經走過數十個年頭，許多大型和資深的企業，也已經累積相當龐大的資料量。因此，不論是新產生或舊有的資料，企業都希望能夠從這些超大量資料集中，透過一些系統性的科學方法和應用工具能夠在很短的時間內，萃取出可以幫助組織企業迅速發展的資訊，尤其是能支援組織企業高階主管資訊系統。

　　大數據分析技術是對大量產生的資料、進行分析、儲存、探索，以系統化分析處理的過程。日本的「N 系統」（車牌自動讀取裝置系統），可以全年無休，對道路上行駛的車輛牌照拍照存檔，記錄下行駛的路線與時間，而在中國，此類之應用系統，在很多地方均成功上線。同時在資料庫中比對被通緝中嫌犯或竊贓車的車牌號碼，如果發現符合，該系統立即通知在外巡邏的警員（配合攜帶式無線接收裝置），及時對該車輛進行攔截圍捕與盤查。東京都警視廳也配合「3D臉部自動辨識系統」辨識嫌疑人士長相外表特徵，進行鑑定，警察如需調查案情之時，就能夠調出資料庫資料，進行交叉比對，篩選出可疑的犯罪目標。

　　社群網站與各種雲端服務的背後，隱含著大數據的核心價值與無窮商機。我們可歸納出大數據之探索面向涵蓋線上交易、社群互動、社群觀察、交叉分析等客觀因子。

- 在企業資源規劃分析模組方面：消費者付款的紀錄、消費者購買的明細、消費者購買的紀錄等均為重要因子。
- 在顧客關係管理分析模組方面：支援接觸、顧客接觸、客戶區隔化、消費者網路服務、消費者網路紀錄、相關歷史記錄、加盟網路系統、動態波動價格、消費者行為目標等均為重要因子。

■ 在大數據分析模組方面：行動通訊裝置感知器、智能裝置全球定位系統（Global Positioning System, GPS）資料、多媒體訊息（串流影像、聲音、文字）服務，無所不在網路系統，在地人口統計分析，網頁潛在顧客流量、商業資料回饋、購物情緒線上分析回饋、消費者產生內容（數位抱怨，數位「讚」等數位評價）、產品銷售服務內容、社交互動與回饋、智慧型手機簡訊、即時訊息等均為重要因子。

以上列舉之面向，均為現今組織企業行動化暨社群化時，大數據探索對於組織企業之智力資源與知識服務競爭優勢之重要關鍵成功因素。

相關研究單位預測未來產業趨勢的發展，成就了以資料為中心（Data Centric）的商業或社會發展目標，在服務業方面除了大數據處理平台、智慧分析平台、航空業解決方案外，科技研發單位、教育單位，均紛紛投入相當之資源從事大數據與開放資料（Open Data）之研究發展。大數據的研究不僅是商業的競爭利器，也是國家未來的發展策略。當我們使用智慧型手機、電腦、社群網站、信用卡消費時，也就是在製造資料，大數據已經是我們生活的縮影的一部份。

在消費者調查方面，網路的線上問卷和社群網站上的貼文，是完全不同的。在社群網站上的討論是屬於網友的自發性行為，而線上問卷的內容，原則上，線上問卷已經過事前的設計，容易造成結果偏差。無庸置疑，在全世界每一秒鐘都有所數以萬計的結構化或者是非結構化的資料，不斷的產生，而這些資料量龐大到至目前的基本分析工具所沒有辦法處理的。很明顯的，大數據的研究已經成一門顯學，因為其中所蘊涵的無限商機，值得組織企業發掘。研究證實了透過大數據的分析，可以解決未來所遇見發生的問題。

美國富比士雜誌早在 2012 年 5 月 12 號發表一篇文章，在文章當中提到 10 年前並不存在，但是現在卻非常有前途的幾種行業：包括有應用程式開發者（Application Program Provider）、資料探勘者（Data Miner）、社交媒體管理人（Social Media Manager）、使用者經驗設計師（User Experience Designer）、雲端運算開發者（Cloud Computing Developer）等等。從社群網路上面收集分析參與者的文章，是非常具有前瞻性的行業。資料分析師（Data Literate）透過不斷的分析網路上的蛛絲馬跡，進而從中獲取商業的契機，將大數據的價值發揮到最大的極致。這些都要感謝手機、行動通訊裝置的普及、社群網站日俱增的情況。早在 2011 年之內，全球就產生了 1.8 ZB（Zettabyte）的資料量；相較於美國議會圖書館所儲存的資料量，多上 400 倍。全球每 9 人當中就有 1 個人使用臉書（Facebook），在推特（twitter）上面發文的網友，也超過 5 億之多。

　　全球的資訊量約有 90%，都是近兩年所產生出來的，這代表著大數據的時代正式來臨。網路上所產生的資料，有 90%都是文字、照片、影片等非結構化（Unstructured）資料，現在我們可以透過科學的方式，處理可量化（Scalable/Countable），進而將結構化（Structured）的資料萃取出來。

　　網路的使用者，來自社群網站的生產者也是消費者，也是彼此之關注者（Follower）。所謂的智慧革命之目的是由於智慧型手機的普及、網路社群服務的增加，以及分析資料技術的提升，使得多樣化的非結構性資料，可以預測並活用它的變遷性（Movement）。而集體智慧（Collective Intelligence）也就是將大數據的分析的範圍能夠對到更廣、更多樣化的進行資料的量化，將主觀轉成客觀。換句話說，不是只有仰賴單一個體，而是結合很多的群體。

　　大數據相關研究議題中希望將 3P（Problem/People/Platform）轉成 1P（Productivity）。而在組織企業中，大數據蘊藏著擴大傳統思維的涵意，它並非只有注重資料本身的數量和大小，而是透過資料所延伸出的思考所需之高度與廣度。Data Curation（資料策展）的精神在於，大數據如果真的能夠活用在購物籃（Bucket Analysis）的線上分析，就讓行銷的視野更加擴大。

　　換言之，我們可以聽到顧客為什麼不到大賣場購物的真實心聲，也可以藉此吸引更多的消費者到賣場來。基於這樣之特性，組織企業非常期待大數據能夠克服客戶關係管理（CRM）的發展限制，客戶關係管理是基於顧客資料或者是購買行為等內部資料，經過系統化分析而獲得之重要資訊，進而了解消費者，希望能夠協助維護既有客戶，同時開發潛在客戶。如果嘗試著分析大數據，就能發現消費觀的兩極化並加以善用。

　　此處所提到的消費兩極化，並不是指購買昂貴商品的消費者與購買廉價商品的消費者；而是同一名消費者，會隨著情況不同而分別購買非常昂貴的商品和非常低廉的商品。這說明了價格本身不具絕對性，而是取決於消費者對於產品價格中認定的，這個趨勢也稱之為價值消費。唯有站在消費者的立場來看，才能掌握真正的競爭對手是誰。唯有透過資料分析，才能夠讓意見分歧達到一般的共識。在進行分析時，必須要考慮到一些垃圾訊息的系統處理方式，這是在處理資料時的首要程序。

　　全球搜尋引擎龍頭 Google 臺灣資料中心，2013 年 12 月在彰化縣彰濱工業區落成營運，Google 全球資料中心副總裁宣布，因臺灣投資環境友善，投資金額由三億美元加碼到六億美元（約一百七十八億台幣）。佔地十五公頃的 Google 臺灣資料中心，尤其熱能儲存系統有五彩顏色的冷卻水管，因雲端資料儲存設備需

要降溫，使用熱能儲存系統可降低五成耗能。該中心為亞太地區提供更快速、可靠網路服務，享受雲端運算效益。資料中心設在彰化，讓亞洲多了一個備份處，更讓臺灣民眾搜尋速度增加千分之一或萬分之一秒。Google 搜尋引擎可找到成千上萬筆資料，需大量儲存空間，臺灣資料中心啟用，讓民眾不需繞道美國資料中心再繞回來，網路速度確實快一些。

　　IBM 針對大數據不同特性，以及業界較少著墨的流動性資料（Data In-Motion）分析，提出江河運算（Streams Computing）。江河運算植基於 IBM 的 InfoSphere Streams 系統，針對動態且非結構化大數據進行即時分析，不須耗費資料倉儲處理時間，可隨時處理即時流動的多元結構資料載入。臺灣 IBM 整合全球資源，並結合硬體、軟體、顧問諮詢服務、研發中心各單位，並鎖定電子製造、政府單位、醫療機構、金融等產業，協助企業在面臨資料洪流的之際，制訂決策、協助組織企業掌握商機。越來越多企業面臨高達 100 Terabytes 以上的龐大資料量，且在分秒必爭的商業環境，許多情況資料分析講求即時性，不容許企業耗時等候資料蒐集，當涉及部分醫療照護、電子製造業製程改良的資料分析，甚至得在微秒間即獲得結果，並在事件當下立即做出決斷，才得產生價值。

　　當前資料倉儲以每週或每月為基期，進行批次性的資料統整模式，愈來愈難以支援高階商業分析。相對於傳統靜態資料庫，動態資料串流（Streaming Data）的異動頻繁、流入量龐大、使用者需要即時回應等特性，可藉江河運算自動匯集分析數據，直接將數據透過分析得知，因此在處理上不需等待資料倉儲，而達到多樣化且即時處理的應用，好因應需保持高度彈性的市場競爭。IBM 全球已與加拿大安大略理工大學成功合作開發，以 InfoSphere Streams 即時監控早產兒病房，匯集不斷由感測器監測產出的心跳、呼吸等醫學資料，協助醫護人員提前 24 小時預測早產兒加護病房中敗血症引發的感染，即時採取治療。瑞典斯德哥爾摩也利用此系統，分析整合無線射頻辨識（Radio Frequency IDentification, RFID）、影像處理、電子金流等資訊，讓用路人根據感測器蒐集的最新路況，選擇最佳效率行車路線，並依車輛燃料種類等資訊計算碳排量，收取道路費用，7 個月內已降低都會區交通流量 20%，空氣品質改善 2% 至 10%。當時，臺灣微軟與大同世界科技（又稱大世科）攜手成立「大數據技術中心」，協助企業分析既有 IT 架構，以最低成本駕馭海量分析技術。透過「大數據技術中心」，企業可以真實體驗到，以熟悉的科技和延伸既有的 ICT 投資，就可將高速平行處理架構（Massive Parallel Processing, MPP）、Hadoop 技術及關聯式資料庫整合在單一平台，並透過商業智慧分析工具，進行各種決策分析應用，降低企業導入大數據資料分析系統的技術門檻。

此外，大數據技術中心透過微軟 SQL Server PDW（Parallel Data Warehouse）解決方案，已經成功將這三種技術整合在單一平台，企業不需再花費心力學習各種大數據蒐集的技術，只需專注在大數據分析的能力養成，即可透過大數據的探勘，獲取企業營運商機。提供大數據分析概念驗證、效能調教及分析顧問諮詢，大幅降低大數據分析的技術門檻，讓企業能夠以既有的技術及 ICT 投資，就能分析大數據背後所深藏的金礦資訊。在浩瀚無際的網際網路中撈取資料，好比在汪洋大海中汲取杯水。因此，以資料為根基之網路行銷策略（The Data Driven e-marketing Strategies）是目前企業聚焦所在。但是，網際網路中潛在客戶的所有相關資料，如果能經過有效地分析並挖掘出其中孕含之金礦，將會使數位化網路行銷之效益成果以指數型倍增。

因此，各組織企業應聚焦於漫無頭緒之資料收集，轉變成可以點石成金之資訊，提供相關組織企業數位化網路行銷策略之制訂與規劃。組織企業不斷地透過消費者回饋、銷售資料交叉分析、收集競爭者次級資料（Secondary Data），不斷地調整網路行銷策略。相關學者因此提出並應用來源（Sources）→資料庫（Databases）→策略（Strategy）之模式，如圖 6-9 所示。

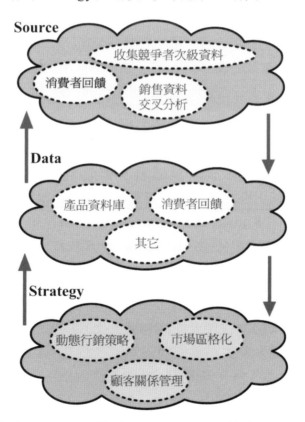

圖 6-9　來源(Sources)→資料庫(Databases)→策略(Strategy)之模式

從該圖形當中我們了解收集競爭者次級資料的重要性、以及消費者回饋、並且進行銷售資料的交叉分析，這些都是組織企業應用大數據萃取，在未來能夠了解消費者的潛在消費傾向，與開發新消費者的利器。在資料儲存方面，產品資料庫的交易情況、以及產品詢問情況，將是未來作線上網路行銷一個非常重要參考的依據。同時消費者的回饋，比傳統市場反應調查還要快速且精準，透過各種部落格以及社群網站的回饋，收集相關資料之後，可以在第一時間提供行銷部門相關的行銷建議，同時在組織企業策略應用方面，應用大數據所反映的產品資訊，可以動態調整行銷策略、進行市場的區隔化、同時用大數據所萃取出來的黃金資訊，落實在企業組織所關注的顧客關係管理。如此一來才能透過數位的大數據探索，使組織企業在下一代的網路行銷方面，提供最佳的競爭優勢。在資料處理的過程中，網路行銷的主管必須對於資料量的大小要有相當認識。

組織企業在進行相關消費者資料時，常須要向網際網路資料中心（Internet Data Center, IDC）租賃網路儲存空間，以方便組織企業透過雲端運算架構，進行 m 化行銷策略。藉由無所不在的網路即時取得消費者消費傾向之資訊，透過組織企業的網路行銷資訊系統（e-marketing Information System），可立刻針對客戶進行客製化行銷，不僅可降低行銷成本，更可提昇交易成功之機率，為組織企業造就更大之獲利空間。在雲端運算環境逐漸成熟的今日，組織企業從事網路行銷之相關人員，都應對以上之數字概念，多加了解。

簡而言之，組織企業希望自消費者端、供應商、公司行銷人員、客戶服務部門，將廣大資料所孕含的金脈，以數位儀表板（Digital Dashboard）方式浮現，進而透過網路行銷資訊系統，進行動態式的操作與管理。無庸置疑地，網路行銷資訊系統是從網路行銷的相關人員透過一套管理資訊系統（Management Information System, MIS）將大量收集之資料，進行有系統地分析、萃取、傳播，並進行有效的知識管理（Knowledge Management, KM）給所有參與人員，並同時以不同的面向進行多層次（Multi-tier）的綜合運用。

例如：一個新產品剛在網頁上架，憑藉網路流量（Flow of Network）、點擊次數（Eye Ball Hit）、線上訂購量、產品詢問次數等資料總和，可提供網路行銷決策者進行下一步驟之規劃。在現今的銷售層面上，銷售點（Point of Sale, POS）扮演著重要的角色。當顧客將欲結清之商品交給收銀員，透過條碼掃描（Bar Code Scanning），立刻將產品名稱、售價顯示在消費者眼前，當消費者付清貨款、產生發票的同時，就是傳統銀貨兩訖之概念；然而在資訊通信科技普及之今日，這意謂著後台的庫存系統必須即時進行某種變化。簡而言之，該商品之安全庫存立即減一，而一旦低於安全庫存數，倉庫透過網路就會進行自動即時自動補貨的運

作機制，這就是 POS 之精神所在。在資料之收集方面，一手資料（Primary Data）相對於次級資料（Secondary Data），在成本、達成效率之考量方面，一般而言，都不及次級資料取得之便利性。不論一手資料或次級資料，重點都在於將看似無意義的龐大資料，經過分析、萃取以產出具有商業價值之資訊，進而透過資訊系統進行管理，商業智慧。我們延伸商業智慧之觀念，而產生競爭力智慧（Competitive Intelligence, CI）。

雲端大數據的與產業需求隨國際潮流，影響全世界。目前在組織企業內的資料之儲存大小之單位，已自 TB 躍升到 PB，而且資料結構和型態也和以往大不相同，其中超過 80%之資料型態，都是非結構化（unstructured）資料。在另外一方面，因為組織企業處理之資料不斷更新擴張，因此大數據的儲存、管理和分析判斷，對組織企業帶來了空前未有的挑戰。這些包括個人資訊、消費記錄等在內的大數據當中，蘊含著大量具有高價值的資訊，可以為組織企業以及管理階層，提供絕佳的開發潛在客戶之參考依據。

根據相關研究指出，美國 Gartner 早在 2012 年，分析出未來十大產業策略技術，其中就有雲端海量之相關產業分析。此外，美國知名 IDC 公司也針對中國的相關市場，在 2013 年的十大預測結論是：海量資料應用走入傳統產業，利用相關之資料探索（Data Mining）技術，以達組織企業之風險管控（Risk Management），成為商業分析的新議題。

大數據之利用，不僅能夠提升組織企業的生產力與競爭力，政府部門與一般消費者，也能夠從中獲得實質的利益。美國聯邦政府早在 2012 年就使用兩億美元於大數據的研究相關計劃，應用於聯邦政府的數個面向，其中包含國家安全、科學發明、環境、生物醫學、教育政策。無庸置疑，資料倉儲、資料採礦、資料庫資料架構，是海量資料運作的先決客觀條件。在決策方面，MIS、ICT 人員、企業主管，均會仰賴海量資料，作為相關決策的依據。

在大數據之實際部署運作而言，原則上，組織企業以直接採用套裝軟體（Software Suites）應是目前較被使用之模式，隨著無所不在網路普及之情況下，在雲端架構下的主機代管（Co-location）與軟體即服務（Software as a Service, SaaS）則正在成長當中。而 SaaS 是雲端運算下重要之議題。SaaS 是將傳統必須自行在本地伺服器安裝、執行、維護軟體的模式，改而透過在遠端網路資料中心（Remote Internet Data Center）安裝、執行、維護，客戶端拋轉端再以瀏覽器接收資料拋轉，再以軟體遞送模式（Delivery Model）完成。

　　一般而言，SaaS 本身並非完全創新概念，其運作模式與早期的大型主機與終端機連結的架構相似，可以透過廣域網路（Wide Area Network, WAN）存取。早在 1990 年代末期，應用服務供應商（Application Service Provider, ASP）應運而生，換言之，客戶端以使用量的多寡，付出相對的費用，在當時是相當成功之商業模式。

　　組織企業在建置海量資料運作的過程中，應該要注意導入過程之視覺化效果，組織企業可將大量的營運資料，透過雲端海量處理程序，進而將隱藏資訊，轉成精簡的決策關鍵資訊，提供給組織企業的主管，以做為決策的參考依據。組織企業運用資料倉儲（Data Warehousing）、資料挖掘（Data Mining）的技術，將市場各種競爭產品進行交叉比對，以確保產品的競爭優勢。

　　組織企業應該儘量利用大數據成為商場之競爭優勢，同時進行全球資源之整合。無庸置疑，組織企業在未來之致勝關鍵，必須結合專業領域、剖析海量資料的分析，專注服務創新。2013 年是大數據的元年，在未來社群網站（Social Media Website)、雲端整合（Cloud Integration）、資訊安全（Information Security）、物聯網（Internet of Things）將成為組織企業，而結合資訊通訊科技（ICT），為組織企業找出另外一片天空。

學習評量

1. 何謂資料倉儲？
2. 何謂資料擷取？
3. 資料倉儲在商業應用方面有哪些，請舉例說明？
4. 何謂知識管理？為什麼要知識管理？
5. 試說明知識管理的好處？
6. 何謂商業智慧？為什麼要商業智慧？
7. 何謂大數據？大數據為何如此重要？

企業資源規劃

本章學習重點

- 企業資源規劃
- ERP 系統的導入
- ERP 的領導供應商
- ERP 的建置成功範例
- ERP 結合企業資訊入口網站
- ERP 未來的發展

7-1 企業資源規劃
（Enterprise Resource Planning, ERP）

7.1.1 ERP 的定義

企業資源規劃，是將企業的所有資源做整合和規劃，以達到資源分配共享最佳化為目標。所謂的資源包括：財務（Finance）、會計（Accounting）、人力資源（Human resource）、生產規劃（Production Planning）等。依照美國生產管理協會的定義，ERP 是一個會計導向（Accounting-Oriented）的資訊系統，從客戶訂單、製造到出貨，對整體企業資源的需求，做有效的整合和規劃。ERP 系統和 MRP II（Manufacturing Resource Planning，製造資源規劃）系統不同的地方在於 ERP 系統使用：

- 圖形使用者界面（Graphical User Interface）。
- 關連性資料庫（Relational Database）。
- 第四代程式語言（The 4th Generation Programming Language）。
- 電腦輔助軟體（Computer Aided Software）。

- 主從式架構（Client Server Architecture）。
- 開放式系統（Open System）。

　　企業資源規劃是將公司內所有跨部門及**企業流程**（Business Processes），整合到一個單一的電腦應用程式系統中，而且此系統能夠滿足各跨部門不同的需求。將資料流入單一的資料庫，使各跨部門容易分享資訊且能夠互相溝通暨合作。一旦企業建置完成這個整合的系統，可以對企業的經營產生極大的效益。

　　企業資源規劃系統，大多數採用**套裝軟體**（Software Suites）。如何選擇適合企業需要的系統？在導入之前，需要仔細的評估企業的需求是什麼？更要慎選導入的顧問，因為輔導之顧問公司對導入的的成敗，扮演關鍵性的角色。顧問不僅要提供建置的服務，更需要將整體的企業流程、公司的營運策略、人力資源等一起合併分析、規劃，尋求最適合企業的模式。

7.1.2　主從式架構（Client Server Architecture）

　　以硬體為基礎來定義：桌上型電腦的終端使用者，經由區域網路，向後端（Back End）系統提出服務的需求，桌上型電腦系統為 Client 端，後端系統為 Server 端。即提出服務需求的是 Client 端，提供服務者為 Server 端。Server 端提供不同的服務，如檔案管理、列印、儲存資料與分享等。

　　以軟體為基礎來定義：軟體能夠請求服務的為 Client 端，軟體能夠提供服務的是 Server 端。應用程式可以為 Client 或 Server。主從式的軟體通常是以三層式（3-tier）的設計為基礎，ERP 系統應用三層式的架構，並以關連性資料庫來儲存各種資料，如圖 7-1 為主從式網路架構。

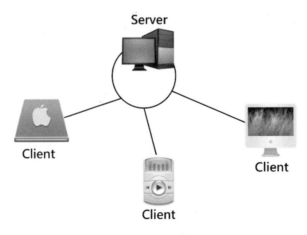

圖 7-1　主從式網路架構

三層式的設計：

- **展示層**：主從式系統的第一層為**展示層**（Presentation Layer），使用者可以直接使用鍵盤、滑鼠、監視器與電腦互動。軟體包含圖形使用者界面，由使用者提出需求，經過軟體傳遞到應用層。展示層伺服器可以透過企業內網路或網際網路和功能層伺服器進行資料交換。

- **應用層**：主從式系統的第二層為**應用層**（Application Layer），使用 UNIX、Windows Sever 2022 或企業功能所需要的應用程式。應用層伺服器能格式化、處理進入的資料，且能與資料庫連結，提供資訊給使用者。

- **資料層**：主從式系統的第三層為**資料層**（Data Layer），軟體為資料服務程式，負責管理資料庫的儲存和回復。應用程式可以由資料庫存取資料和下載程式到應用層伺服器。如圖 7-2 為三層式的設計。

主從式架構的應用程式，提供更有彈性的使用，容易擴充至其他的領域。對使用者隱藏複雜的企業系統，使用者不需要了解系統的技術架構，更容易專心於顧客需求的資訊。三層式的設計，將三層軟體分開，當使用的模組增加時，容易擴充及修改。

展示層 Presentation Layer	企業網路 (Intranet)	客服人員 業務人員 公司內部人員
	網際網路 (Internet)	供應商 顧客 公司外部人員
應用層 Application Layer		訂單管理 庫存管理 財務管理 配銷管理
資料層 Data Layer		訂單資料 交易資料 客戶資料 財務資料

圖 7-2　三層式的設計

7.1.3　資訊的管理決定競爭力

二十一世紀的今天，商業環境的快速變動，市場全球化的競爭，企業流程必須要最佳化，才能控制成本，提高生產力，降低成本，彈性生產，迅速交貨，來滿足客戶需求。在維持企業競爭力上，組織內部的資訊管理，扮演一個決定性的

角色。唯有充分的運用資訊科技，適時提供正確的資訊給予相關人員，以最有效率的方式運作，才能夠快速回應市場的變化及顧客的需求，保持企業的競爭優勢。

- **微軟、思科和康柏**：在《財星》雜誌（Fortune）前一千大企業中，超過 70% 的公司已經開始導入 ERP 系統或計畫在未來幾年內導入。微軟（Microsoft）、思科（Cisco）、康柏（Compaq），這些市場上的領導者採用 ERP 系統來降低庫存，縮短週期時間，降低成本，改善整體的運作。
- **企業流程再造**：在導入 ERP 時，需要配合對企業流程重新思考、重新改造。

企業流程再造（Business Process Reengineering, BPR）之定義為根本重新思考，徹底翻新作業流程，以便在衡量表現的項目上，如成本、品質、服務和速度等，獲得戲劇化的改善，而在導入 ERP 前，企業體本身就應先進行企業流程再造，將原有之舊流程加以某種程度之簡化，以提昇效率與競爭優勢。

這個定義共有四個關鍵字：根本、徹底、戲劇性、流程。企業流程再造就是以客戶需求為導向，重新檢討公司整體的作業流程模式，訂定目標及公司策略，定義每個部門的工作職掌及部門與部門間互動關係，使公司的作業流程達到最佳化，為公司創造最大的價值。ERP 不只是解決企業流程自動化的需求，更要具備協助企業流程合理化。藉由導入 ERP 的導入，推動企業流程再造，達到企業流程合理化的目標。

7.1.4　ERP 是電子商業的骨幹
（ERP is the backend of e-Business）

ERP 系統經由單一的資訊系統，促進部門間的資訊交換，協助企業有效的運用企業整體資源，因此 ERP 系統已成為企業維持競爭力必備的工具。ERP 是整合的應用軟體組合，將企業內部的資源加以整合，包含行政管理（財務，會計等）、人力資源管理（薪資、津貼福利等）和製造資源規劃（MRP II）（採購、生產計畫等）及其他支援模組，圖 7-3 所示為 ERP 的涵蓋領域。ERP 是一個整合的後端系統，也就是企業的後台作業系統。一個好的 ERP 系統除了本身的功能以外，更可以延伸至供應鏈管理、客戶關係管理及電子商務等系統，所以 ERP 是電子商業的骨幹。一個好的 ERP 系統，能迅速導入線上交易系統。以 ERP 系統為核心，整合其他相關企業應用程式，能使企業流程自動化，達到企業進入電子商業的目標，更增進企業的競爭優勢。在講求快速反應的網際網路時代，企業唯有緊密的整合流程，才能因應未來的競爭。ERP 是電子商業的骨幹，一個堅實的後端整合系統，可使企業在面對激烈的衝擊中，脫穎而出。

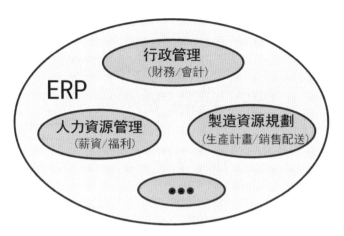

圖 7-3　ERP 的涵蓋領域

7.1.5　ERP 的效益與演進

　　ERP 具有快速、即時、正確及企業流程再造（Business Process Re-engineering，BPR）的特性。ERP 使企業流程自動化並簡化人力，可以整合財務資訊，提供高階主管決策，可以標準化作業流程和製造方法增加產能、降低成本。ERP 是電子商業的骨幹，導入 ERP 將影響公司的架構、流程，提升整體效能，進而滿足客戶需求，掌握競爭優勢。

　　採用 ERP 對企業的主要效益包含：重新改造企業流程、整合企業的後端系統、改善訂單流程、提供決策支援資訊、邁向全球運籌管理。

　　而企業資源規劃的演進，可以分為下列幾個階段，如圖 7-4 所示。

	1960	1970	1980	1990	2000
管理系統	MRP	MRP II	JIT/TQC	ERP	ERP+SCM
管理重點	生產物料	生產物料 財務銷售	品質 成本 及時供料	生產物料 財務銷售 人力資源 物流	全球運籌管理
應用領域	工廠內	工廠內	企業內	企業間 企業內	全球

圖 7-4　企業資源規劃的演進

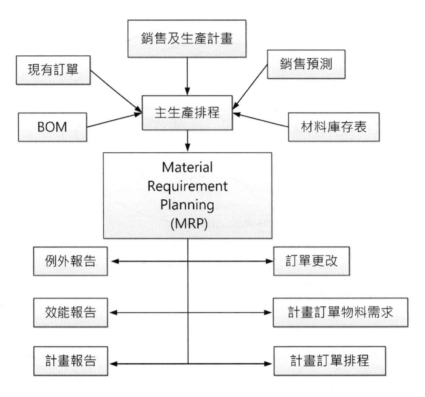

圖 7-5　MRP 的系統架構

- **物料需求規劃**(1960〜1970)：在 1960 年代 Joseph Orlicky 研究出新的物料管理方法 MRP。MRP 是依照未來的需求，確認材料的需求數量及日期。由主生產排程、材料表和材料庫存表，配合生產流程，來決定未來某一期間原物料的需求，如圖 7-5 所示為 MRP 的系統。

- **製造資源規劃**(1970〜1980)：Oliver Wight 將 MRP 的觀念擴大為 MRP II。MRPII 就是以 MRP 為基礎，結合財務管理、銷售規劃等製造相關的活動，為企業有效計畫整體資源使用的一個方法。由企業計畫、生產計畫、主生產排程、MRP、生產需求計畫等不同的功能組成並鏈結在一起。由這些系統來產出企業計畫、採購、運送、生產庫存的財務報表，MRP II 的系統如圖 7-6 所示。

- **及時供應 / 全面品質管制**(1980〜1990)：由於日本企業的成功，JIT 在 1980 年代非常流行。JIT 是一個製造上的理念，這個理念使製造計畫追求零庫存、零等待時間的理想狀態。JIT 的目標是最小的庫存和最大的生產量，歸因於材料的供應和生產的「及時」，在製造流程中只有少量的材料庫存。藉由 JIT 可以增加製程速度、降低庫存、增加收益。

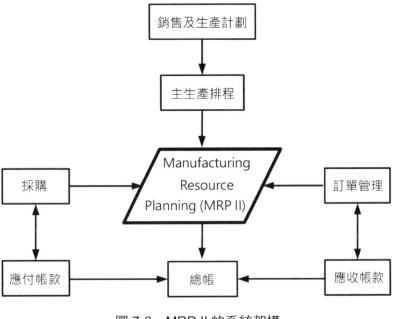

圖 7-6　MRP II 的系統架構

- **全面品質管制**（Total Quality Control, TQC）：是客戶導向的品質標準，連結顧客及供應商，持續的改進品質，透過公司全體成員的參與，來改善流程、產品和服務。TQC 的主要理念為：品質是由顧客定義、品質是透過管理來達成、品質是公司全員的責任。

- **企業資源規劃**(1990～2000)：電子商務的快速發展，驅動企業採用 ERP，配合企業流程的改造，改善企業整體的運作，並以整合的後端系統提供即時的服務，提升營運效率，使企業資源的分配最佳化，才能使企業有效的掌握競爭優勢。

- **企業資源規劃結合供應鏈管理**(2000 以後)：21 世紀的現在，無所不在網路（Ubiquitous Networks）及跨境電商（Cross Border EC）盛行。如果只有企業內部的整合，並無法有效的掌握國際競爭優勢。因此 ERP 結合 SCM，從顧客到供應商，使跨企業的協調及產品的流動鏈結在一起。有效的結合 ERP 與 SCM，才能有效的因應未來市場的需要，及面對全球競爭的挑戰。

7.1.6　ERP 應用程式的領域

　　ERP 不是單一的系統，它是由許多的**模組**（Module）所組成，這些模組可以互相溝通，並即時的提供資訊給予管理階層決策。ERP 應用程式的領域，以管理的觀點，基本上可以區分如下：

- 行政管理（財務、會計等）。
- 製造資源規劃（MRP II）（採購、生產計畫等）。
- 人力資源管理（薪資、津貼福利等）。
- 其他支援模組。

每個供應商所提供的模組，基本上涵蓋了這些方面。企業可以先選用基本模組（行政管理、製造資源規劃、人力資源管理），再依據需求，選擇適當的支援模組來配合。使企業可以產生最大的價值及最大的利潤。以思愛普 SAPS/4 HANA Cloud 為例，它的模組多、功能較多且複雜、價格高。

7-2 ERP 系統的導入

7.2.1 ERP 導入的策略

組織結構、企業流程、員工的理念，各種因素均會影響導入的進行。通常導入的策略如下：

- **循序漸進（Step-by-Step）**：安裝時採取一次一個模組的方式，可以降低失敗的風險。但建置的時間增長，成本增加。
- **大刀闊斧一次完成（Big Bang）**：以新的系統直接置換舊有的系統，一次完成。可以縮短建置的時間，降低成本。但複雜度增加，需要完善的整合及規劃。
- **階段式逐步導入（Modified Big Bang）**：系統採取一次安裝，安裝後先取設定範圍內的模組測試。測試完成後，再逐步擴展到其他範圍的模組。

7.2.2 ERP 導入的組織架構

因為 ERP 的導入，涵蓋的範圍相當廣泛，以至於很多部門必須要整合，所以需要成立一個專案組織並有能力推動專案於全公司。專案組織的架構（如圖 7-7 所示）及功能如下：

- **指導委員會**：由高階經理、高階顧問、專案經理組成。主要任務為決定組織架構、快速決定爭議問題、有效的資源分配、有能力推動專案。
- **專案管理組織**：由專案經理、資訊經理、顧問組成。主要任務為管理整個專案、控制進度、協調衝突解決問題、協調資源分配。

- **資訊專案小組**：由專案主管、專案成員、顧問組成。提供有關專案技術上的工作，如系統管理、資料庫管理。

- **作業單位專案小組**：由專案主管、專案成員、顧問組成。主要任務為建構系統、測試系統、訓練員工等。

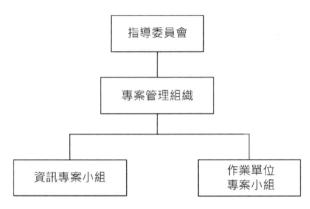

圖 7-7　專案組織的架構

7.2.3　顧問的重要性及任務

　　ERP 系統導入的成功,同樣必須依靠顧問的協助,一個好的顧問必須要對 ERP 系統有深入的認識,有豐富的經驗及精通分析企業流程、容易抓住問題並有解決問題的能力,顧問對導入的時間和品質會產生重大的影響,因此必須慎選。顧問的價值理念要與企業相符合,了解公司的運作機制及公司的目標。顧問不僅是提供 ERP 的建置服務,更需要將整體的企業流程、公司的營運策略及人力資源等一起合併分析、規劃。顧問必須要有能力將必要的知識,移轉給予企業的人員,對導入的時間和品質擔負起責任。顧問與 ERP 系統供應商的關係,亦是考慮的因素,良好的關係可以快速的解決問題,縮短建置時間。

　　顧問的任務分為：

- 管制專案進度。

- 諮詢、支援及訓練專案人員。

- 建立、監控及驗證導入行程。

- 和專家共同解決問題。

- 建構及客製化系統。

- 提供導入的品質保證。

- 文件化管理所有活動。

7.2.4　ERP 導入的程序

圖 7-8 為 ERP 的導入程序。

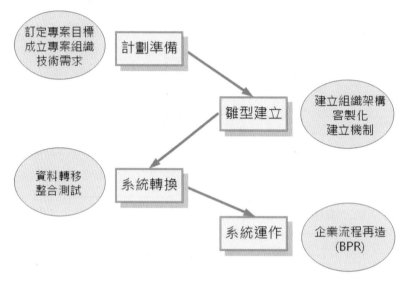

圖 7-8　ERP 的導入程序

1. **計畫準備：**

   ■ 訂定專案目標：首先要有明確的目標，一個定義明確的目標，可以使專案組織更容易瞄準方向。目標必須是明確、可測量、可控制的。

   ■ 成立專案組織：整合必須跨越部門，所以需要成立專案組織，來推動專案及控制專案的進度。

   在技術需求層面則考量：

   ■ 硬體：決定硬體設備的需求，需要注意預留版本升級的空間。

   ■ 軟體：決定什麼應用程式，最能符合企業流程的需要。

2. **雛形建立：**

   ■ 建立組織架構：描述企業目前的架構和作業流程，檢討並改進缺點。然後根據目前的架構和作業流程，改進缺點，訂定未來需求的目標。

   ■ 在客製化層面則考量：ERP 大多數為套裝模組，所期望的系統與套裝模組會有所差距。必須分析架構、作業流程和標準模組的差距，檢討差距的接受程度，並處理差距。差距的處理一為客製化，即修改成適合企業需要的方式。一為先採用標準模式，待導入後再檢討、決定是否客製化。客製化

如果需要牽動 ERP 的核心系統，建置的成本及時間均會增加許多。所以一般都建議採取標準模式安裝，減少成本及時間的增加。

3. **轉換測試：**

- 資料移轉：資料移轉是一個非常重大的課題，資料的數量都很龐大，非常需要時間。資料移轉的正確性非常重要，必須經過驗證。
- 整合測試：整合或移轉均需經過嚴格的測試。

4. **系統運作：**

系統完全導入後，企業必須持續的改善組織架構及作業流程，來適應系統的標準程序。即透過企業流程再造，持續的改善組織架構及作業流程，以達到最佳化的境界。

7-3 ERP 的領導供應商

ERP 所採用的作業流程，是企業的最佳典範（Best Practices）。決大多數的 ERP 模組，是依據最佳化的作業流程，所制定完成的套裝模組。在全球市場佔有率方面，以德製的思愛普（SAP）公司最高。

思愛普（SAP）是 ERP 軟體佔有率最大的領導供應商，思愛普在 1972 年由五位前 IBM 的系統工程師創立，公司位於德國的華爾道夫。以 ERP 系統建置起家，近幾年來不斷與時俱進，提供組織企業更多元之之雲端服務，而全方位之雲端應用，更涵蓋雲端 CRM、機器學習（Machine Learning）、雲端 ERP、工業物聯網（Industrial Internet of Things）、區塊鏈（Block Chains）、人資雲（Human Resource Cloud）等企業應用程式。前開應用程式專為組織企業的需求，打造客製化的雲端管理系統，可快速建立財務、訂單、庫存、CRM 與 HR 等作業，更內建多種分析報表功能，讓組織企業可快速上手。SAP ERP 系統具有不同版本，也存在一些功能和架構上的演進，SAP 推出的順序大致如下：SAP R/1 → SAP R/2 → SAP R/3 → SAP ECC → SAP Business Suite on HANA → SAP S/4 HANA → SAPS/4 HANA Cloud。而 SAP Business Suite 則是高度整合的應用系統的集合，例如：SAP 客戶關係管理，SAP 企業資源規劃，SAP 產品生命週期管理（Product Lifecycle Management, PLM），SAP 供應商關係管理（Supplier Relationship Management, SRM）和 SAP 供應鏈管理（Supply Chain Management, SCM）等模組。SAP 不斷駕馭挑戰，前瞻未來，與時俱進。

7-4 ERP 的建置成功範例

7.4.1 旭麗—以 ERP 達成千億元營業額為目標

　　旭麗公司成立於 1978 年，為國際性電腦周邊廠商，主要產品包括電腦鍵盤、掃描器、印表機及矽橡膠零件，為世界電腦鍵盤第一大製造廠。

- **旭麗的文化**：達到客戶滿意為企業宗旨，為達成目標，旭麗實施 Q.D。
- **C.S.T 五項原則**：品質（Quality）、交期（Delivery）、成本（Cost）、服務（Service）和技術（Technology）。
- **導入的系統**：關於 ERP 的系統，旭麗公司採用愛德華（J.D. Edwards）的產品、昇陽電腦（Sun Microsystem）的硬體設備以及艾群科技的諮詢顧問來導入 ERP 整體解決方案。
- **導入的程序**：旭麗的導入計畫是先由財務開始，再加入物料、配銷等其他模組。導入的過程採用：
  - 先做好資訊的基礎建設。
  - 次為導入 ERP 整體解決方案。
  - 再建置供應鏈管理（SCM）、客戶關係管理（CRM）、電子商業（e-Business）。
  - 最後再完成高階主管資訊系統。提供高階主管即時、容易存取的資訊，來制定決策。
- **導入的目標**：旭麗的事業單位分散全球各地，為國際性的公司。旭麗期望經由 ERP 的導入，能迅速的整合企業內部資源，適時提供正確的資訊給予相關人員，提升效率。充分掌握分散全球各地的事業單位的資源，並加以整合。縮短流程時間，快速回應市場，以符合客戶需求，達成客戶滿意為目的。協助公司掌握市場脈動，保持企業的競爭優勢。導入 ERP 整體解決方案不僅提升旭麗的作業效率，整體應用系統將涵蓋公司營運流程的每個環節。包含財務、研發、計畫、採購、生產、配銷等。可加速作業流程與提高效率，減低各方面的成本支出，在快速變遷及全球化的競爭環境中，提供經營決策階層即時、準確的資訊，來掌握商機、創造商機。

7.4.2 台達電子—以 ERP 掌握全球運籌

　　台達電子創立於 1971 年，在 2000 年，集團年營業額達 25 億美元。在全球各地有銷售據點，工廠位於臺灣、泰國、美國、英國及中國等地，為全球交換式

電源供應器、監視器及電磁零件之主要供應廠商，客戶包括 Compaq、DELL、HP、Gateway、Fujitsu、INTEL 等。

- **導入的系統**：選擇 SAP 的軟體，因為主要的客戶都使用這套系統，在與客戶的資料溝通連繫上比較方便。以 ERP 為基礎，未來結合 SCM、CRM 等資訊科技來加以發展，可以省去升級的成本與時間。

- **ERP 的導入**：整個 ERP 專案小組包括三種人：實際每天作業的人、整合需求的人、做決策的人，這些人大約一百人左右。資訊人員約三十二人，使用者約七十人左右。臺灣台達導入 ERP 共使用的時間為十四個月。由於累積了經驗，由公司的 MIS 部門導入，海外地區則只用了三個月。

- **導入 ERP 的效益**：導入 ERP，可以整合公司內部的資訊，快速反應營收狀況。從研發、採購、生產、銷售、財務等各方面獲得資訊，讓決策者能加速做判斷，對於生產安排、庫存量等，都能充分掌握，明顯的提升效益。使資訊能夠整合、即時和正確，增取時間，快速決策，減少成本，增加競爭力。

7.4.3 高露潔-棕欖——以 ERP 整合企業流程增進對顧客的服務

高露潔-棕欖公司，在世界各地有超過四萬餘名員工，年營業額超過佰億美元，是口腔保健、個人保健、家庭清潔用品、寵物營養品的領導廠商，產品銷售遍及兩百多個國家，以 Colgate、Palmolive、Softsoap 等品牌聞名。

- **導入 ERP 的目標**：在 1994 年時，高露潔的子公司有很大的自主性，因此採用不同的系統。他們在全世界有十個訂單輸入系統，十個製造系統，十二個財務管理系統。為提升競爭優勢，高露潔的經營管理階層決定公司需要一個單一的系統，並且要建造一個完全改變的工作方式。高露潔的目標為，使整體物流鏈的企業流程維持最佳化，來連結世界各地的據點，加速資訊的流動，標準化作業流程和報告。為此，需要一個單一的系統、一致的資訊來制定決策，設定全球化的需求，他們選擇採用 SAP R/3 來建置。

- **導入的系統**：高露潔是第一個建置 R/3 Release 3.0 的公司。高露潔早在 1996 年時開始導入 ERP，在 2001 年導入所有的部門，導入 ERP 後資料中心由七十個合併為兩個。為掌握市場脈動，維持競爭優勢，高露潔需要整合由世界各地的據點所收集的資訊，並且發出一致的資訊來制定決策。所以也早在 2000 年導入資訊倉儲，經由此系統可以快速產生分析報告，建立一致性、全球化的效能指標，來設定公司的經營策略。

高露潔公司 65% 的營業額是由國際企業獲得,建立一個全球化的財務管理資訊系統,來衡量及管理全球財務資金的運作,對高露潔來說,是一項極重要的需求。高露潔採用 SAP R/3 的財務管理來自動化現金流量,整合現金管理和財務管理,預測現金流量,並且分析全球的財務和管理。

- **導入 ERP 的效益**:導入 ERP 之前,高露潔已經訂定明確的方向及目標,大幅度提升供應鏈效能,分享資訊,改善全球採購能力,標準化流程、資訊和報告。高露潔建置 ERP 後的利益已經具體實現:

  - 整合全球的物流,成為全球消費者產品的公司。
  - 增進符合交期的能力。
  - 由庫存導向轉變為需求導向的生產。
  - 縮短週轉時間,藉由縮短週轉時間增進對顧客的服務。
  - 高露潔並持續的導入新的方案,結合新科技與新趨勢,如供應鏈管理、資訊倉儲、電子商業(e-Business)等。使企業能夠維持競爭優勢,無限的延伸。

7.4.4　思科—以 ERP 支援全球化經營提升競爭力

思科(Cisco)系統是網際網路的全球網路領導者,其網路解決方案將人們與電腦設備及電腦網路結合,讓人們可以在任何地點、任何時間存取或傳輸資訊,並將營運的觸角從企業市場延伸到服務提供者與中小企業市場。營業額一年大約 100 億美元,有一半是來自於美國以外的百餘個國家,公司總收益的 65% 是來自於思科的電子商業網站。

- **導入的系統**:思科早在 1995 年採用了甲骨文的應用程式,產品包括財務管理和生產製造管理系統。運用範圍主要在使用 Oracle Applications 執行思科全球的生產製造(Oracle Manufacturing)、財務管理(Oracle Financial)與訂單輸入(Oracle Order Entry)功能。

  思科是全球化的公司,所有來自於全球每個子公司、每個部門以及每個地區的訂單都會經由訂單輸入系統並透過總帳會計系統(Oracle General Ledger)進行記錄,達到即時、迅速的目標。思科的電子商務,在使用 Oracle Applications 後開始成長。公司將訂單處理的狀況移至網路上,顧客可以透過網路來查詢訂單情況。查詢價格與作業時間、下訂單以及取得發票、訂單上的應收帳款資料。思科為全球化的跨國企業,因此多國貨幣功能,能以顧客本身的貨幣來請款,就顯得相當重要。因為思科的系統主

要是以美國為基礎，對於應付任何交易國家的稅項與法規事務，以 Oracle Applications 來支援，簡化處理的程序。思科依賴生產製造管理系統來管理全球的委外製造工廠，包含約五十位國外零件採購與產品製造商。因為思科公司正轉型成為向國外採購零組件的製造商，Oracle Applications 讓思科可以有效地執行策略的目標。

■ **導入 ERP 的效益**：透過 Oracle 企業資源規劃系統來快速建置商業機能與性能，思科的競爭優勢已大幅提升，包括較高的客戶滿意度、彈性與世界各地的支援服務。ERP的建置完成，使思科能夠快速掌握多變的企業需求、達成委外生產製造的目標及執行全球化的經營。

7-5 ERP 結合企業資訊入口網站

企業資源規劃應用程式，已經被大量的企業導入實施，使企業流程自動化。ERP 模組的安裝運作，促進企業流程簡化並加速流程的流動，因而能夠獲得大量的交易資料，使得企業的資訊大幅度的增加。企業資訊是一種財富，它儲存在企業的資料庫之中。如何有效及有效率的運用企業資訊，實為企業的一大課題。

企業資訊入口網站的出現，將提供一個入口，可以尋找、萃取、結合及分析企業內部及外部的資訊，讓使用者更容易了解企業，及獲得需要的資訊，減少時間的浪費，提升工作效率。Merrill Lynch（2019 年 2 月改名為美銀證券 Bank of America Securities）在 2015 年表示，相信企業資訊入口網站的軟體，將有可能超越企業資源規劃的規模，成為下一波資訊軟體發展的方向，企業如果沒有進行部署和規劃入口網站，未來將面臨落後競爭對手的危險處境。

7.5.1 企業資訊入口網站

企業資訊入口網站（Enterprise Information Portal, EIP）定義：經由個人化的單一入口，與其他相關的應用程式和公司內部及外部的資訊之間的互相作用及影響。在 1998 年 11 月，Merrill Lynch 發表企業資訊入口網站的報告，定義企業資訊入口網站為能使企業打開內部及外部所儲存的資訊，提供使用者一個單一的入口，面對個人化的資訊需求，來做商業決策。

企業資訊入口網站將幫助使用者取得工作上所需要的資訊，運用及整合各種企業軟體，使企業內部及外部所儲存的資訊能夠充分的利用。企業資訊入口網站的使用者包括企業的員工、客戶、供應商及商業夥伴等。企業透過入口網站為員工、客戶、供應商及商業夥伴提供七天二十四小時的自動化服務，是企業提升競爭力及降低成本最重要的方法。Merrill Lynch 將企業資訊入口網站區分為四個主要項目：

- **內容管理**（Content Management）：內容管理系統擷取、存檔、管理、結合內部及外部所儲存的資訊，產生一個知識倉庫。內容管理應用程式可以結合特定的功能，如產品需求、銷售計畫、競爭分析等。

- **商業智慧**（Business Intelligence, BI）：提供企業即時、正確的資訊。商業智慧系統包含查詢、報告、資料採礦、線上分析處理等。

- **資料倉儲與超市**（Data Warehousing & Data Mart）：建造一個資料可以儲存管理和分析的環境。資料倉儲的目的是為了解決企業內部資訊流通及資訊管理的問題，經由建立一個集中的資訊倉庫，由不同的來源收集資料，配合資料分析軟體的分析，使這些資料可以存取使用，對決策者提供整體的資訊。資料超市所涵蓋的範圍比資料倉儲小，是依據特定的查詢模式，只提供一部分的資訊給予特定的使用者使用，以符合企業的特定需求，使決策支援的效率大幅提升。資料超市是資料倉儲的一個子集，所以一個企業可以有多個資料超市，但只有一個資料倉儲。

- **資料管理**（Data Management）：系統提供萃取、移轉及下載的工作，資料倉儲、資料超市的管理和索引。

7.5.2 企業資訊入口網站的功能需求

- **容易使用**：EIP 的目的是提供各種不同的使用者使用，必須適合廣大的使用者，因此容易使用是非常重要的。

- **動態性**：透過網站，使用者能夠經由目錄尋找資訊、發布資訊、查詢及分析資訊。

- **擴展性**：企業資訊入口網站應提供發布應用程式介面，使開發者容易整合新增加的應用程式。

- **全面性**：EIP 提供經由不同的來源，存取結構及非結構性的資訊。

- **客製化**：管理者可以構建網站的內容，如網站的外觀、頻道、可利用的來源及使用者的權限。

- **管理**：使管理者可以快速的管理和設定使用者介面，建立分類，建立權限，整合其他的來源。
- **安全性**：企業資訊入口網站提供許多不同的使用者使用，網站必須提供安全機制，確保資料的完整和私密。

7.5.3 企業資訊入口網站的效益

- **提升企業競爭優勢**：資訊是企業的一種財富，EIP 軟體可以尋找、萃取、結合企業內部及外部的資訊，同時分析資訊，給使用者需要的資訊，使工作更有效率。也可以降低成品本，增加銷售，更有效的運用資源，使公司更加敏捷，提升競爭優勢。
- **高投資效益**：EIP 軟體的投資成本較低廉，且容易維護，可以快速導入。
- **促進資訊資源的運用**：所有的使用者均可以存取資訊，是 EIP 應用程式成功的重要因素。企業要在適當的時間，對適當的人，提供適當的資訊。透過 EIP，提供適當的資訊給終端使用者，如企業員工、客戶、供應商等，促進資訊資源的運用。

7-6 協同商務

協同商務（Collaborative Commerce, C-Commerce）將是電子商務（e-Commerce）模式外下一個發展的方向。

協同商務的定義

企業、供應商、合作夥伴、客戶之間，使用電子化的合作互動，即時的網際網路溝通，合作社群互相分享及使用資料、知識、人力資源和流程。不論是企業的部門與部門之間，或是企業與企業間的商務往來，任何形式的協同（產品設計、供應鏈規劃、預測、物流、行銷等），都可以視為協同商務。協同商務是企業與企業，利用網路伺服器當中介者，經由線上交換，促進資訊的流動，來產生和維護商業社群之間的互動。即時的網路連結，使企業的合作夥伴，從物料供應商、製造商、物流者、顧客、員工可以分享資料、知識資源、人力資源等，產生極大的競爭力。協同商務可以加強已經存在的關係，培養客戶忠誠度，改善採購效率，增加供應鏈的能見度。協同商務期望建造一個沒有阻礙的商業流程，將企業的資訊及物料的流動同步化，增進效率，滿足顧客需求，進而提升企業的獲利。

協同商務與電子商務均為電子商業的元素。電子商務是經由電子媒體進行買（buying）或賣（selling）產品、資訊或服務。對於訂單配置、訂單履行（Order Fulfillment）、付款相關活動以外的活動，電子商務較少涵蓋。協同商務則跨越線上行銷和銷售以外的活動，包含在貿易夥伴之間，使用網路動態交換資訊，如產品設計和開發、供應鏈的運作和製造流程。協同商務理論的前提是參與的虛擬夥伴，互相合作來提升競爭核心、知識資產和企業流程。協同商務的主要目標，是將各個廠商對產品的知識結合在一起，來提升產品的品質與能力，並透過網際網路來縮短生產時間與距離，以取得快速進入市場的先機。

◉ 協同商務的功能

協同商務開始出現於 2000 年，逐漸使用於產品設計、供應鏈、行銷、銷售和製造的應用方面。在競爭的商業環境中，企業要快速回應，滿足客戶的需求。為達成目標，因此驅動協同商務的發展。協同商務是整合跨越企業之間，以產品為中心的商業流程，成為一個單一、封閉的一套軟體與服務。

協同產品商務的組成元素包括：電腦輔助設計／製造、電腦輔助工程、產品資料管理、企業資源規劃、供應鏈管理。

客戶關係管理協同商務導入案例，我們以聯電（UMC）為例：面對協同商務的興起，聯電早已完成整體的佈局，循序漸進的導入各項協同商務的應用工具。

- **階段** 1：供應鏈管理的導入與其他企業不同，聯電先導入供應鏈管理，而不是企業資源規劃。在 1997 年，聯電即導入 Adexa（前身為 Paragon Systems）的晶圓製造生產管理系統。在 1999 年，聯電導入 i2 的供應鏈管理，採用 i2 TradeMatrix 解決方案。
- **階段** 2：企業資源規劃的導入，在 2000 年 6 月，聯電採用 SAP 的 ERP 系統，導入 mySAP.com。
- **階段** 3：導入需求協同運作，訂單執行，需求協同運作可以協助聯電掌握客戶的需求，確保對於客戶出貨的承諾。線上接單的訂單執行系統，可以使客戶下單與訂單流程追蹤完全電子化。

聯電完成三階段的建置後，實現協同商務的理想，可以減少訂單確認的時間，提供與客戶互動的管道，掌握訂單處理狀況，滿足客戶的需求。

7-7 ERP 未來的發展

　　ICT 的日新月異，對市場結構產生重大的衝擊。企業為達到獲利的目標，也需要改變經營模式。全球化的競爭，任何公司都無法置身事外，企業要保持競爭力，ERP 系統已成為必備的工具而非致勝的利器。

- **中小型企業成為目標市場**：對中小型企業而言，資訊科技的資源及人員比較有限。部分尚未採用 ERP 系統，是因為 ERP 系統成本高。ERP 廠商在中型市場，已展開激烈的競爭，SAP、Oracle、PeopleSoft 和 Baan 開始強化產品，減少 ERP 導入的時間，提升 ERP 導入的成功機率。ERP 供應商經由縮短導入的流程，提供中小型企業等同大企業等級的服務，最主要的是降低價格，來提高中小型企業的意願。應用程式服務提供者的模式，將使得成本及風險大幅下降，中小型企業採用 ERP 系統的意願將會提高。藉由 ERP 的導入來，強化中小型企業的基礎並向電子商業的需求前進。因此，未來中小型企業將成為 ERP 供應商，全力追逐的目標市場。

- **電子商業（e-Business）加速推動 ERP 的進步**：網際網路的快速發展，新的交易模式興起，對企業產生重大的壓力。尤其是製造業，更面臨快速交貨的需求，因此推動企業必須將系統網路化。透過網路增進效率，時間就是金錢、就是利潤，準時交貨，即是增加競爭力。企業經由 ERP 系統收集資訊，和策略聯盟夥伴分享資訊。將企業的藩籬消除，促進資訊快速流動，掌握先機。採用網路化的 ERP 後端系統，更能符合電子商業的目標。

- **整合相關企業應用程式**：主要的 ERP 系統供應商正努力將產品網路化，並擴展到其他相關的領域。如：思愛普努力的轉型，1999 年成立 mySAP.com，並與 Commerce One 合作，成立 SAPMarkets，從事電子化採購和電子交易市集，進入電子商業的領域。企業可以透過網際網路和供應商、顧客合作，在主要功能方面提供企業流程自動化包含：企業資源規劃、供應鏈管理、客戶關係管理、電子商業、協同商務、商業智慧。ERP 為其他所有應用軟體的基礎，是電子商務的骨幹。以 ERP 為核心系統，整合其他相關企業應用程式，是未來的趨勢。經由 ERP 的導入，整合企業內部整體的所有資源，進而擴展其他的應用程式，協助企業在全球競爭的環境中，立於不敗之地。以 Web-Based 為根基的 ERP 商用套裝軟體，透過無所不在之網路，任何行動辦公室均可即時存取相關資料，讓 ERP 商用套裝軟體之效能與效率，更加發揮地淋漓盡致。

學習評量

一、問答題

1. 何謂 ERP？企業為何要導入 ERP？

2. ERP 是否為企業之萬靈丹？找找看相關報導，有沒那些公司因導入 ERP 而造成公司財務狀況變差，甚至被對手併購之案例。

3. 何謂協同商務？有何重要性？

4. 何謂 EIP？有何重要性？與 ERP 有何關係？

5. ERP 之未來前瞻性為何？

二、選擇題

1. （　）企業資源規劃，是將企業的所有資源做整合和規劃，以達到資源分配共享最佳化為目標。以下何者與上述之資源較無關？
   (a) 財務 　　　　　　　　 (b) 會計
   (c) 企業設備 　　　　　　 (d) 生產規劃

2. （　）ERP系統應用三層式的架構，並以關連性資料庫來儲存各種資料，以下何者不是？
   (a) 儲存層 　　(b) 展示層 　　(c) 應用層 　　(d) 資料層

3. （　）下列何者是根本重新思考，徹底翻新作業流程，以便在衡量表現的項目上，如成本、品質、服務和速度等，獲得戲劇化的改善？
   (a) SCM 　　(b) BBP 　　(c) ERP 　　(d) BPR

4. （　）下列何者是電子商業的骨幹？
   (a) SCM 　　(b) BBP 　　(c) ERP 　　(d) BPR

5. （　）下列何者不是 ERP 對企業的主要效益？
   (a) 構建資料倉儲能力 　　　 (b) 重新改造企業流程
   (c) 整合企業的後端系統 　　 (d) 提供決策支援資訊

供應鏈管理

8

CHAPTER

本章學習重點

- 供應鏈管理概論
- 供應鏈管理的目標與策略
- 企業導入供應鏈管理之策略
- 代表廠商：i2 Technology
- SCM 導入成功案例
- 政府/產業界推動臺灣產業界之 SCM-重要文獻回顧
- RFID

8-1 供應鏈管理概論

8.1.1 何謂供應鏈（Supply Chain, SC）

供應鏈是指產品由最初的原物料到半成品、及成品暨銷售給消費者間所有過程環節，換句話說，即是指原料、庫存、生產、配銷、售後服務等事項，以物品、資訊、資金的流動鏈結在一起。學者對供應鏈的定義如下：

- Christopher 的定義(1992)：一個由許多組織經上、下游所鏈結成的網狀架構，這些組織參與不同的流程與活動，而流程與活動的目的在於以產品或服務來增加價值。

- Ganeshan 和 Harrison 的定義(1995)：一個供應鏈是設備和配送的網狀組織，選擇表現在原料的採購、將原料轉換為成品或半成品和配送成品給顧客的功能。

- Jayashankar 的定義(1996)：由獨立或半獨立的企業實體所成立的網狀組織，由相關產品結合，共同擔負採購、製造、配送等活動。

■ Kalakota 的定義(2002)：供應鏈是從產品製造到傳送給顧客的一個流程傘
（Process Umbrella）。從結構的觀點來看，供應鏈是組織維持與原料來
源、製造和貨物運送的貿易夥伴之間複雜的網路關係。

供應鏈是所有參與的上、下游廠商，在物品、資訊、資金的流動的協調，將
物品、資訊、資金的流動鏈結在一起，成為一個強而有力的虛擬組織，如圖 8-1
所示，為供應鏈的架構。

資訊流

供應商　　　製造商　　　配銷商　　　零售商　　顧客

金流

圖 8-1　供應鏈(Supply Chain)的架構

供應鏈管理是使供應鏈最佳化的一個決策過程，包含管理計畫、執行和管制
目標的活動。透過精密的計算，設法以最低的總成本支出，製造出最符合客戶需
求的產品，並在最恰當的時機配送到適當地點。美國生產管理協會（American
Production and Inventory Control Society, APICS）的定義如下：

■ 連結橫跨供應商和消費者的團體，從最初的原料供應商，到成品交給最終
消費者的流程。

■ 功能是能在公司內部及公司外部增加價值鏈，生產產品及提供服務給
顧客。

供應鏈包含從原料到最後交貨給顧客，即是從供應商、製造、配送到顧客。
所有參與供應鏈的實體，對供應鏈所做的努力，均對供應鏈產生價值。

所以供應鏈管理主要是以整體的角度來看，強調的不是片面的溝通，而是所
有環節的整合（Integration），將其視為一個**供應共同體**（Supply Entity），並
對此供應共同體的經營產生一致性的策略，同時從顧客需求和市場導向中得到共
同的目標。

8.1.2　供應鏈的重要性

供應鏈是一個橫跨企業的組織，將產品或服務傳送給顧客。參與供應鏈的成員，必須互相信賴，共享利益。供應鏈管制產品製造和配送的速度。現今，顧客都趨向能有快速的訂單實現，也希望能夠快速的交貨。以產品製造的品質來說，大多數的廠商已經沒有什麼差距，所以產品能否快速的交貨，廠商能否快速回應顧客，將是保持競爭優勢的一項重要指標。

供應鏈結合上、下游的企業，共同擔負採購、製造、配送等商業活動。供應鏈管理主要是針對市場需求的變化，提供精準的預測能力，使企業及早掌握和部署，即時決策，即時供應，和市場需求保持同步運作。面對快速變動的市場，產品生命週期愈來愈短，競爭的壓力愈來愈大。企業以改進內部效率並不足以維持競爭力。供應鏈結合上、下游的企業，如能夠整合成為有效率的運作模式，可以降低循環週期，使生產和供應趨近同步。將可維持企業的競爭力於不墜。供應鏈的效益如下：

- 節省成本（Cost Down）、降低庫存（Reduce Inventory）。
- 提高交貨（Delivery）的準確性（Accuracy）。
- 提升整體生產力（Productivity）。
- 提供精準的預測（Forecast）。
- 分擔風險（Risk）及報酬（Feedback）。

8.1.3　供應鏈的演進

實體配送管理階段：供應鏈管理由物流管理邏輯發展而來，實體配送管理協會（National Council of Physical Distribution Management, NCPDM）在 1963 年成立，業者發現倉儲和運送之間的密切關係。實體配送管理階段整合倉儲和運送兩項功能如圖 8-2 所示，提供的優點為：

- 降低庫存。
- 更可靠的運送。
- 快速倉儲和運送，縮短訂單反應時間。
- 降低預測期間，提高預測的準確性。

■ 最佳化倉儲地點，提供更好的服務，同時降低成本。

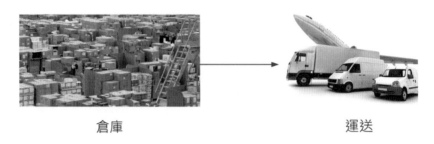

倉庫　　　　　　　　　　　　　運送

圖 8-2　實體配送管理階段

實體配送管理能夠改進不同層面倉儲之間的溝通，和提供更複雜的分析能力。更好的資料和分析能力，可以增進決策的能力。

■ **物流階段**：在物流階段，增加製造、採購、訂單管理的功能。由於電子資料交換（Electronic Data Interchange, EDI），全球化的通訊和電腦能力的進步，在儲存資料及效能分析方面，有極大的進步，如圖 8-3 所示為物流階段。

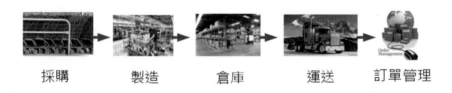

採購　　　製造　　　倉庫　　　運送　　　訂單管理

圖 8-3　物流階段

■ **整合供應鏈管理階段**：在供應鏈管理階段，加長供應鏈的長度。在來源端增加供應，再另一端增加顧客，成為具有多種功能的供應鏈。要處理如此複雜的功能，憑藉的是電子資料及資金的交換，寬頻的通訊，提供規劃和執行的決策支援系統（Decision Support System, DSS），如圖 8-4 所示為整合供應鏈管理階段。

是什麼推動供應鏈管理的進步呢？最主要是 ICT 的革命發展，使資訊打破傳統的障礙，以更快速、準確的傳送給供應鏈的每個參與者，至世界各個角落。即時、豐富的資訊，可以提供複雜的分析，提高決策能力。

圖 8-4　整合供應鏈管理階段

8-2 供應鏈管理的目標與策略

8.2.1　供應鏈管理的主要目標

供應鏈管理的主要目標是在適當的時間，以最低的成本，製造出適當數量的產品，零庫存是 SCM 的最佳境界，如圖 8-5 為供應鏈管理的主要目標。適當的產品及適當的數量即是生產的彈性。適當的數量與適當的時間影響的是交貨的可靠性。適當的時間與最低的成本為影響交貨時間的因子，交貨的可靠性與交貨時間會影響客戶的滿意度。

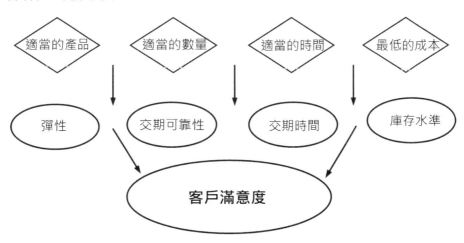

圖 8-5　供應鏈管理的主要目標

8.2.2 供應鏈管理的策略

通常把供應鏈管理的決策區分為三個層級，如圖 8-6 所示為供應鏈管理的決策層級，其區分為三個層級。

- **策略層**：為長期的決策，主要的決策項目為地點、生產、庫存量、物流。結合合作策略，和依據供應鏈的方針來決定。

- **戰術層**：為中期的決策，如需求預估、生產計畫、物料需求計畫、配銷和物流計畫。

- **作業層**：為短期的決策，以逐日的活動為基礎。

圖 8-6 供應鏈管理的決策層級

8.2.3 供應鏈管理的系統

供應鏈管理是從需求的預測、供給的規劃，到原物料的管理、製造、配銷、運送、庫存、銷售的整體管理。供應鏈管理的架構大致分為供應鏈規劃（Supply Chain Planning, SCP）及供應鏈執行（Supply Chain Execution, SCE）。

- **供應鏈規劃**：供應鏈規劃包含客戶、企業及供應商之間一連串的活動。如對買方預測的反應，或是企業內部的預測，規劃企業在不同時期的需求計畫，使供給及需求達到平衡，使企業的資源做最有效率的運用，達到滿足客戶對訂單的需求及使企業的獲利最佳化。

  供應鏈規劃的模組又分為供應鏈設計（Supply Chain Design）、先進規劃與排程（Advanced Planning & Scheduling）、需求規劃（Demand Planning）、供給規劃（Supply Planning）及允交系統（Available-to-promise）。如圖 8-7 所示為供應鏈規劃的模組。

圖 8-7　供應鏈規劃的模組

- 供應鏈設計：依據企業目標、客戶需求及管理成本，設計供應鏈。即規劃生產工廠、配銷中心、倉庫及供應商之間位置、數量及連結的關係。

- 先進規劃與排程：依據訂單或企業所設定的銷售計畫目標，並考慮整體的供需狀況，進行生產計畫及供應的規劃，達成供給與需求的平衡。排程規劃是以生產計畫為依據，擬訂在特定時間內，完成特定數量的產品。

- 需求規劃：依據顧客的訂單及生產的歷史資料，利用數學模式的運算，預測客戶未來的需求。對供應商的異常供應狀況提出預警，並對銷售、行銷、物料的狀況同步追蹤。

- 供給規劃：使物料計畫能依設定的目標執行，管理產品生命週期（Product Lifecycle），並與生產計畫結合成為動態的供給物料。

- 允交系統：企業依據原物料、庫存、和生產排程的狀況，即時、精確的計算交貨時間。評估企業對訂單交期的履行能力，滿足客戶的需求。

- **供應鏈執行**：供應鏈執行是涵蓋在實體的供應鏈中。如輸入訂單、追蹤訂單、更新庫存…等，將供應鏈計畫轉換成為實體的工作。供應鏈執行是以有效率及成本管理的方式，履行客戶對產品的需求，如圖 8-8 所示為供應鏈執行（SCE）的模組。

圖 8-8　供應鏈(SCE)的模組

供應鏈執行的模組分為**訂單管理**（Order Management）、**配送管理**（Distribution Management）、**倉儲管理**（Warehouse Management）及**運輸管理**（Transportation Management）。

- 訂單管理：由接到客戶訂單、訂單輸入及處理、訂單履行的整體流程中，管理及分配資源，履行客戶訂單的需求。

- 配送管理：依據需求規劃、生產規劃及庫存的狀況，管理補貨的時間及數量，達成快速回應（Quick Response, QR），以滿足客戶的需求。

- 倉儲管理：從倉庫運送至生產地點、配銷地點，或從生產地點、配銷地點運送至倉庫的收料、儲存及運送活動。即管理和監控物品的入庫、存貨、出庫及運送等相關活動。使供應鏈庫存量降至最低，達成高效率的倉儲管理。

- 運輸管理：負責規劃物料或成品的運送，建立出貨排程與路線、追蹤出貨，並管理運費成本。

8-3 企業導入供應鏈管理（SCM）之策略

　　不論是國內外的企業都對 e 化有著一種盲目的追求，就舉供應鏈為例，大家都會以為只要企業導入 SCM 就一定能夠獲利，然而其實 SCM 會使其節省成本不保證能獲利，但是如果不導入 SCM，在全球化科技進步如此快的時代，必然會失去競爭力；現代企業的競爭，已從製造商與製造商，轉變為供應鏈和供應鏈之間的競爭；企業要能夠獲利且節省成本，必須串連從上游供應商、製造商、行銷

夥伴、銷售通路的**價值鏈**（Value Chain）進而達到**庫存量近零**（Zero Inventory）的美麗境界。

　　企業在導入供應鏈的過程首先必須要了解企業內部，簡單來說是要做事先的評估。除了可利用一般企業成本分析、策略分析等方法，還要清楚知道本身在整體商業環境中之立足點及優缺點，電子化之程度以及估算導入供應鏈所需花費之成本和效益之外，最重要的還是必須要確實定位企業未來的發展方向。而這項工作又可以分為四個重點：

- 首先要能發現目前最大弱點，將企業的獲利目標以現有業績和能力作比較，針對此尋求較適合的解決方案，以期能迅速提高競爭力。

- 導入供應鏈的關係者並不是只有企業本身，最好能與關鍵客戶和供應商一起評估新技術和競爭局勢、全球化，建立起供應鏈的目標。

- 在導入的過程中必須對此過渡時期制定因應策略，同時探討及評估企業能否接受這種過渡時期的現實條件及承受來自內外的壓力。

- 有了因應方案後，必須根據此給予所需資源和訊息，並著手規劃長期的供應鏈結構，除了將企業、客戶和供應商正確定位在所建立的供應鏈中，也要強化企業內部和外部的產品、信息和資金流的流通順暢，並注意供應鏈的重要領域，如庫存、運輸等環節，以提高質量和生產率。

　　供應鏈管理的目標短期是降低成本、提高產能、減少庫存，而長期目標為提高獲利，擴大市場佔有率、增加顧客滿意度。而供應鏈管理最重要的是在建立上下游的所有廠商互信的基礎加強合作並形成一個動態性的交易網路，除了擁有共同產品生產計畫及資訊共享進而達到滿足顧客需求。在企業對企業間，上游對下游廠商之關係將會演變至今日能協調供應鏈上之各項工作與共同合作。

　　此外企業內部也應完善規劃顧客關係管理、企業資源管理、企業資源規劃，讓供應鏈三方（供應商、企業和客戶），可以在無所不在網路上獲得即時的訊息。日商 Panasonic 於 2021 年併購此公司，將加速自主性供應鏈（Autonomous Supply Chain）之發展，廣泛加入工業物聯網、人工智慧，智慧物流（Smart Logisitics）等元素至組織企業應用程式。

8

供應鏈管理

8-4 代表廠商：i2 Technology（BlueYonder）

i2 是全球供應鏈管理軟體的領導廠商。1988 年，山吉希篤（Sanjiv Sidhu）和肯夏馬（Ken Sharma）在美國達拉斯成立 i2。山吉希篤出生於印度，1980 年到美國奧克拉荷馬州立大學就讀，獲得化學工程的學位。畢業後，在德州儀器公司的人工智慧實驗室服務。肯夏馬是山吉西篤在德州儀器公司的同事，從事程式設計的工作。山吉希篤觀察到，當必須做決策時，同時遇到許多個變數，即使是相當聰明的人，也會受到矇騙。於是他提出以人工智慧為基礎，來設計軟體和高等模擬技術。這個軟體採用真實的限制和變數，來做計畫決策，大幅的改進德州儀器（Texas Instruments, TI）生產流程的管理。i2 Technology 也不斷與時俱進，經歷轉型與合併，而變成今日之 BlueYonder。

圖 8-9　BlueYonder 的首頁 (資料來源：http://www.blueyonder.com)

i2 成立的目標，是依據企業的狀況，加速生產計畫的推展及提高生產計畫的準確度。i2 的供應鏈管理解決方案，整合預測、計畫、執行等各個方向。i2 已經

成功的導入上萬個解決方案,顧客包括德州儀器、3M、IBM、福特汽車、戴爾電腦、可口可樂等,在臺灣的客戶包括英業達、華碩、合勤科技、華新麗華等。

i2 價值鏈解決方案的元件

- 供應商關係管理(Supply Relationship Management, SRM)。

- 供應鏈管理(Supply Chain Management, SCM)。

- 客戶關係管理(Customer Relationship Management, CRM)。

- i2 Content。

- i2 TradeMatrix Platform。

- TradeMatrix Open Commerce Network。

i2 價值鏈解決方案(Value Chain Solutions)提供

- 複雜的電子商業解決方案。

- 建造私人的和公共的電子交易市集平台。

- 在重要產業提供產品和供應商的 Content。

- i2 Supply Chain Management(i2 SCM):i2 的供應鏈管理是一套決策支援解決方案,整合企業內部流程,對顧客及供應商,提供全球競爭所需要的透明度和速度,同時縮短產品生產週期及訂單前置時間。使用 i2 SCM solution 所產生的效益為:降低庫存、增加顧客滿意度、增加營收、生產量提高、營運成本降低。

i2 SCM 的解決方案

- **策略計畫**:策略計畫的目標是設計供應鏈產生最大的效益,並確保供應鏈已經計畫和執行且產生效益。策略計畫提供戰略和戰術計畫決策的能力,包含下列的功能:
  - 檢驗未來和最佳工廠位置的能力。
  - 決定工廠的產能。
  - 設定配送中心來滿足目標市場。
  - 使用主要效能指標來檢驗供應鏈的能力。

- **需求管理**：需求管理是基於滿足顧客及地域性，管理產品未來需求的預測和需求的影響。準確的預測需求困難度很高，有效的使用先進預測工具，可以使預測的準確度提高。與供應鏈的夥伴協力合作，定期檢討，對未來的需求提供較準確的預測。

- **供應管理**：配合可利用的供應來源，達成需求管理所決定的需求優先次序。
  - 決定配銷、製造地點及產量、運輸。
  - 決定庫存的數量及地點。
  - 計畫分配，即決定需求的優先次序。

- **履行計畫**：履行計畫對顧客訂單提供快速準確可靠的交貨日期。
  - 計畫和承諾訂單，可以即時的評估所有的限制。
  - 跨越不同的供應鏈來管理訂單。
  - 由多重的供應商追蹤多重的訂單項目，如同單一訂單。
  - 最終產品的交貨如同最初的承諾。
  - 即時偵測訂單例外情況，監視和報告整個履行網路。

- **服務**：增加顧客滿意度和營收，同時降低所需要的服務資產。產品元件如下：
  - i2 TradeMatrix Service Parts Planner：零件自動庫存計畫的解決方案模型。
  - i2 TradeMatrix Budget and Space Optimization。
  - 在多層供應鏈網路內，決定零件庫存水準，並延伸至服務零件計畫。

8-5 SCM 導入成功案例

8.5.1　戴爾電腦

　　戴爾電腦是全球市場佔有率排名極高的系統公司，全球共有四萬多名員工。在企業用戶、政府部門、教育機構和消費者市場方面，戴爾電腦是伺服器、電腦產品是領導供應商。1984 年，戴爾電腦公司在美國德州的奧斯汀（Austin），由邁可戴爾（Michael Dell）創立，他的簡單經營理念是，直接銷售電腦給客戶，並迅速的提供最有效的解決方案，這使戴爾有效及明確地了解客戶的需求。

戴爾於 1994 年推出 www.dell.com 網站，並自 1996 年 7 月份加入全球網路線上銷售，營業額快速成長。戴爾的網站提供產品線上展示、線上訂做搭配組裝、線上報價、線上購物與請求協助等功能。顧客們可以透過網站評估不同的系統配置，並立即獲得報價和技術支援和從網路上下單訂購產品，如圖 8-10 為戴爾電腦公司的首頁。

圖 8-10　戴爾電腦公司的首頁 (資料來源：www.dell.com)

戴爾透過這種直銷的業務模式，直接與大型跨國企業、政府部門、教育機構、中小型企業以及個人消費者建立合作關係。使戴爾成為目前全球領先的電腦系統直銷商，同時也是電子商務基礎建設的主要領導廠商。戴爾專門設計、製造並提供符合客戶要求的產品與服務，亦供應種類廣泛的軟體及周邊設備。

戴爾成為市場領導者的主要原因，是戴爾透過直銷模式，傾聽客戶最直接的需求，為客戶直接提供全方位的服務。戴爾的關鍵成功因素是建立了一套快速而有效的客戶回應系統。其次為戴爾去除中間的利潤，提供具競爭力的價格，戴爾對於客戶的需求與採購決策均能準確的掌握。

　　導戴爾電腦最讓人讚賞的是高效率「接單後生產」（Build to Order, BTO）的商業模式。在 1997 年 5 月，戴爾採用 i2 RHYTHM 的解決方案，來改善庫存計畫、預測和執行。i2 RHYTHM 目前改為 i2 TradeMatrix 供應鏈管理。i2 TradeMatrix SCM 的解決方案具有很大的彈性，能符合現在及未來的需求。採用此解決方案，使戴爾的供應商及物流供應中心（Supply Logistic Centers），對長期及中期的物料需求，提供全球化的觀點。戴爾的員工可以經由網際網路，監視供應鏈中的不同階段的狀況，如物料需求、庫存狀況、工廠排程等。戴爾在全球的生產運作分為四個區域：①美洲區、②歐洲、中東和非洲區、③亞洲（太平洋、日本區）、④中國區。

　　i2 TradeMatrix 供應鏈管理，使戴爾主要的供應商上線，並透過物流供應中心（SLCs），提供庫存管理及選擇最近的生產工廠，確保準時的物料需求。戴爾電腦採用 Windows NT 的架構導入 i2 的模組，分為全球供應計畫（Global Supply Planning）及需求履行（Demand Fulfillment）兩個方面。

- 全球供應計畫方面
  - i2 TradeMatrix 供應鏈計畫者（Supply Chain Planner）：建立供應商原料預測（Supplier Material Forecast），並使用活動資料倉儲（Active Data Wareh ouse）及資料倉儲來支援 SCP 模組。
  - i2 TradeMatrix 協同計畫者（Collaboration Planner）：對戴爾的供應商之物料需求，提供全球化 Internet-based 的觀點。

- 需求履行方面
  - i2 TradeMatrix 工廠計畫者（Factory Planner）：依據需求的優先順序、產能、物料等條件，建立工廠製造排程。透過 TradeMatrix 協同計畫者，與物流供應中心溝通工廠所需求的中間原料。
  - 實行效益：在需求履行方面，i2 TradeMatrix 工廠計畫者每兩個小時重新計算生產排程一次。使戴爾的供應商及物流供應中心，能在特定的時間，交付正確的數量及正確的物料給予特定的工廠。

　　戴爾電腦藉由 i2 TradeMatrix 供應鏈管理解決方案的導入，即時的提供整體供應鏈資訊、加速生產、降低庫存。戴爾電腦正持續的降低成本，提供顧客最有競爭力的產品。

8-6 政府／產業界推動臺灣產業界之 SCM — 重要文獻回顧

8.6.1 產業自動化及電子化推動方案

Internet 的興起，企業對於 e 化的需求大量增加，行政院鑒於推動 B2B 電子商務對提升產業競爭力之重要性，一方面繼續推動國家資訊基礎建設（National Information Infrastructure, NII），從事網路建設、教育及法制等各方面，同時將原核定之「產業自動化計畫」擴大為「產業自動化及電子化推動方案」，除繼續推動生產、倉儲、運送及銷管四方面之自動化工作外，並選擇重要行業，積極推動供應鏈及需求鏈的電子商務。

早在 1999 年規畫、2000 年推廣、2001 年開始執行，藉由經濟部技術處對此方案的推動，提升臺灣的產業競爭力，建立臺灣成為以電子商務為導向之產品運籌中心。

◉ 目標

- 推廣五萬家企業、二百個體系以上，深入應用 B2B 電子商務，提升產業競爭力，其中至少 80% 為中小企業。

- 優先完成資訊業 B2B 電子商務示範體系。

- 針對目標產業，積極發展產、儲、運、銷模組及其整合技術，建立示範點四十處；另於五年內自製造業、商業、金融證券業、農業及營建業等產業，輔導二千家廠商建立整體自動化之能力。

◉ 推動策略

- 由民間部門主導產業自動化及電子化之發展，政府應盡量減少限制，但應積極建置電子商務所需之法制環境及網路建設。

- 政府應與國內外大企業共同努力，以提供技術服務、人才培訓、獎勵措施及制度面的建立等方式，引導中小企業積極參與。

- 由政府部門率先建構在網路上採購及提供資訊之機制，以帶動相關產業之參與。

- 以資訊業做為推動之標竿，規劃完整之整體推動計畫，並藉推動實務過程解決相關問題，建立推動模式，再推展至各重點行業，相關之硬體建設、法令建置及金融、賦稅配合措施，應配合標竿計劃之時程同時完成。而資訊業電子化-標竿計畫：資訊業電子化的目標為建立資訊業企業間產品供應鏈電子化作業能力，以提升我國資訊業競爭力。資訊業電子化計畫實施期間自民國 88 年 7 月 1 日起至 90 年 12 月 31 日止。

資訊產品採購商，在臺灣年採購金額達 15 億美元以上者，可結合國內資訊業之重要廠商、國內電子化服務業者組成供應鏈體系，提出電子化 A 類計畫。國內資訊產品或關鍵零組件之供應鏈主導廠商，其年營業額達新台幣 100 億元者，可結合國內資訊產品零組件供應商組成供應鏈體系，提出電子化 B 類計畫。

目前除了依據「國家資訊通信發展方案」持續執行產業電子化 C、D、E 計畫外，並依據「挑戰 2008 國家發展重點計畫」，政府擴大輔導產業參與並推動「產業協同設計電子化計畫」及「產業全球運籌電子化深化計畫」。產業電子化計畫又分為以下幾個計劃：

- **國際 PC 大廠採購 A 計畫**：資訊業電子化 A 計畫的具體落實，可將臺灣推向全球電子採購應用的領先地位，進而建立臺灣成為全球運籌中心。A 類計畫促成資訊產品採購商結合國內資訊業，組成供應鏈體系三至五個，帶動每年採購資訊產品約 150 億美元。此計劃原有康柏（Compaq）、惠普（HP）和 IBM，而康柏（Compaq）、惠普（HP）已合併為新惠普。

- **臺灣資訊業供應鏈 B 計畫**：B 計畫的目標為建立資訊業企業間，產品供應鏈電子化作業能力，提升我國資訊業競爭力。建立國內資訊業二十至三十個供應鏈體系，帶動兩千五百家中小企業，建立電子化作業能力，解決我國推動產業電子化各項環境面，並做為其他產業推動模式之參考。**電子採購**（e-Procurement）能夠使其效率提升、節省人力和時間成本、降低庫存，更能達到資訊的透明度。

當時選定 15 家系統組裝廠商為計畫中心廠，參與廠商如下：宏碁（及現在的緯創）、神達、仁寶、華通、微星、誠洲、華宇、致伸、新寶、大同、英業達、大眾電腦、台達電子、倫飛等。導入 A、B 計畫則可藉由供應鏈的資訊流將採購、接單、生產規劃等核心業務留在臺灣企業總部。A、B 計畫約於 2001 年底結案，後續將延伸 A、B 計劃成功的模式，在 2002 年起推動金流（Cash）、物流（Delivery）、協同設計（Engineering Collaboration）計畫。

- **金流電子化（Cash, C）計畫**：為產業電子化金流服務，繼 A、B 計畫後，希望能解決供應商與製造商間，線上金流交易機制的問題，節省廠商收款的時間和縮短不必要的程序，可以大幅提升製造商處理訂單的速度，C 計畫主要是串連 PC 大廠與其供應商之間的金流、資訊流系統的計畫。目前參與之銀行大致有：世華銀行的「B2B 商務運籌網」、中國國際商銀的「中銀產業運籌全球金融網」、富邦銀行的「富邦產業運籌金流」，及中國信託、大眾、華銀、一銀、彰銀、遠東等九家銀行推行 C 計畫。

  所建立之金流與資訊流整合運作模式，將會推廣至國內所有銀行及具備電子化作業之中心體系，將 C 計畫原先預設的先行導入示範意義，逐步達到全面擴散的效益。將會提供產業所必需具備的共通金流服務，只要利用線上融資的服務，會更快速取得所需資金，在交易流程任一階段都能即時取得融資。

- **物流電子化（Delivery, D）計畫**：由國內外客戶、國內資訊製造大廠、下游零組件供應商、物流業者如貨運、承攬、運輸等業者，利用 D 計劃解決國內外複雜的運送及通關作業，增加貨物的時效性。雖然 A、B 計畫的成功（因為具有相關的作業流程），但由於 C、D、E 計畫會牽涉到不同的產業面再推行起來有一些困難度如電子資料交換（EDI）的格式標準。將會透過 RosettaNet 標準將企業端以及物流業者之間的系統進行串聯。因此在物流電子化的環境下，企業除了可將進出貨資料及流程直接轉換為 e 化文件也可與物流業者進行資料的雙向傳輸之外。

  參與廠商如資訊廠商：中環的「中環運籌管理電子化計畫」、華碩的「ASUS E-Logistics System 華碩物流金流全球運籌電子化計畫」、大同公司、及神達、倫飛、新寶、華宇、大眾、英業達、台達電、國巨、精英、IBM、HP、及 Compaq 等二十多家廠商；及物流業者：為航空、海運及報關，如長榮航空、中華航空、陽明海運、鴻天運通、關貿網路等業者。

- **協同設計（Engineering Collaboration, E）計畫**：E 計畫，是再把臺灣資訊業往更高一層「設計中心」推進。藉由「資訊業全球運籌 E 化聯盟」的成立，可以整合 A、B、C、D 計畫的體系，以前都是由客戶提出設計好的規格，雙方經過完善的討論後再開始研發客戶所需的產品。然而現在透過 E 計畫採同步工程（Current Engineering, CE），在線上可以直接就設計藍圖討論，進而縮短進入量產時間的落差；在這過程中，製造商將不再只是製造商，而是跨越一步成為半個研發團隊，由製造能力提升至協同設計，

但這牽涉到製造商與客戶間的往來是商業機密，因此，與之前幾個計畫相比，E 計畫在推動上時間較長、規模較小。儘管推動更為困難，但從代工製造（ODM）升級到協同設計之路，是不可避免的趨勢。

8.6.2　重要案例回顧：台威（TaiWeb）計劃及 IBM 之採購電子化計劃

台威計畫為首次建置於美國境外，以臺灣為中心的全球第一的電子供應鏈體系。康柏（Compaq）公司在 1982 年成立於美國德州休士頓。1994 年，以 109 億美元的年銷售額，成為全球最大的個人電腦供應商，並先後併購天騰（Tandem）和 Digital 公司，這兩次的併購使康柏公司實力大增。

康柏電腦臺灣分公司自 1995 年 6 月設立，業績年年大幅成長。臺灣康柏在 1999 年 3 月啟用「七天二十四小時客戶服務中心」，為分散全省各地的客戶提供專業與即時諮詢服務。讓 80% 的客戶問題都可以在兩小時內解決，20% 的問題經由到場或送修方式，並在二十四小時內給予解答。康柏在臺灣的主要企業客戶層涵蓋各大產業，如台積電、聯電、英業達、中華電信、臺灣大哥大、遠傳等。

康柏在台的採購產品內容有：筆記型電腦、桌上型電腦、數據機、光碟機、主機板、機殼、顯示器、連接器、半導體元件等等。自 1994 年起，每年在台採購金額均呈高幅成長，1999 年更以 70 億美元的總採購金額，成為外商在台採購之冠，2000 年的採購金額更高達 90 億美元。

但是康柏 2002 年結合 HP 惠普，更名為新惠普，這樣的企業合併，經由科技資源整合後不但擴大服務領域，新惠普成為全球解決方案、專業服務、資訊科技產品、技術的領導供應商。

◉ 推動策略

康柏為配合行政院經濟部推動資訊業電子化「A 計畫」，協助國內廠商與國際客戶的密切結合，掌握速度與產業脈動，提升企業競爭優勢，因此推動 e 商網台威計畫（TaiWeb）。台威計畫為首次建置於美國境外，以臺灣為中心的全球第一的電子供應鏈體系，來加速提升臺灣資訊業的競爭力。

台威計畫是國內第一個專屬、優化的臺灣供應鏈管理樞紐中心，更提供臺灣供應商直接的參與康柏的協同合作。台威計畫目的是要做體質的改善，強化夥伴

關係，建立電子供應鏈體系。藉由此計畫改善體質，解決國內廠商與全球客戶的採購系統，增強與供應商的合作，降低供應鏈的成本，確保康柏與國內供應廠商的共同競爭優勢。

台威計畫之內容：Compaq 台威計畫是針對臺灣產業量身訂作、涵蓋整體供應鏈運作的系統，對國內廠商與全球客戶的採購系統整合將有極大的助益，最大的改變是生產模式由「接單前」改為「接單後」生產。內容包括：

■ 供應商關係管理系統（Supplier Relationship Management, SRM）：輔導供應商體質檢查與需求分析，了解供應商的需求。

■ 需求與採購協作體系（Demand & Supply Collaboration）：

● 包含線上需求變動及重大差異預警。

● 提供線上需求變動與供應商及時回應功能，使供應商能及早反應市場的變動。

● 重大差異預警功能，及早反應缺乏物料或預測過高的狀況，確保商機並減少不必要庫存的成本負擔。

■ 產品設計協作體系（Design Collaboration）主要包含三個項目，線上 BOM 資料交換、線上工程變更管理、線上報價與價格分析。

● 透過產品文件管理連結設計與製造，做線上 BOM 資料交換，提高與 OEM、ODM 供應商對產品設計元件的透明度，改進產品開發的效率與速度。

● 線上工程變更管理，為確保工程變更能更有效地執行，改善產品工程變更與設計變更於上下游間的作業效率，以避免不必要的庫存浪費。

● 線上報價與價格分析，改善報價的效率，掌握元件價格的波動；減少報價的人為錯誤；掌握元件價格更動對於所有產品線之影響。

● 除了透過元件供應管理（Component Supply Management, CSM）外。也透過企業資源規劃（ERP），連結製造與採購。

■ 大宗元件管理系統（Commodity Management）包含全球優化定價（Global Leveraged Pricing）、成本節省與衡量、線上競標系統（Auction）等。

● 全球優化定價，透過康柏全球整合採購的力量，壓低供應商進料的成本。成本節省與衡量，藉由衡量與分析各元件的成本，以有效地降低物料成本，確實掌控物料的真正成本。

- 線上競標系統，透過公開的競價，確保供應商的商機，提供消化過剩庫存的管道。

■ 台威計畫之導入，台威計畫在執行上分為三個階段進行：

- 第一階段：台威網站 SCM Hub Center 上線暨輔導供應商體質檢查及需求分析以落實供應商關係管理系統。

    第一階段的輔導供應商體質檢查及需求分析，共有十家廠商參與，包括誠洲、華宇、仁寶、台達電子、大眾電腦、鴻海、英業達、源興、神達及廣達等，已於 2000 年 6 月完成初步作業。

- 第二階段：產品設計協作體系，於 2001 年 3 月建置完成。

- 第三階段：需求與供給協作體系與大宗元件管理系統，2001 年 9 月完成。

■ 採用 RosettaNet 標準：台威計畫在 2001 年 4 月宣布導入 RosettaNet 電子商務標準，並以此標準完成與供應商台達電子的訂單管理流程系統。RosettaNet 是為解決高科技產業供應鏈的商業流程標準化而制訂的，目的在解決電腦業、電子元件業及半導體業的交易流程標準問題。

加入台威計畫的供應商導入 RosettaNet 標準後，預期供應商可獲得的效益，包括提升電子商務流程交換效率、跨企業自動流程整合，以及在與一家商務夥伴上線後，可在最少資源投入下，擴展到其他商務交易夥伴，且後續導入的成本會大幅減少等。

■ 台威計畫的效益：台威計畫著重開放性架構，有利於國內業者之參與及推動，可加速企業競爭力之轉型與提升。台威計畫可增強從產品設計到品質管制之即時互動能力，對訂單之爭取產生直接助益，預計產值總效益逾百億美元。供應鏈體系所帶來之成本效益，上線後廠商的成本節省，初估在實施產品設計協同作業後，就可節省 1% 的成本，預估康柏每年至少可節省 2 億美元之供應鏈成本。

2000 年 7 月下旬，台威計畫正式進入第一階段，即供應商關係管理系統。2001 年 3 月，產品設計協作（Design Collaboration）體系上線。2001 年 9 月，需求與供給的協作體系與大宗元件管理系統也上線。台威計畫不但超越預定進度，更大幅領先業界，顯示康柏電腦在供應鏈管理及運籌系統上的技術優勢。台威計畫的導入可確保康柏與國內供應廠商的共同競爭優勢，台威計畫是資訊產業電子化的最佳典範。

　　IBM 成立於 1911 年，在全球 164 個國家設有分公司，全球員工約 35 萬人。臺灣 IBM 公司成立於 1956 年，約共有 1,400 名員工，主要營業項目有產品採購、關鍵零組件業務、委託設計與製造、技術授權、資訊產品及服務業務。擁有設計、開發及製造等較發達的資訊技術，除了電腦系統、儲存設備，還包括軟體、網路系統等。同時也提供電子商業（e-business）解決方案，並針對中小企業、金融、製造、流通業、政府等產業，提供專業諮詢服務。IBM 定位在廠商合作者、平台開發者、技術解決方案提供者三種角色，IBM 不僅是硬體方面的傑出領導廠商，更是具有全球有應用軟體整合能力（Application Integration）的廠商。

- 電子化採購計畫：經濟部推動資訊產業電子化採購計畫（IBM e-procurement），臺灣 IBM 公司在 1999 年 9 月率先取得 A 計畫專案核准。在 2000 年 7 月，完成五個應用系統上線。到 2001 年 5 月為止，為二十家參與廠商節省超過新台幣 7 億 5 千萬元的支出。

　　IBM 動員全球資源，歷時一年六個月，在 2001 年 7 月率先完成臺灣第一個電子化 A 計畫，大幅提高與國內廠商採購作業效率。計畫建置包括網路招標、設計圖電子介面交換、電子化訂單作業、圖形化品管系統、電子供應鏈整合等五個電子採購應用系統。參與廠商包括宏碁電腦、台達電子、廣達、環隆等二十家。

- IBM e-procurement 的效益：臺灣供應商藉由電子化採購的建置，進一步可將產業根留臺灣，加速刺激臺灣電子化的成長。對 IBM 而言，可降低對臺灣產品的採購成本，也讓 IBM 與臺灣資訊廠商更加緊密結合。

　　電子化採購計畫可大幅減少供應鏈體系內廠商在研發、庫存、營運等方面之成本，預估節省之金額每年約新台幣 20 億元以上。對我國資訊業廠商可大幅提升整體採購效率。

8-7 RFID—SCM / GLM / Industry 4.0 / Smart Logistics 的明日之星

　　RFID（Radio Frequency Identification）System 無線射頻辨識系統，是最近在 ICT 應用議題上相當熱門之議題。RFID 透過無線電訊號識別目標並讀寫數據，正逐漸取代傳統之條碼（Bar Code），RFID 在 SCM 的運作過程中將更為便利，同時也會大大提昇 SCM 的運作績效。

根據相關研究文獻指出 RDID 為本世紀十大重要技術項目之一，認為 RFID 是人類在科技發展上之重大進展，RFID 極可能改變以往人們消費方式的行為。而從技術面切入，RFID 系統架構可分為電子標籤、掃讀器、系統應用軟體三大部分，如圖 8-11 所示。而圖 8-12 則為具有 RFID 電子標籤功能之衣服標籤，而且可以下水洗滌，顛覆一般人對電子相關產品之認知。

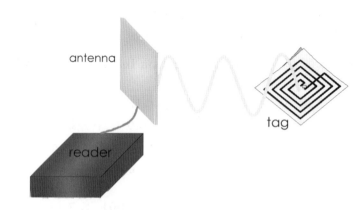

圖 8-11　RFID 系統架構中之電子標籤(Tag)及掃讀器(Reader)
(資料來源：http://www.rflibrary.com)

圖 8-12　具有 RFID 電子標籤功能之衣服標籤，而且可以下水洗滌
(資料來源：https://www.rfidtagworld.com/products/RFID-Public-Tag-Label_1569.html)

RFID 系統具有非接觸式讀取、資料可更新、以及資料容量更大的儲存特質並可重複使用，並可同時讀取多個辨識標籤及資料安全性等優點，預計未來幾年內將取代目前所使用之條碼資訊辨識系統。RFID 晶片基本上可說是高科技條碼，可隔著一段距離、甚至隔著箱子和其他包裝容器掃瞄裡面的商品。供應鏈系統提供者指出，RFID 技術是大幅提昇供應鏈效率的關鍵成功因素。如圖 8-13 所示，為 RFID 系統之應用於日本高速公路電子收費系統。

圖 8-13 RFID 系統應用於臺灣高速公路 ETC 電子收費系統
(資料來源：https://www.cool3c.com)

　　RFID 已經實際運作在醫院中之醫療管理系統，如 SARS 病患手上戴有 RDIF 之手環，當該 SARS/COVID-19 病患入侵到不允許之區域（Zone），則預警系統暨防護機制便會啟動，如圖 8-14 所示。在國外，獄中之罪犯，賦與 RFID 之管理機制，不僅給囚犯更大的人權空間，在控管上更如虎添翼。RFID 目前已經廣泛地應用在生產自動化管控、供應鏈產業運輸監控、航空行李監控轉運、倉儲管理及圖書管理自動化…等，發展空間持續擴大。

圖 8-14 病患手上戴有 RFID 之手環
(資料來源：http://www.alliancegroup.co.uk/healthcare.htm)

　　美國零售業龍頭 Wal-Mart 於 2005 年 1 月起開始要求旗下前 100 大供應協力廠商開始採用 RFID 系統，就在此時，IBM、Microsoft、Home Depot、CVS，與 Target 等國際大廠亦宣稱將使用 FRID 辨識系統，可見大勢所趨。

　　當然國內相關業者研究單位也熱衷投入 RFID 相關研究領域，工研院（www.itri.org.tw）在經濟部技術處科技專案的大力支持下，與國際合作導入最先進的高頻無線射頻設計技術，開發出符合 ISO 18000 標準並掌控關鍵技術

（know-how）之高頻 RFID 晶片，該晶片為可同時使用於 UHF 與 2.45G Hz 頻段，工研院也推出符合國際標準之高頻電子標籤，擠入全球五大高頻電子標籤供應者。服務業在臺灣目前中小企業中佔有舉足輕重的地位，RFID 關鍵技術之開發在經濟部技術處科專計畫支持下，已達到國際領導水準，預計希望藉此技術之推廣，帶動國內相關產業再度起飛，經由既有的科技與管理技術整合，配合科技創新與管理技術，共創國內 RFID 產業高峰。

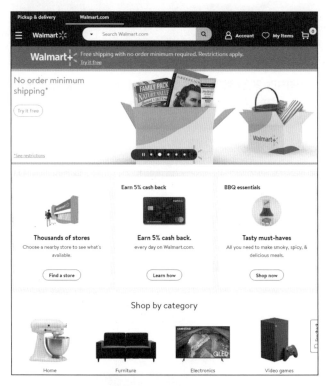

圖 8-15　美國零售業龍頭 Wal-Mart 之首頁 (資料來源：http://www.wal-mart.com/)

國際間，相關產業市場研究單位如 VDC（Venture Development Corporation）公司評估 RFID 電子標籤（Tag）與電子掃讀系統之產值將有指數性的成長空間。而 ABIresearch 市場研究機構剖析全球 RFID 市場規模將持續走揚，軟體應用系統（Software Application System）市場規模也將大大提升，未來在相關產業應用的發展，前景一片光明。而目前國內 RFID 研發生產大都以低頻相關產品為主，目前產值不甚高，應用領域多集中在動物管理、門禁、資產管理等市場，但藉由經濟部技術處科技專案投入高頻（UHF 及 2.45GHz）之產品技術開發與應用之後，期許帶動國內 RFID 系統服務產業每年 10-20 億元新台幣之系統服務市場。

　　軟體巨擘微軟在 RFID 市場也沒有缺席，相反地，臺灣微軟成為微軟全球發展無線射頻技術 RFID 重鎮之一。臺灣區總經理在臺灣成立「RFID 卓越中心」，該中心主要扮演驗證中心及整合服務的角色，協助臺灣相關產業的 RFID 發展與世界同步並行。微軟在全球有三個 RFID 相關中心，分別設在美國、印度和臺灣。在美國的 RFID 研發中心是以 RFID 產品為主，印度的工程中心著重於軟體工程（Software Engineering），支援美國總部之運作，臺灣的 RFID 卓越中心是以系統整合服務（System Integration Service）為主。值得一提的是，印度的軟體工程已儼然成為世界軟體研發、代工之明日之星，加上印度政府大力支持與配套措施，已漸漸吸引海外印度菁英份子，回國共創印度成為軟體發展大國。

　　臺灣有許多代工製造商（Original Equipment Manufacturer, OEM）、自行設計製造商（Original Design Manufacturer, ODM）的業者，他們是第一線 RFID know-how 最殷切需求的業者。臺灣微軟的 RFID 中心提供平台（Platform），讓臺灣這些需要導入 RFID 技術的相關廠商，可以在這個環境和平台上，進行測試或概念驗證。另一方面則是希望協助臺灣軟、硬體合作夥伴或協力廠商，可以將 RFID 技術導入在各個垂直整合（Vertical Integration）產業的加值應用，並利用這個中心的平台來開發他們自己的全方位解決方案（Total Solution）。

　　臺灣微軟持續舉辦「RFID 應用論壇與物流運籌」的國際研討會，希望成為平台提供者，並共同創造一個產業生態環境，共存共生，提供 IT 花費較低，並可以具延展性和較容易導入的 RFID 商業解決方案，讓相關業者或協力廠商，可以用很較低的價格，發展自己的商業應用模組系統，而儘量將主力放在核心競爭優勢（Core Competency）上。其實不僅臺灣微軟有此前瞻與願景，相關跨國資訊企業如昇陽、IBM、甲骨文、仁科（PeopleSott）、SAP 等多家軟體大廠紛紛看好 RFID 後端（Backend）系統的商機，截至目前都有大幅加碼投入的運作。由此不難看出 RFID 相關產業將會在不久的將來，另有一番激烈之競爭／合作。

　　RFID 的成本已大幅下降，Wal-Mart 和美國國防部已明白表示相關供應商必須開始採用這種技術，如果要持續合作之關係。在美國有這兩大舉足輕重的機構積極推動，可望顯著推升 RFID 的支出。隨著零售和國防設備的製造商和通路商急於達到客戶的要求，相關市場評估機構預測，美國零售供應鏈的 RFID 支出可望快速成長，大部份的支出會是在硬體佈建方面，包括 RFID 電子標籤、基礎設備以及系統整合，而此花費，大多由製造商和通路商自行吸收費用建置。和 RFID 有關的服務，因為不久之未來，會有更多的企業會開始需要 RFID 中介軟體（Middle Ware），以整合現有之資訊系統。

學習評量

一、問答題

1. 何謂 Supply Chain？它有何重要性？企業為何要構建它？

2. 台威（TaiWeb）計劃有什麼特色？它和 CDE 計劃有無關係？

3. 企業導入供應鏈（SCM）有何策略？

4. 供應鏈的演進過程為何？請分析。

5. 請列舉 RFID 在我們日常生活之運用，與你/妳的生活愈貼近愈好。

二、選擇題

1. （　）產品由最初的原物料到半成品、及成品暨銷售給消費者間所有過程環節，換句話說，即是指原料、庫存、生產、配銷、售後服務等事項，指的是下列何者？

    (a) 分解鏈　　　　(b) 供應鏈　　　　(c) 搭配鏈　　　　(d) 綠能鏈

2. （　）下列何者不是供應鏈的效益？

    (a) 增加產品賣相　　　　　　　　(b) 節省成本、降低庫存

    (c) 提高交貨的準確性　　　　　　(d) 提升整體生產力

3. （　）實體配送管理階段整合倉儲和運送兩項功能，所提供的優點，下列何者較不相關？

    (a) 降低庫存

    (b) 提升企業間互動

    (c) 快速倉儲和運送，縮短訂單反應時間

    (d) 降低預測期間，提高預測的準確性

4. （　）下列何者不是供應鏈管理的主要目標？

    (a) 在適當的時間，以最低的成本　(b) 製造出適當數量的產品

    (c) 零庫存　　　　　　　　　　　(d) 加強顧客黏著度

5. （　）通常把供應鏈管理的決策區分為三個層級，下列何者不是？

    (a) 策略層　　　　(b) 管理層　　　　(c) 戰術層　　　　(d) 作業層

顧客關係管理

本章學習重點

- 何謂顧客關係管理
- 企業導入 CRM 系統的動機與瓶頸
- CRM 系統導入的關鍵成功因素
- 國內 CRM 領導供應商
- CRM 在電子商務之應用實例與未來發展趨勢

9-1 何謂顧客關係管理（Customer Relationship Management, CRM）

所謂的顧客關係管理就字面來說，就是企業為了建立新顧客，並且維持既有的顧客關係，且和顧客保持良好的關係。就廣義而言，是運用 ICT，加以整合交易前端的資料收集、中段的市場分析，與後段之銷售、後勤的客戶服務管理，提供客戶量身訂做的溝通管道，來提高客戶的黏著度及企業營運效率，做好顧客的服務品質，加強顧客滿意度（Customer Satisfaction），保持顧客忠誠度（Customer Loyalty），提高顧客利潤的貢獻度。

經由持續的溝通觀察所有行銷管道，並與顧客進行互動，而且透過建立完整的客戶資料，加以整合、分析，了解客戶的生命週期和顧客個人及分群的行為和特性，掌握最有價值的客戶及其財務需求，為各類型客戶量身訂製符合個別需求的商品，提供讓顧客認同的產品（Product）及服務（Service），並透過各種有效率的多重通路行銷出去，藉由顧客所累積的終身價值，提昇企業的競爭力（Competitiveness）與獲利力（Profitability），協助企業達成長久獲利的目標。

由於網路與資訊軟體之普遍使用，企業與顧客間之互動亦愈加頻繁，在後電子商務/後疫情時代，不同行銷管道與策略，使得企業與顧客間之關係愈趨複雜。對企業而言，CRM 是既可開源、又能節流的新營運策略，所謂的開源是指企業能收集、跟蹤和分析每一個客戶的資訊，了解顧客的新消費習慣，同時能夠發掘新的市場機會；而節流是指通過對業務流程的全面管理，來降低企業的成本，使得能夠更精準有效的行銷，更自動化地服務客戶，藉以提升顧客滿意度及忠誠度，以提高企業服務形象與品質。因此，CRM 在有形與無形中都可為企業帶來潛在助益。

著名的麥肯錫（McKinsey）管理顧問公司指出，認為顧客關係管理是持續性的關係行銷（Continuous Relationship Marketing）。企業運用不同產品，以及不同的通路，來滿足不同顧客群的個別需求，同時能夠持續進行，隨著顧客消費行為的改變，進而調整銷售策略。企業必須要能夠區分顧客的差異性，將目標鎖定在未來對企業利潤有貢獻度的顧客，而可以將不同客戶加以分門別類，以節省對企業利潤無任何貢獻度的行銷成本，將目標鎖定在有價值的顧客關係上。根據《財星雜誌》所列的一千大企業當中，僅有不及 30%的企業對於最有價值的客戶關係有明確的認知。

近年來「顧客關係管理」已成為許多企業所關心與努力的焦點，很大的原因，當然是因為商業競爭愈趨激烈，要維繫既有顧客的忠誠度並不容易，更遑論開拓並維持新客源；其次的原因，則是隨著事業體的擴展、顧客接觸面的增加以及全球化的競爭環境，因而導致顧客資料與管理事務的日漸增加，已非傳統的管理方法所能因應。

CRM 是近幾年很熱門的術語，大家都想運用 80/20 法則（80%的營收來自20%的顧客），但是如何才能辨認出這些有價值的顧客？如何才能讓留客率增加？行銷大師皮柏（Don Peppers）曾提出一對一行銷的概念（One-To-One Marketing），以個人化行銷活動與服務，來創造競爭優勢，這可以算是顧客關係管理的一個重要起源。

在國內顧客關係管理仍處於萌芽階段，而 CRM 的概念於 1997 年開始成長，一些歐美大企業如美國電話電報公司（AT&T）、花旗銀行（CitiBank）與戴爾電腦（Dell Computer）等，便已經率先推動了。即使他們目前只推行了一部分，卻已有顯著成效。但在一個顧客要求節節升高、同業競爭日益激烈的環境，能否真正做到，則有賴策略與科技的配合。而班恩顧問公司（Bain）針對全球高階主

管進行管理工具調查發現，72%的受訪者表示，他們希望使用 CRM，這個比例比起過去之調查高出兩倍之多。

顧客關係管理，正是所有企業都要面對的課題。儘管顧客關係管理愈來愈受重視，但是它目前還沒有一個精確的定義。但是可以確定的是 CRM 將在未來數年擔負企業流程再造（Business Process Re-Engineering, BPR）的重要角色。因為面對全球運籌的必然趨勢，企業必須從他們現有的客戶關係中，增加附加價值和利潤，並同時吸引帶有利潤的潛在客戶（Potential Customer），以維持企業的競爭力。

在國內，遠擎管理顧問公司（ARC）研究部曾表示，CRM 最早發源於美國，在 1980 年代初期，就有所謂的接觸管理（Contact Management），專門收集顧客與公司連繫的所有資訊，早在 1990 年代初期，就有電話服務中心（Call Center）與支援資料分析的客戶服務（Customer Care）功能。由於各企業已意識到，顧客滿意度會影響企業獲利，因此如何維繫顧客忠誠度及滿足顧客需求，就成為企業主關心的議題，正因為企業界已經開始將焦點放在所謂前台（Front Office）的顧客互動上。

因此，包括行銷及銷售過程自動化等技術領域，都可以視為顧客關係管理的模組。由於顧客關係管理主要的目的是和顧客建立密切且持續的關係，同時強化購買產品及服務的需求，所以擷取每一位顧客的資料，探知顧客的活動與相關需求，就成了顧客關係管理非常重要的概念。

由於網路發展快速，伴隨著各種應用與資料來源的建置，包括 ERP 系統、操作型 CRM、銷售自動化（Sale Force Automation, SFA）應用，改變了企業與顧客之間的互動、收集顧客資訊的作法。然而也因為如此大幅增加了決策者進行決策時所需的資訊量。那如何善用這些資訊，將其轉換成有效的策略與行動，以保有舊客戶、增加新客戶，是現今各企業所面臨的大挑戰。

國際知名學者 Kakakota 曾舉出相關經典研究統計數據如下：客戶會將使用產品後的抱怨，透過網路告訴全世界；在過去非網路的時代，一個抱怨的顧客會讓平均九個人知道其不愉快的經驗，而在現今網路經濟時代，他可以把這些經驗讓全世界都知道。那如果在事後補救得當，70%的不滿意顧客仍會繼續與該公司往來。然而，要將新產品或是新服務銷售給一位新的顧客的成本是將其銷售給一位舊顧客的 6~7 倍。對一個新的顧客推銷期成功機會只有 15%，但向曾經交易過

的舊顧客推銷的成功機會卻有 50%。也就是多留住 5%的現有戶，就可為公司提高 85%的獲利率。而且目前 90%以上的公司在銷售與服務整合方面，仍為做好支援電子商務的必要準備措施。

所以要做好顧客關係，首先必須要了解顧客的行為，從顧客過去的交易紀錄中，找出顧客的行為模式和顧客有關聯的各種趨勢關係，因而幫助企業能夠以更客觀的角度制定決策，以滿足顧客的實際需求。安迅公司（NCR）很早便協助電信及航空公司，落實顧客關係管理概念。該公司認為顧客關係管理導引企業不斷地與顧客溝通，了解與影響顧客的行為，因此能主動地爭取新客戶與掌握老客戶。

CRM 雖然能夠為企業在景氣與不景氣下帶來助益，但是 CRM 的應用範疇卻是相當的廣泛，從一張型錄、一通抱怨電話到設立 CTI Call Center、WEB 以及後端的銷售自動化、資料倉儲（Data Warehousing）、決策支援系統（Decision Support System, DSS）等，都是需要全面性的加以整合考量，任何一個環節的疏忽，都會使 CRM 的效果大打折扣，甚至完全失敗。有些人認為 CRM 是擁有大量客戶的服務業才需要推動的，然而，事實上製造及代工業（OEM）等其他行業，也同樣需要 CRM。即使企業的客戶僅是少數幾個大訂單廠商，也同樣要做好客戶關係管理。

否則，顧客在相同品質及服務下，價格將會是唯一的考量。同時，可以根據客戶個別購買行為，提供專為客戶量身訂作的服務。主要應用範疇為，前台分析的系統，此系統可協助廠商，確實獲悉客戶的購買模式及習慣，因此，可強化客戶之行銷及銷售分析。此外，現今的製造業與代工業都強調多樣化，因此，升級成為「服務製造業」而能夠快速滿足客製化的服務，在對這個充滿競爭的製造業而言，更顯得十分重要。

CRM 的效用雖然十分的廣泛，但是卻必須要與企業之商業策略結合，同時與企業內各資訊系統徹底整合，同時要適時地檢討分析結果與實際成效的差異，如此才能夠發揮 CRM 真正的效益。在全球經濟不景氣之下，各企業都緊縮各種預算投資，唯獨 CRM 系統逆勢成長。原因是，開發一個新消費客戶所花的成本與資源，遠超過對現有的顧客進行產品促銷，而當大多數企業都透過了 CRM 留住原客戶，不景氣的當下，沒有 CRM 系統的企業將會失去更多客戶，而產生營運更加困難的情況。

而顧客關係管理系統導入，可以為企業經營帶來以下效益：

1. **協助推展行銷業務：**公司企業導入 CRM 之後，能夠依據該系統整合分析後的資料，發展客製化（Customized/Tailor-made）的產品給消費者。例如：信用卡公司可以依據 CRM 系統的資料分析結果，將顧客進行分類與分群，同時依不同顧客購買偏好，來寄發不同之電子行銷目錄；而保險公司則可依顧客年齡與婚姻狀況，來預測顧客未來可能購買保險的種類，但卻不可侵犯個人隱私權。

2. **提升經營績效：**CRM 系強調企業的流程設計應該以顧客為導向（Customer-Oriented），而非以產品為導向（Product-Oriented）。因此，企業採用顧客關係管理後，可以減少新產品開發費用及風險，同時可以減低行銷費用，進而提高公司營運績效。事實上，多數的金融業者都認為，引進顧客關係管理不僅能夠穩定既有的客源，還能積極有效的開拓業務。另外，也經由增加對顧客需求的了解，進而提升了服務顧客的品質，以而提高經營的績效。

3. **提升顧客服務的品質與公司的形象：**企業在導入 CRM 系統之後，可以利用 CRM 的電腦電話整合 Call Center 功能，將前後端的資料加以整合，由於客服人員可以根據電腦資料庫所提供的顧客背景資料，以及所使用的服務功能，直接在電話線上快速回應以滿足顧客的需求；進而減少顧客的抱怨，還能提高顧客忠誠度。此外，銀行、信用卡中心等金融業者率先採用 CRM，除了著眼於創造業績之外，也期待可以藉此將金融業提升至服務業的層次，塑造新的企業形象。

CRM 是整合行銷、銷售、客戶管理、服務、分析⋯等功能的系統，應用 ICT 來強化企業的商業智慧（Business Intelligence, BI），並對於客戶關係管理策略重新來定位整合。企業必須充分的瞭解客戶的需求，才能和客戶間建立互動關係，對客戶進行行銷，創造訂單及利潤。在針對潛在客戶管理，與顧客往來和所有相關作業的規範管理、買賣合約、銷售和行銷活動等需要而提供的工具管理軟體。CRM 功能元件包括一組聯絡中心的基礎模組及四組模組：銷售、服務櫃檯、售後服務和市場行銷。

9-2 企業導入 CRM 系統的動機與遇到的瓶頸

9.2.1 企業導入 CRM 系統的動機

企業導入 CRM 系統的動機相當多，且各家公司因為其本身歷史背景、企業文化、經營理念、管理模式…等的不同，會有許多的動機。可以大致上歸納為以下面向：

1. **蒐集潛在客戶，培養客戶，此步驟以銷售為重**：行銷及促銷方案的管理與分析，案例管理、銷售協助、業務管理。提供客戶最大的滿意程度，建立客戶的品牌忠誠度，此步驟以提昇企業的品牌權益為重：快速以及精確的服務品質，提昇產品與服務績效。

2. **客戶行為模式分析建立，主動服務，此步驟以提昇企業最大價值為重**：自動化銷售、機會發掘，以多樣化的互動管道建立。會覺得被不受重視。整合公司企業各部門的顧客資料庫後，將會有助於將不同部門產品銷售給顧客，也就是交叉銷售（Cross Selling），不但可以增加公司的銷售機會，更可以擴大公司的利潤，同時減少重複行政與行銷成本，更可以鞏固與維持顧客的長期關係。

3. **分類與建立模式**：藉由 CRM 的分析工具與程序，可以將顧客依各種不同的變數分類，並分析出每一類消費者的行為模式，如此可以預測在各種情況與行銷活動情況下，各種類別顧客的反應程度。

例如：藉由分析資料可以知道，哪些顧客一收到廣告促銷郵件，就毫不考慮丟到垃圾桶，或是對哪一類的促銷活動有所偏好，甚至那些潛在顧客已經不存在了。這些前置作業，能夠有效地找到適當行銷目標，能夠依不同類別需求的顧客給予滿足不同的需求，同時可以減少管理行銷活動成本增加行銷的效率。

規劃與設計行銷活動：麥肯錫顧問公司指出，傳統上企業對於顧客通常是一視同仁，而且定期推行顧客活動。但在顧客關係管理實務中，這是不符合經濟效益的。重點是花錢要花在刀口上，更要產生更大的效益。

而顧客若是出現異於模式的消費行為，則可做為事件行銷時之參考。行動電話業者之顧客成長數量經常超過預期，如果這些電信公司系統在電話接通順序上，對大通話量及小量使用的顧客一視同仁，前者將因為總是在重要時機無法接通而轉換系統商，而後者卻不會因此增加通話量。

例行活動測試、執行與整合：傳統上行銷活動一推出，通常無法及時監控活動反應，最後必須以銷售成績來斷定。然而，顧客關係管理系統卻可以過去行銷活動資料分析，搭配 CTI Call Center 與網路服務中心，即時進行活動調整。當公司進行一項行銷活動後，透過打進來的電話頻率、網站拜訪人次，或是各種反應的統計，行銷與銷售部門可以即時增加或減少人力與資源的調配，以免顧客向隅徒生抱怨，或浪費資源。而透過電話或網路系統與資料庫的整合，更可以即時進行交叉行銷，增加銷售機會同時可以滿足不同類別的顧告給予不同產品。

實行績效的分析與衡量：客戶關係管理系統是透過銷售活動記錄與顧客資料的總合分析，建立出一套標準化的衡量模式，衡量施行成效。目前顧客關係管理系統的技術，已經可以在出差錯時，順著活動資料的模式分析，找出問題出在哪個部門、甚至哪個人員，即時的加以檢討改善。

CRM 系統的各種程序必須加以整合，形成一個不斷循環的作業流程。如此才能以最適當的通路，在正確的時點上，適時提供適切的產品與服務給正確的顧客。創造企業與顧客雙贏的局面，以及持續的關係，同時增加企業本身的競爭力。如圖 9-1 所示，為以上建立 CRM 之相關注意面向。

圖 9-1　建立 CRM 之相關注意面向

9-3 CRM 系統導入的關鍵成功因素

9.3.1　CRM 系統導入的面面觀

◉ 高階主管的全力支持

　　企業在推動各種重要的改革時，都需要高階主管的全力支持，例如：ISO、MRP、ERP、SCM、CRM…等專案系統。由於這些專案在推動的時候通常具有投入金額高、專案時間長、牽涉部門廣泛等特性。所以這些專案在推動的時候，如果沒有高階主管的全力支持，無論在財力、人力、物力、時程等上，都很難加以掌握，而整個專案計劃失敗的機率就會大為提昇。

　　而且通常 CRM 專案在推動的過程中，對於公司的一些作業方式，都會有大幅度的改變，許多公司資深的員工對於改變的恐懼心理，如果沒有透過高階主管不斷地溝通與強化信心。專案執行的過程中，常常會受到許多不必要的阻礙和抗拒。甚至由於人性的弱點，許多害怕改變的員工還會在私底下搞破壞。因此，高階主管的全力支持可以強化所有參與人員的信心與決心，更可以透過不斷的公開說明，強調改革的原因與效益，使得許多原本抗拒的心理轉而支持。

◉ 深度思考影響企業績效的重點

　　企業在評估投資 CRM 專案前，最好能夠先深度的自我省思，了解企業目前經營管理績效上的主要問題究竟是什麼，導入 CRM 之後能否解決這些問題？才來決定是否要導入 CRM 專案。例如：公司產能不足、成本過高、庫存失控、財務管理問題、產品品質、原物料供應失控、人事安排不當、人員素質問題、激勵制度不當等問題，並非 CRM 系統所能夠解決的。而對於這些的問題，應該根據問題的本質，先解決管理制度或導入 ISO、ERP、SCM 等系統。

　　而且企業在檢討的過程中，必須要逐層的檢討，尋求問題發生的真正原因，而不是僅僅提出表面的原因。例如：公司發現由於客戶的抱怨或問題越來越多、服務人員的人力不足，所以認為導入 CRM 可以降低服務人力的成本，提昇單位時間的客戶服務量。事實上，如果深入檢討，或許將會發現其實客戶大部分 Call-in 的原因是因為產品的品質問題。所以在這種情況下，或許加強生產管制、品質控制或提昇研發的水準，對於公司的經營績效會有比較明顯的改善與幫助。

建立明確的預期達成目標

CRM 導入失敗的另一個重要原因是許多企業對於導入 CRM 專案沒有明確的達成目標，以致於人力、經費、時程失控，將企業寶貴的資源浪費在許多不重要的環節。例如：為了一些不重要的事項，任意要求追加系統功能、修改程式，造成時間延遲、預算追加，而這些問題其實都可以預防的。因此，企業在推動 CRM 之前，一定要將系統導入的預期目標明確地條列出來。

而且預期達成目標一定要有執行上的優先順序。例如：某些預期目標是一定要達成的，某些可能不是那麼重要，如果沒有達成也沒有關係。對於這樣的優先順序要清楚明白的標示出來。因為在企業有限的時間、金錢、人力、物力狀況之下，很難一次就達到完美的境界。所以區分優先等級，以作為挑選合作廠商、產品及推動系統上線時的依據。如果當預期達成目標很多時，建議應該分階段來實施及達成，避免推動期間過長、項目太多，造成專案進度的失控。

尋找適合的 CRM 產品型態

由於目前市面上的 CRM 產品供應商很多，使得企業在選擇產品及合作夥伴時，很難做抉擇，所以必須很謹慎地去選擇適合自己公司的系統。

9.3.2　運用顧客關係管理的關鍵成功因素

CRM 導入成敗的最主要原因之一，就是使用者的配合情況不佳，與資訊系統導入的最大障礙是一樣的。這個問題從幾十年前就一直存在，尤其是業務人員，因生性獨立自主，但不太喜歡受到約束，儘管企業有銷售自動化等多項 CRM 系統功能，卻因為業務部門人員不願意使用，而使得無法發揮 CRM 的預期效益。除了人為因素以外，顧客關係管理解決方案的成功，尚有以下的幾項要素：

- 建立良好的企業與顧客的互動管道，同時可以加以整合運用。
- 建立並擷取所有顧客的歷史，以分析出潛在的顧客群。
- 依據利潤貢獻度區隔顧客。
- 客服人員須能即時存取顧客的相關資料，並利用該資料與顧客進行互動。
- 需要得到高階管理者的全力支持，以及適當的資源。
- 建立實驗組與對照組，以證明其推動的成效。

顧客關係管理是一種反覆不斷的循環關係,即時不斷的將顧客資訊轉化成為顧客關係資料。顧客關係管理是一個包括知識發掘、市場規劃、顧客互動、分析與修正四個循環過程,如圖 9-2 所示,為顧客關係管理的四大循環階段。

- **知識發掘:**即依據顧客過去歷史資料明細,透過資料擷取,加以剖析顧客資訊,以界定市場商情與投資策略。包含了顧客確認及顧客區隔,讓行銷人員可以使用詳細的資料,以便做更好的決策。

- **市場規劃:**指定義特定顧客產品,並提供通路、時程關係。協助行銷人員先行定義特定的活動項目、行銷計畫、事件誘因及通路偏好,以增加預期的銷售量,同時可以節省行銷成本,並隨時調整其策略運用。

- **顧客互動:**運用各種互動管道與辦公室前端應用軟體包含顧客服務應用軟體、業務應用軟體,互動應用軟體等,經由整合後之分析資料,提供顧客及時的資訊及產品,包含顧客服務及申訴管道,加強與顧客之間的互動關係。

- **分析與修正:**是指運用與顧客互動的相關資料,加以分析修正,亦指以分析結果為主體,持續不斷地修正行銷策略,並調整顧客關係管理的做法。

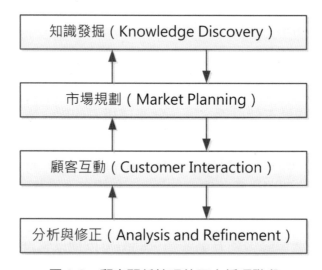

圖 9-2　顧客關係管理的四大循環階段

9-4 國內 CRM 領導供應商

9.4.1 個案剖析：叡揚資訊

叡揚資訊創立於 1987 年，致力於企業體之軟體應用服務與開發事業，以「誠信」及「品質」的精神，為客戶提供完善的服務。並且提供專業軟體服務與生產力工具之推廣，以提高電腦使用效率及人員生產力，協助企業建構高水準之營運資訊系統及經營決策系統，以提升企業競爭力及服務水準。叡揚資訊是臺灣資訊軟體業的領導廠商，也是區域級資訊軟體與雲端 SaaS 服務供應商。經由成熟的軟體工程、先進的協同、行動通訊、雲端等資訊科技，開發出流程 e 化與創新應用服務系統，得到政府、金融業、醫院、製造業等 2,000 餘家企業客戶及超過上萬個雲端用戶的肯定與支持。在經歷多年的努力與經驗累積，在早期就研發出一系列之行業別套裝軟體，例如：Heart 顧客關係管理系統等。

在這以滿足顧客需求為競爭關鍵的時代，好的顧客關係管理將是企業豐收的一個關鍵。而叡揚資訊推出的 Heart-CRM，而軟體的主要目的是為了支援銷售、服務、行銷等人員，使其在日常工作中發揮最大效益。不同於以往的管理資訊系統，Heart-CRM 打破傳統的業績管理模式，更注意所謂的領先指標，也就是管理從獲得訂單開始再往前推的概念，加強所有會影響到訂單的因素。針對企業顧客群與專業銷售模式，發揮其結合組織的力量。

Heart-CRM 軟體的主體，是為了支援常與顧客接觸之人員，例如：業務、服務、行銷人員等，能夠有效的執行日常工作以發揮最大效益。使用 Heart-CRM 內建的知識管理實務，以及互動模式，將使顧客和企業兩相得利。需求得到滿足，顧客的價值因而提高，而企業也因為對顧客更深入的了解，而能夠充份掌握獲利條件及更有效的市場策略。一個企業體常有多個部門，例如：業務、服務，及行銷人員等，會同時去關心服務同一顧客，但大多數的企業，在未建置 CRM 之前，各單位對顧客的活動，往往各做各的，常無法有效的溝通、分析顧客資訊，更缺乏整合性的作法，以致於難以發揮團隊合作的綜效。Heart-CRM 所提供的解決方案，以支援銷售、服務，及行銷策略之整合，使用者可利用完全 Web-based 的使用介面，進行銷售、服務及行銷之有效管理與整合，為企業創造最佳的利潤。

顧客滿意度與銷售量提昇有絕對的正向關係。為強化顧客滿意度，Heart-CRM 依據顧客之重要性，提供不同優先順序之差異化服務。並提供將顧客服務需求或抱怨記錄之機制，以利追蹤處理過程。Heart-CRM 提供問題與解決方

案之建立機制，透過經驗及知識累積，提昇服務人員的能力，不僅如此，它也提供顧客自助尋求答案的最佳服務管道。

根據叡揚資訊指出，在「買方市場」導向的時代，掌握客群及客戶需求，進而掌握市場，將是決定競爭的主要關鍵成功因素，良好的客戶關係管理，也將是企業業務豐收的核心引擎。因此，如何提升客戶價值，為公司創造最大利潤，將是各組織企業面臨的最重要課題之一。CRM 的目的即是在最佳的時間點，提供最適當的產品成服務，給當時最需要且最具價值的客戶。如此一來不僅可以提高企業營收、客戶滿意度及忠誠度。

叡揚資訊所推出的客戶關係管理系統，Heart-CRM 解決方案，是協助得到客戶肯定的選擇。Heart-CRM 設計理念，是採用強化策略行銷的銷售漏斗（Sales Funnel）理論。換言之，最先收集一般大眾之資訊，設定行銷策略並挑選可能的購買群組，再經由相關行銷活動，找出潛在客戶。Heart-CRM 可經由銷售管理系統，確實掌握並加速銷售過程，藉以提高成交率。再藉由服務管理系統，以提昇既有客戶之忠誠度，並進一步進行加值與交叉銷售。每重複一次，就可根據既有的資訊，再進入下一波的深度行銷。近年來，叡揚資訊也不斷轉型，與時俱進，產品與服務層面涵蓋人工智慧、智慧辦公室、大數據分析、人力資源管理、協同作業、資訊中心自動化、雲端服務、品質管理、資訊安全…等相關領域。

圖 9-3　叡揚資訊的網站 (資料來源：http://www.gss.com.tw/)

9-5 CRM 在電子商務之應用實例與策略

9.5.1　個案剖析：P&G（China）

　　由於消費者對品牌忠誠度日漸低落，再加上無法直接掌握消費者的喜好。因此，如何凸顯企業品牌的獨特性，一直都是消費日用品公司最大的挑戰。世界最大消費日用品公司之一的 P&G（China），希望藉由導入美商艾克 CRM 系統，提供消費者更先進的個人化服務，增加客戶對企業的信任度。因為消費日用品屬於產銷體系，客戶通常是到零售點（例如：超市、量販店、或是連鎖店）購買，企業與客戶之間的接觸大多是靠廣告與售後服務，無法做到近距離甚至是一對一的接觸。

　　因此，為了吸引客戶購買，企業間的競爭往往變成流血價格戰。然而，根據調查，價格並不是消費者選購商品的第一考慮因素，相反的，消費者對企業的信任（包括有形與無形的商品與服務的品質保證）才是最重要的。P&G（China）體認到企業在提高品質的同時，還應該注重調整企業運作流程，因此採用美商艾克的客戶關係管理系統。

　　美商艾克的 E-mail MasterR 提供 P&G（China）發送個人化電子郵件，並可追蹤郵件發送，有效執行電子郵件行銷。E-mail MasterR 可協助企業透過自動信件回覆的機制，做到預約發信、大量發送、支援多重專案與客戶，提高電子郵件服務效率與降低人工成本，並強化內部流程自動化整合。

　　同時，透過與後端分析機制結合，提供消費者個人化的電子郵件。例如：一封美容用品的電子郵件，信件內容可以針對消費者個人的膚質與季節性，提供適合的美容用品名稱與相關的促銷活動，讓消費者感覺到他的確需要這樣的產品，進而刺激其購買意願，大幅地提高成交機率。

　　在激烈的市場競爭中，企業在不僅要維持商品的質與量，更要瞭解與掌握消費者的喜好。特別是在消費品市場中，消費者對企業的滿意度直接影響到企業的銷售量，因此，如何服務好每一位消費者就成為企業關注的焦點。當然，維繫客戶關係不能僅僅停留在良好的態度上，提供專業化、個性化的服務、讓消費者覺得受到企業的關懷，這才是客戶關係管理的關鍵。

圖 9-4　P&G 的網站 (資料來源：https://www.pgtaiwan.com.tw/)

9.5.2　個案剖析：研華科技

　　研華科技，為國內最大的 PC-based 自動化製造廠商之一，創立於 1983 年，旗下有網路暨通訊電腦事業群（NCG）、嵌入式電腦事業群（ECG）、工業自動化事業群（IAG）。建構全球化網路下單的業務體系，並提供客戶完整的售前／售後服務。研華科技為國內自有品牌工業電腦，和自動化製造的領導廠商，生產模式著重於少量多樣客製化（Customized/Tailor-made），主要的銷售體系為自行掌握重要客戶（Major Account）的直銷（Direct Sales）模式及透過各地經銷商提供加值服務的間接銷售模式（Indirect Sales），加強兩種銷售模式的銷售效率與獲利率，是公司的重點之一。

　　同時，根據技術服務部門的服務分析報告顯示，研華在客戶服務上，經常遭遇到間接銷售體系中，顧客維修的問題，服務部門無法有效的掌握顧客資訊，包括客戶是誰、何時購買、購買的機型、過去維修的紀錄等資料，使得許多支援服務的溝通效率不佳，與經銷商聯絡調閱資料，更是花費不少的時間，造成顧客服務的抱怨及不滿的情形。所以改善顧客的交易資料掌握與提高服務的效率與滿意度，就成為公司對顧客和經銷商的承諾和目標。

　　所以客戶關係管理體系的建立及跨部門資訊的整合，就成為其中一項重點工作。當初研華在推行 CRM 時，就清楚的訂定策略性的目標，以提高顧客滿意程度及管理良好的顧客關係為前提。

　　研華在經過審慎的評估後，決定採用知名的 CRM 解決方案供應廠商—美商 Siebel 的軟體系統，來規劃整個 CRM 解決方案架構。在客戶資料庫管理及應用時，強調研華目前為跨國經營公司，國外市場大都委託分公司和當地經銷商，提供加值銷售服務，所以在 CRM 中客戶資料庫的建置規劃，採取資料庫分散式管理，開放予各地的技術服務部門或是業務部門存取，並由當地的技術人員提供服務，同時與總公司保持資料同步（Synchronization），落實銷售全球化，服務在地化的理念。

圖 9-5　研華科技的網站 (資料來源：http://www.advantech.tw/)

研華在落實 CRM 的推動上包括：

- **整合企業資源規劃**（Enterprise Resource Planning, ERP）**系統**：目標是從顧客銷售、詢價，到確認訂單之流程完成整合，使用者一次輸入資料，不用跨系統；減少人為錯誤與提昇作業效率，當然，提昇顧客的滿意度，是最終的目的。

- **行動通訊的整合：**研華讓業務人員，可以隨時隨地透過智慧型手機，查詢最新的產品報價、庫存、或是客戶資料，讓銷售人員掌握快捷便利的資訊優勢，隨時隨地服務客。

- **建立資料倉儲（Data Warehousing），藉由資料採擷（Data Mining）發掘顧客行為：**CRM 模組的建立主要目的之一，即在建立完整一致性的顧客資料庫，將來計劃擴增為資料倉儲，可以進一步利用資料採擷技術，找到顧客的採購行為及態度，做為往後產品決策及差異化行銷的依據，真正做到個人化的顧客服務與關係管理。近年來，研華科技也不斷轉型，與時俱進，產品與服務層面涵蓋嵌入式解決方案暨嵌入式設計服務、能源與環境、智慧工廠、智慧醫療、智能物流、工業和電信伺服器、設備自動化整合解決方案、智慧交通系統、物聯網邊緣智能解決方案和服務、智能零售、高清影像解決方案等相關企業資訊服務。

9.5.3　個案剖析：元大證券

　　就企業 e 化而言，元大證券表示：「券商是 e 化程度最深的一個行業之一」。由於業務性質的需要，證券業在交易面，早就採取電腦撮合，加上股票集保制度，現在券商與客戶的各項業務互動，幾乎全透過資訊技術完成。元大不論在交易、內部管理、客戶管理、資料倉儲等方面，早已建置完整先進的資訊管理系統。

　　元大證券與客戶互動的頻繁與深入，很適合導入 CRM 進一步創造公司業務與客戶需求的雙贏。該公司與麥肯錫、勤業眾信等顧問公司，討論導入的準備工作。隨後花了半年時間，完成資料倉儲系統的建置，而後進行前後台整合，並著手從事一對一服務系統的建立。

　　雖然 CRM 是許多企業的理想，但從國外業者的導入經驗來看，成功率大約只有三成，所以元大在從事這項導入工作的時候非常謹慎。由於資訊技術發展迅速，許多企業在建置應用系統的時候，很容易花大筆金錢和時間去建造一個未來不實用的系統，造成資源浪費的慘劇。因此，該公司在建置 CRM 時，特別注意不躁進，採取逐步建置的腳步，在每個建置階段，找尋最適合的供應商搭配，此外，特別注意系統的開放性（Openness），在設計時，預留了將來再擴大的空間，以利未來擴充的需求。

　　除了 CRM，元大證券也曾進行與集團內部包含期貨、投信、投顧等關係企業的企業資源整合工程。這項異業整合系統，將有助於未來在集團內部交叉行銷

（Cross Selling），整合工程的經驗，未來也可應用到邁向金融控股公司以後，更全面的資訊系統整合工程。

圖 9-6　元大證券的網站 (資料來源：http://www.yuanta.com.tw)

9.5.4　個案剖析：戴爾電腦

　　戴爾電腦，在 1984 年由 Michacl Dell 成立。戴爾電腦以直接經營模式的信念，完全以顧客為導向，依顧客所要的規格組裝電腦，以接單後生產（Build to Order, BTO）模式，直接將電腦銷售給顧客，不需經傳統的經銷商，節省經銷管道的成本，同時令顧客得到適當的電腦，又可以讓價格更有競爭力。而傳統之商業模式，則為預測生產（Build to Forecast, BTF）。

- **直接銷售的策略：**使得戴爾電腦將顧客設定為整個企業策略的核心，可以將此策略分成兩個領域：資訊的交換及行為限制的交換。

- **以顧客分群做為市場區隔：**一般企業往往會以產品做為市場的區分，而戴爾電腦是以不同顧客分群，做為市場的區隔目標。使其能夠更接近顧客的需求，也較能掌握關鍵的行銷資訊，同時，也可以較有效地預測未來的市場需求，降低營運成本。

- **將顧客的知識納入產品研發過程**：戴爾電腦會透過網路電話，以及業務或客服人員與顧客溝通，了解顧客的喜好與需求，認真地考慮顧客對產品的意見，同時在研發產品階段時，加入其意見，開發出顧客真正喜歡的產品。例如：顧客會要求戴爾在出廠時的產品，要加上訂購公司的財產標籤，而戴爾一直能夠提供顧客這樣細微的需求。

- **電子商務的導入**：戴爾電腦早在 1994 年推出了 www.dell.com 的網站，初期這個網站，只提供公司及產品簡介以及技術支援，並透過電子郵件信箱，來進行規格訂購及報價的服務，然而 1995 年時，已可以在網路上提供線上組裝選擇規格及報價下單之流程。同時，戴爾電腦針對企業客戶，還提供戴爾頂級網頁（Dell Premier Pages），企業內部員工，可以利用密碼進入戴爾之專屬網頁，在線上選擇他所需要的電腦規格或服務，再行統一採購，以大量降低採購之成本，真正落實 e-procurement 之精神。網際網路成為戴爾電腦直接銷售模式的強大工具，也是戴爾電腦與客戶間，資訊交流的重要通道。

- **建立虛擬整合社群**：戴爾電腦同時也提供其累積的資料庫，與客戶及供應商分享。使顧客在線上，可以了解其訂購產品的最新狀態，而供應商也可以即時了解其庫存資料，以準備如何補貨及供貨事宜。

行為限制的交換，就是在經濟學上所謂的「限制條件的交換」，倘若賣方可以清楚的體認買方的疑慮，並且能夠主動提出某些交易條件，就能提高交易完成的機率。例如：因為戴爾電腦的直接銷售模式，可能會使消費者擔心軟體的設定不好，或是硬碟主機版故障時會求助無門。因此，戴爾提出了幾項制條件以取得客戶的信任：

- **提出三十天退款（Refund）保證**。只要在三十天內，顧客對產品不滿意即可退款的服務。

- **提供到府維修（On-Site Service）的服務**。對於企業的用戶，戴爾還特別提供到府維修的貼心服務，特別對於較大的企業，如波音公司，還提供常駐人員，協助即時處理各種技術問題。由於 COVID-19 疫情全球肆虐，傳統之 On-Site Service 也逐漸轉成以遠端遙控（Remote Access & Control）之方式，透過無所不在（Ubiquitous Networks）之寬頻網路，可於千里之外，即時解決客戶之燃眉需求。在臺灣科學園區，有很多自歐美購買之機台，24 小時運作，一旦機器出現故障，原廠相關技術工程師，可立即自歐

美遠端簽入（Remote Logon）到機台，並立刻展開系統調控（Tune Up），當下立刻解決機台問題並即刻運作。

■ **對顧客資料保持絕對機密**。戴爾成功的直接銷售模式，並非只是口號，而是透過實際的溝通，去了解顧客的真正需求，運用其組織架構與企業精神，以顧客滿意為宗旨，歷經了長期的努力，才能夠獲得顧客的信任，也才有今天的戴爾電腦。

9-6 CRM 在電子商務未來發展之趨勢

9.6.1 CRM 應用發展現況

由於無所不在寬頻網路的推波助瀾，使得競爭環境變化迅速，對於許多全球化趨勢而言，最常面臨的是，企業擁有遍佈於世界各地的跨國性企業，這些跨國性企業，必須將分公司的資料庫，加以完全的整合。如此一來，才可以對每一位客戶，以全方位的切入點，來進行檢視與分析，以協助企業能夠做好完整的顧客關係管理系統。而雲端資料庫系統之建置，透過無所不在寬頻網路結合 Web-based 應用程式，更加讓組織企業之 CRM 運作，更加如虎添翼。

現今的企業，大多缺乏一個整合性的多通路銷售支援系統，企業與顧客間的溝通管道，已十分多元化。例如：可經由通訊軟體群組（例如：LINE、WeChat）、社群網路（例如：FB、IG、微電影之置入性行銷），還有傳統業務代表面對面接觸等方式，企業如果無法有效地整合其所有的銷售通路，進一步將其資料全面整合，也就無法依顧客的個別喜好，利用不同的媒介方式，進行銷售服務，那就無法達到事半功倍之效果，故資訊通訊科技（Information Communication Technology, ICT）融入 CRM，將是一個重大的議題。

9.6.2 全球市場趨勢分析

目前全球 CRM 市場，有近六成集中於北美，可見 CRM 的發展方向，大多數以北美資訊服務業者所掌握，由於近幾年來，社群網路的興起，刺激傳統企業在評估核心競爭力的同時，必須考量成本效益的提升需求，藉由 CRM 的應用，一方面可以整合內部的資源，另一方面還可以加強上、下游產業的合作。

9

顧客關係管理

9.6.3　我國顧客關係管理發展環境分析

CRM 在國內行業別的應用上，目前只能算是剛剛起步而已，而金融業中，各銀行信用卡中心與電信業者，算是國內 CRM 應用的先驅（Pilot）。在臺灣最主要的信用卡發卡銀行─花旗銀行與中國信託，為了提供信用卡使用者更完善的行銷服務，引進電腦電話整合技術來協助服務中心的運作效能，大大提升對傳統客戶服務的功能。後來，由於電信業務逐步開放，各家系統業者面對彼此激烈的競爭，於是也跟進導入完整的 CRM 服務。

根據 MIC 的調查，可以發現其中建置 CRM 的經費，多半還是集中於 1000 至 5000 萬新台幣的預算擬訂。CRM 是一項企業流程再造（Business Process Re-engineering）的業務流程管理，企業除了要投入資金以外，人力的適當調度配合，也是相當重要的認知。目前臺灣企業導入 CRM 的主要瓶頸在於初期因為效益不明顯，大多數的 CRM 資訊產品服務商，對自身產品的各項功能缺乏說服力，使得多數企業都抱著觀望的心態。

9.6.4　CRM 的發展方向

在 CRM 解決方案的發展中，如今多儘量完成與 ERP 作整合。雖然說目前 CRM 廠商眾多，但是單獨存在的 CRM 軟體，並無法滿足客戶的需求，CRM 軟體，最終必須和其他組織企業應用軟體（例如：ERP 軟體、企業資訊入口網站）整合，才能發揮最大的效果。能夠把前端和後端的軟體，完全整合在一起的公司，將會是未來幾年最成功的贏家。因為企業都瞭解，如果不能把銷售和服務部門的資訊和後台（Back End）聯繫在一起，勢必會流失許多潛在營業額。

隨著 CRM 軟體的成熟，將來的 CRM 軟體，不再只是幫助企業流程的自動化，而是能幫助管理者做決策的分析工具。以客戶為主的企業，現在都瞭解到，CRM 的成功，在於有成功的資料收集和資料挖掘。從 CRM 系統收集的資料，是最能幫助企業瞭解客戶的需求與抱怨。而所謂的一對一行銷，也是注重在瞭解客戶的需求，以便投其所好，促成雙方交易。資料是死的，但是如果能運用一些數學或統計模式，把死的資料，解讀成一些事實，那麼就可成為管理者做決策的參考。CRM 資料庫可以改善訂價方式、提高市場佔有率、提高忠誠度和發現新的市場機會。

　　隨著企業持續往網路發展，CRM 的功能，會廣泛地深入企業組織內，但是新銷售自動化軟體，不可能完全取代傳統的銷售角色。研究調查顯示，傳統銷售會開始注重在直銷和支援這兩大功能，而訂單處理和資訊傳遞，則會通過網路進行。一套軟體系統的成功實施，往往伴隨著從根本上改革企業的管理方式和業務流程。ERP 的建置和給眾多企業，帶來的利益是典型的例證，CRM 也同樣如此。CRM 使企業有了一個在電子商務下，面對客戶的前端（Front End）工具，為電子商務網站提供了可以滿足客戶個性化需求的工具，能幫助企業順利實現由傳統企業模式，到以電子商務為基礎的現代企業模式的轉化。

　　現今的客戶關係管理，不能再如同過去依賴銷售人員個人，而是必須依賴協調整合的行動。公司如果能由過去被動的收集客戶資料，轉為主動建立關懷的顧客關係，並透過管理企業與客戶之間的互動關係，來改善和維護客戶的使用經驗，以提高與保持客戶滿意度與忠誠度。如此一來，企業也能在服務客戶的過程中，累積可獲利的能量，以便主動積極找尋商機。

　　為發揮 CRM 的最大商業效益，企業必須確保客戶資訊於異質 ICT 環境中，暢行無阻，提供正確、即時的決策支援。一個完整資訊環境的建立，不僅需要網路或其他企業應用程式的配合，更重要的是一套好的資訊儲存系統，如此才能真正使資訊成為企業生命的泉源，供整個組織充分利用。

　　好的資訊儲存系統，不僅可幫企業的重要資訊寶藏，找到一個可擴充的保護殼，甚至可幫助企業透過 CRM 來提昇資訊的經濟效益。而當企業資訊的儲存、取用與配送越來越容易時，資訊本身的價值才得以提昇。同時，由於資訊儲存是一個整合的共享儲存區，可容納企業所有必要的資訊與知識，因此，企業必須部署可以跨越大型、中型電腦和開放系統平台，並能提供最佳化與集中式管理的儲存系統，以簡化並加速大量客戶資料的管理及分析，進而發揮 CRM 的最高價值，達成其商業目標。

　　客戶關係管理在國內行業別的應用上，有逐漸加溫的趨勢，在金融業中，各銀行信用卡中心與電信業者，算是國內客戶關係管理應用的先驅。而臺灣所有的服務業者，也都慢慢察覺到客戶關係管理系統的重要性，也逐漸從各方面，來加強客戶關係管理的可行性。所以客戶關係管理，對臺灣的服務業來說，將是一塊兵家必爭之地。

學習評量

1. 何謂顧客關係管理（Customer Relationship Management, CRM）？它在電子商務之應用環境下，有何重要性？

2. 顧客關係管理中應用 80／20 法則，請問其涵意為何？並請提供個人看法。

3. 企業在導入 CRM 時之關鍵成功因素為何？

4. 請舉出 CRM 在電子商務之應用實例，並提出你的看法。

5. 目前我國各組織企業之顧客關係管理發展之情況為何？請提出你的看法。

6. CRM 模組導入的主要效益有那些？請提出你的看法。

7. 假設同學們在網路開了一個賣場，專門販賣辦公室上班族紓壓用品，請問要如何利用客戶關係管理，來提升這個賣場的業績，請和同學討論，應如何進行。

剖析管理資訊系統之資訊安全

10
CHAPTER

本章學習重點

- 資料備份
- 資訊安全漏洞
- 資訊安全素養
- 網路安全交易機制
- 第三方支付
- 網路釣魚

10-1 降低天災與人禍對企業生存之衝擊

　　天災與人禍對任何組織企業，都可能造成致命之殺傷力，造成公司嚴重損失。臺灣電腦網路危機處理暨協調中心（TWCERT/CC），如圖 10-1 所示，成立於 1998 年 9 月，宗旨在防止電腦網路安全危機的發生，協助各系統管理者查覺電腦網路安全漏洞，以期確保資訊安全，建置該網站以提供電腦網路資訊安全（Information Security）訊息，舉辦網路安全之宣導活動等。由此可知，資訊安全在資訊爆炸的今日，已成為資訊管理領域中的重大議題。

　　而今日廣意之資訊安全，也延伸到智慧型手機。2015 年 1 月 1 日，國家通訊傳播委員會（NCC）公布 12 款智慧型手機內建 App 的資訊安全檢測結果，檢測報告指出，截至 2014 年 12 月 31 日上午，受委託檢測手機資訊安全的實驗室都已經回報，有問題的手機，均已修復完成，最遲在 2015 年 1 月初，所有智慧型手機進行軟體更新時，會一併修正相關的缺失。至於先前傳出有資訊安全疑慮的小米手機，也在此次檢測中通過。在檢測的智慧型手機資訊安全分類中，NCC 最在意的就是與個人資料保護法中規範相關的個資資訊，列為第一類最敏感的資料。換言之，智慧型手機業者，不論在傳輸或儲存資料時，都要求相關業者要提供足夠的安全保護機制。手機獨一無二之國際移動設備識別碼，IMEI

（International Mobile Equipment Identification）和儲存在手機 SIM 卡中的國際行動用戶辨識碼 IMSI（International Mobile Subscriber Identity），於檢測時，則列為第二類敏感資料。IMEI 號碼之取得，於智慧型手機鍵盤上輸入*#06#即可，該號碼在全世界是獨一無二的。

圖 10-1　臺灣電腦網路危機處理暨協調中心(TWCERT/CC)
(資料來源：https://www.twcert.org.tw)

　　正因無所不在網路（Ubiquitous Networks）的普及，有不少人在上網瀏覽網站時，會不經意地下載一些免費的免費軟體（Freeware）、分享軟體（Shareware），或開啟一些來路不明網站中的某些檔案，結果造成瀏覽器之首頁被綁架，或是每次開機之後，就會不斷地被開啟很多的廣告。此時，你的個人隱私（Personal Privacy）應該已經有某種程度的被入侵，而廣告軟體（Adware）就是一種常見的間諜程式（Spyware）。而如果個人電腦或企業主機被植入木馬程式（Trojan Horse），則該程式就會側錄你所有上網的帳號與密碼、信用卡資訊，進而主動將竊取資訊販賣給第三者，有心人士便可隨即犯案，資訊安全之迫切性，已經是組織企業之燃眉之急。

　　在 COVID-19 肆虐全球之時，各組織企業均開始居家辦公（Work From Home, WFH），視訊工具之使用佔有相當地位，但是如果您下載來路不明之 APP、電動玩具，在安裝之過程中，極有可能被植入特洛伊木馬（Trojan Horse）程式，它是一種後門（Back Door）程式，是駭客（Hacker）用來盜取其他使用者的個人資料，甚至是遠端控制對方的電子裝置而加密製作，然後通過傳播或者騙取目標執行該程式，以達到盜取密碼等各種資料等目的。和電腦病毒（Computer Virus）相似，木馬程式有很強的隱秘性，會隨著作業系統啟動而啟動，有心人士可遠程起動您筆電/平板之攝影機，甚至進行側錄，個人隱私全都錄，而受害者完全狀況外。

　　美國 EarthLink 公司很早就在市場上，針對 207 萬台個人電腦進行檢測，共找出 5481 萬個間諜程式。換言之，平均每台個人電腦有 26.5 個間諜程式，此一數據，今人咋舌。間諜程式如果沒有發作，就與你和平共處，相安無事，一旦發作，一夕間就可能毀掉一家股票上市之跨國企業。在 2005 年夏天，海棠、馬莎、泰利、龍王接踵而來，重創臺灣。而地球另一端的美國，卡崔娜颱風（Hurricane Katrina）肆虐，造成美南各州慘重災情，百年城市紐澳良，頓時成為人間煉獄。就在卡崔娜颱風肆虐約 3 週，大西洋颱風瑞塔以短短兩個小時內，就從二級颱風增強到最強的五級颱風，朝德州前進，最大風速達到每小時 280 公里，這足以讓一般飛行器起飛之速度，可以將一般民眾或組織企業總部資料中心的無形資產，付之流水。

圖 10-2　2005 年卡崔娜颱風(Hurricane Katrina)肆虐，造成美南各州慘重災情
(資料來源：https://content.fortune.com/)

　　另外，人禍也是資訊安全上相當大的威脅，2000 年恐佈分子攻擊美國紐約市世界貿易中心（World Trade Center）─911 事件，為美國有史以來最大之恐佈攻擊，如圖 10-3 與圖 10-4 為 911 之歷史畫面。以企業經營管理之觀點回顧時，公司客戶之資料，交易資訊內容，以及公司長久以來所累積之經驗與知識管理（Knowledge Management, KM），這些極為昂貴之無形資產（Intangible Asset），隨著人禍之來臨，也化為烏有，有些企業正因為這些無形資產之消失，而面臨倒閉之宿命，根據相關研究顯示，此比率是相當高的。

圖 10-3　美國紐約市世界貿易中心(World Trade Center) – 911 事件

圖 10-4　美國世貿大樓內無形資產付支一炬

10-2 資料備份

　　資料備份（Data Backup）應該是組織企業在降低天災與人禍，對企業生存之衝擊上，最起碼應有之措施。但是資料備份不是將組織企業之資料燒入光碟，鎖在公司保險箱中，就可以高枕無憂。試想，如果發生無法預知之天災，或是組織企業內之成員有意之竊取，結果對組織企業都是極具殺傷力。而資料備份，一般可分為個人資料備份與企業資料備份兩種。而個人資料備份，一般均為專案之承辦人，唯恐自己負責之內容，不慎遺失或資料毀損，自行不斷地以外接硬碟、燒入光碟、或額外複製到時下流行之高容量隨身碟，就怕意外發生到自己身上。相對地，企業資料備份機制，應由組織企業內之 MIS 部門，規劃出一區網路硬碟空間，教導員工不定時以檔案傳輸協定（File Transfer Protocol, FTP）之方式，

將公司重要之無形資產，在雲端網路硬碟上儲存起來，而 MIS 人員更應該每日將資料按星期一～星期五順序，再次備份，以防止歷史資料不慎被人為因素所覆蓋。但是全部如此重要之組織企業之無形資產，如果只是備份在 Intranet 中也是相當危險的，因為沒有人可以保證建築物那天不會塌下來，正因如此，而點出了異地備援（Remote Back-up）之重要性。

10.2.1 異地備援

在臺灣經歷過納莉風災、汐止遠東大樓意外大火，如圖 10-5 所示。在此次大火中，很多中小企業經營者，所有文件及業務往來，都是透過電子檔案的方式，儲存在資訊系統中，一場無名大火，燒毀很多中小企業多年的心血。在重建過程中，他們更想確保辛苦累積開發新產品之關鍵技術（Know-How）及相關文件等資料的安全，更突顯出資料備份採異地備援的急迫性，也進而使得異地備援，成為今日組織企業關心的電子化議題。

圖 10-5　汐止遠東大樓意外大火 (資料來源：http://www.twce.org.tw)

在一片 e 化的熱潮中，異地備援，已成為企業主不能忽略的一項 e 化投資項目。很多國內相關業者，以高速網路骨幹（Network Backbone）為基礎，同步整合軟、硬體供應商的力量，提供企業不中斷以及可彈性成長的資料運用、儲存、備援與配送服務。而異地備援之精神就是將組織企業內所需之資料，分開存放，可讓不同地點之資料，隨時做同步化（Synchronization）動作，於災難發生時，提供即時運作服務，當一地的設備發生問題時，另一地之備援設備可立即接手取代繼續運作。

　　換一個角度思考，異地備援之解決方案是將組織企業所需的電子資料，複製到遠端的另一備援點，可分存放在兩地，並且即時運轉以提供無中斷服務，當組織企業資料因遭遇到天災或人禍時，面臨資料損毀的危險情況，或是在當地的設備發生運轉問題時，另一地建置的備援設備，會立即啟動應變機制，以保證組織企業的正常運作。

　　異地備援之主旨，就是一旦當地資料受損時，可在第一時間點，將遠方（可能不在臺灣本島內）平時備份的資料立刻啟動，防止組織企業服務中斷，以避免營業損失，並確保組織企業 Know How 的完整性。所以異地備援可讓組織企業不論是跨越國界、兩岸三地、甚至未來進行全球佈局，都能將天災或人禍而造成之資料浩劫降到最低，並同時發揮災難復原（Disaster Recovery）與防災之功效，如此一來，組織企業才可談永續經營。

10.2.2　儲存區域網路（Storage Area Network, SAN）

　　組織企業隨著資料指數型大量地成長，為了有效解決資料儲存、管理與保護等相關問題，新一代的儲存技術及應用也相繼出現。組織企業的儲存架構也逐漸向網路化發展，SAN 在此新興領域中具有舉足輕重之地位。而 SAN 究竟為何呢？一般而言，SAN 並不是某特種單一儲存裝置，主要是利用光纖通道（Fiber Channel）與各儲存裝置做連結，連結伺服器、交換器和儲存裝置的一種網路拓樸（Topology）架構。而 SAN 與 LAN 究竟有何差異呢？SAN 和 LAN 一大差異性，就在於 LAN 對伺服器而言，是屬前台（Front-End）的網路架構，而 SAN 對伺服器而言，是屬後台（Back-end）的網路架構。LAN 在架構上依循的是 TCP/IP 協定的乙太網路（Ethernet Network），而 SAN 在架構上則依循在網路上運行 SCSI 指令，取代伺服器及儲存設備之間的 SCSI I/O，藉以達到伺服器與儲存設備間，多對多（Many to Many）的連結。一般而言，大多數的 SAN 均是以光纖通道來建構，架構如圖 10-6 所示。

　　但是，也有部份是利用 iSCSI 或 Infiniband 等基於 IP 的技術來建構的。而以光纖通道技術來建構的儲存區域網路，則稱之為 Fiber Channel SAN（FC SAN），而以乙太網路技術來建構的儲存網路，則稱之為 IP SAN。

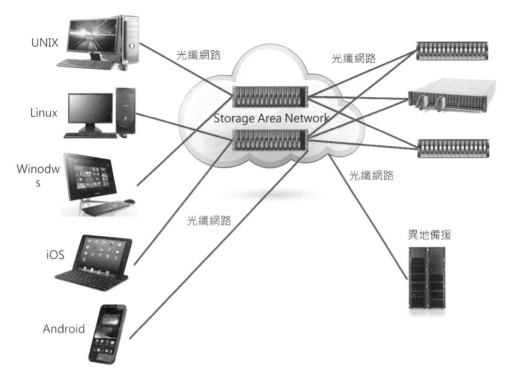

圖 10-6　SAN 之運作架構圖 (資料來源：http://www.sv.wikipedia.org)

　　很多中大型高科技產業，均已有 SAN 或正在籌備建置中，而 SAN 到底有何優勢呢？

- SAN 具有整合伺服器及儲存設備之能力：SAN 可以利用光纖交換器的連結，用以支援伺服器和儲存設備之間多對多的連結，來拆散原來的設備，藉以促進儲存資源的共用性。同時 SAN 利用彈性度高的光纖拓樸連接，可以提高利用伺服器和儲存設備的資源使用效能與效率，如此一來，便可改變舊有儲存設備的管理模式。在昔日，特定的伺服器必須有專門的儲存系統，而由於儲存系統資源分配給單一的伺服器，並不是在伺服器之間共享，以致於造成儲存資源的浪費。舉例來說，一個在網管上常見的問題，就是當某台伺服器的儲存空間不足時，在昔日，解決方式只能在上面加掛磁碟子系統或磁碟陣列（Disk Array），而不能透過網路，利用網路上其他伺服器之多餘的儲存空間，而 SAN 就能達到這一點。

- SAN 具有提昇資料備份服務之可靠度（Reliability）與資料還原速度：SAN 的系統架構可以支援多種容錯（Fault Tolerance）軟體，以降低儲存設備在網路之單一結點故障，而導致資料備份中止發生的次數，並提昇系統的災難復原能力，以提升資料備份服務之信賴度。而光纖通道技術可將備份設備連結至 70.5 英哩（約 120 公里），如此一來，組織企業可利用 SAN

長距離、以 2Gb/s 光纖通道高速傳輸（註：一般乙太網路資料備份還原的速度，採 10／100BASE 規模，遠小於光纖通道之高速傳輸），用 SAN 來佈建即時（Real Time）遠端資料備份和磁區映射（Mirroring）等備份功能，可以真正達到異地備援之使命與功能。

10-3 資訊安全漏洞

資訊安全之漏洞原因可能是資訊系統本身之問題，例如：作業系統（Operating System, OS）或應用程式（Application Program, AP）在設計上的瑕疵。不過，也有可能是第一線操作人員無意之疏失。如果是資訊系統本身之問題，則作業系統或應用程式提供者，都會提供所謂的 Service Pack（修補程式），開放線上下載。例如：Windows 作業系統就不定時提供 Service Pack 讓使用者下載，只要不時點選如圖 10-7 所示之按鈕，就可為 Windows 8 作業系統，隨時修補資訊安全之漏洞，以避免有心之駭客（Hacker），藉以入侵竊取機密資料，或避免病毒（Virus）之感染。在很多情況下，作業系統沒有安全上的隱憂，但是由於資管人員的疏忽，卻也會造成企業機密大幅外洩而毫不知情，讓競爭對手將您對客戶之報價一清二楚。更危險的是，如果軍事機密，就如此大量地流入敵人手中，那就有動搖國本的災難，絕對不可輕忽。如圖 10-8 所示為系統管理者，不經意地設立 FTP（File Transfer Protocol）帳號，而造成公司內部之機密資料，在網路上門戶大開，無意間洩漏公司資料，報價單竟分享，並裸露資訊於網路上，經本人輔導該公司之後，危機情況已經解除。如圖 10-9 所示為 FTP 號管理不當，亦造成公司重要機密外洩，此種情況，資訊安全之漏洞不在於作業系統，而是系統管理者專業素養仍有待加強。

圖 10-7　Windows 8 中 Update 執行過程

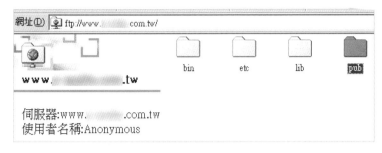

圖 10-8　系統管理者，不經意地設立 FTP 帳號之畫面

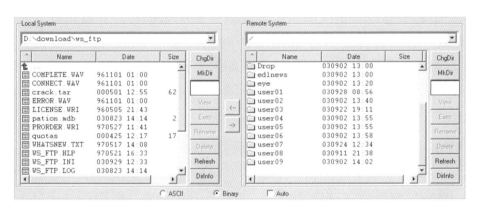

圖 10-9　FTP 帳號管理不當，造成公司重要機密外洩

10-4 資訊安全素養

電腦病毒之防範

　　電腦病毒會可藉由隨身碟連結電腦時，就立刻散佈病毒，或在拜訪某網站時，透過瀏覽器下載到使用者之電腦中，而再透過組織內部之企業內網路（Intranet），而快速地將電腦病毒散佈到所有相關之電腦，造成系統癱瘓、無法開機、電腦當機，資料毀損等嚴重後果。更糟的是，如果組織內員工任意下載並執行來路不明之程式，有可能因此而植入木馬程式（Trojan Horse），則該程式就會側錄（Key Logging）你上網的帳號與密碼、機密資訊，進而主動將竊取資訊傳遞給第三者，如此就造成機密資料，不定時主動透過網路，外漏資料而完全不自知。

　　2018 年 8 月台積電全臺生產線機臺大當機，營收損失高達 58 億元臺幣，創下臺灣有史以來，因資安事件而損失金額最高的紀錄，事件的導火線竟然是安裝工程師一個小疏忽。在台積電新竹一座晶圓廠（Fab）內，有設備安裝工程師，正趕完成一臺新機臺的安裝。晶圓廠幾乎全年天天 24 小時日夜趕工，而這也不是台積電工程團隊第一次安裝新機臺，tsmc 早就制訂了一套標準作業流程（Standard Operating Procedure, SOP），此 SOP 已在各地廠區安裝過數萬臺新機臺。

　　新機臺安裝前，需完成一系列人工檢查作業，但安裝工程師還沒掃毒前，就將新機臺先連上網路，而台積電之電腦機臺供應商也沒有善盡商品資訊安全之把關作業。當工程師將新機臺接上線後，數分鐘內就出現災情，新機臺內藏 WannaCry 變種病毒，開機後自動感染其他機臺主機。一開機完成後，WannaCry 就自動掃描同一網路內，所有機臺電腦主機，發動 EternalBlue 漏洞攻擊，藉由 445 埠（Port）進行感染。在數小時內，WannaCry 便擴大感染至各地晶圓廠。台積電有 Intranet 連結所有在臺之半導體廠，導致 WannaCry 變種病毒快速散播感染到竹科、中科、南科等廠房中，Windows 7 是中毒機臺統一採用的作業系統，所幸在臺灣之晶圓廠與海外晶圓廠間設有防火牆（FireWall），因而阻止了 WannaCry 的境外感染。台積電公開證實產線中毒事件，也坦言部分機臺感染病毒，但否認發生駭客攻擊，並指出部分晶圓廠已經恢復正常運作。

　　台積電一向是臺灣企業資安模範生，嚴格控管的資安措施，更是最佳典範，甚至是業界最高標準之一。就連全球科技大廠執行長，來臺參觀台積電晶圓廠房時，也必須在門口櫃臺寄放手機，筆電貼上封條，完全沒有例外。而如此嚴密資安防護的台積電，竟然也會讓機臺中毒，透過 Intranet，全臺廠房都感染 WannaCry 變種病毒。WannaCry 變種如何進入感染，在當時成了各界熱議的話題。

　　在第一時間，台積電公開出面回應，證實了機臺中毒的消息，但否認是外部駭客入侵。台積電很快控制 WannaCry 變種病毒的感染範圍，並且找到了解決方案，迅速開始修復機臺，讓受影響的機臺恢復生產。而產線中斷最大的影響，就是出貨延遲，台積電預估可以延後到第四季時全數回歸標準。台積電製程設備所用的 OS 是 Windows 7，儘管微軟早已提供了相應的安全修補程式，但是台積電也是經過審慎評估，才進行安裝，目前這些電腦都沒有安裝更新，因微軟之修補程式（Service Packs）已停止更新，如此一來，十分有可能讓病毒乘虛而入。

　　因此，組織企業也要不斷進行修補程式之安裝，讓電腦主機保持在最新的狀態，避免資訊安全之漏洞敞開。組織中之網管人員，應主動告知並教育各單任人員，如果電腦硬碟，在使用者沒有使用電腦之情況下，卻常常在讀取資料，此時很可能有電腦病毒被植入；同時，組織中之網管人員可透過網管軟體，偵測那些電腦時常在發送大量封包（Packets），以找出組織企業中之洩密源頭或造成系統癱瘓之元凶。如圖 10-10 為網管人員可透過網管軟體偵測封包發送狀態之畫面，在該圖中顯示臺灣科技大學，POP3 流量分析統計，而帳號為 m9302123 之使用者，極有可能成為駭客入侵鎖定之對象，在一天中，其連線錯誤高達 1440 次，極有可能駭客使用字典攻擊法（Dictionary Attack）入侵，換言之，以程式使用固定迴圈，不斷以帳號為 m9302123 之使用者，使用擬人法（Personate）方式，

密碼採字典攻擊法，不斷地 login e-mail server，而網管人員可以進一步追蹤其 IP 來源為何，將該 IP 設定為拒絕往來戶，以確保校園資訊安全。組織企業應採行必要的預防及保護措施，電腦病毒偵測軟體，是最基本之配備，並應定時更新病毒程式碼，建立軟體管理政策，規定各部門及使用者應遵守軟體授權規定，絕不使用來路不明之軟體，並不斷地提升員工的資訊安全警覺性。

```
總連線次數: 23606
信件處理總量: 3408783 KB
信件刪除總量: 2924001 KB
信件保留總量: 484781 KB
```

密碼錯誤統計(Top 20)	
錯誤次數	帳 號
1440	M9302123@mail.ntust.edu.tw
289	M9307120@mail.ntust.edu.tw
160	M9103144
87	B9015005
55	M9306010
28	D9313016
13	liaw
8	M9203511
8	M9005404
8	D9105506
7	a9317526

圖 10-10　網管人員可透過網管軟體偵測封包發送狀態之畫面
(資料來源:臺灣科技大學電算中心)

個人資料保護與使用者帳號管理原則

在網路發達之今日，個人資料已經成為有心人士覬覦的對象。舉凡組織企業中之人事資料，在傳遞的過程當中，只要一不留意，即會造成個人資料外洩，讓當事人不堪其擾。所以，組織企業中報廢之數位儲存媒體，均應強制銷毀。當然，在人員的專業操守上，也必須將重要資料，依個人權限，分門別類，定期造冊管理。而在組織企業中，不同層級之員工，均有依其使用權限之應用程式，本人強烈建議對洩漏組織企業商業資訊之員工，採無預警中止使用者帳號策略，當然，如逼不得以要裁員時，要將員工之福址擺第一，加以完善之離職配套措施，但是自組織企業之資訊安全著眼，無預警中止使用者帳號為最上策。而在某些提供資訊安全解決方案的公司，工程師存取公司企業應用程式或資料庫之密碼，甚至是每次由系統自動產生，以簡訊方式通知該工程師，並且在全球任何地方均可收到。

◑ 網路安全規劃與管理

　　組織企業中之資訊中心或 MIS 部門，對此負有重責大任。網路安全規劃與管理，是屬於資訊中心或 MIS 部門之專業，在此不做太多技術面之闡述。一般而言，組織企業中之所有上網 IP 均應造冊管理，而固定之實體 IP，更應特別注意，因為固定之實體 IP 容易造成被遠端監控之對象，例如：被設定成為 FTP（File Transfer Protocol, 檔案傳輸協定）之目標。而無線上網已經成為很多中小企業上網架構之一，所有透過該存取點（Access Point, AP）之所有上網者，均應有其帳號及密碼，絕不可將該 AP 之上網連結模式設為 Default（預設），以免競爭對手使用筆記型電腦、平板電腦、智慧型手機，就可在公司附近，透過該 AP 竊取公司內部機密之報價與客戶資料。組織企業中之資訊中心或 MIS 部門，也應該督導使用者不要輕易地分享任何資料夾，以免檔案透過公司內部之 Intranet，而將公司資料洩漏出去。MIS 部門也應配有網路管理與監控機制之程式，隨時掌握公司資訊之流向與流量，以確保公司之資訊安全。

◑ 電子郵件之安全管理

　　每天接不完的電子郵件廣告，其實是電腦病毒的大溫床，藉由電子郵件廣告的連結，有不少人在上網瀏覽該網站時，會不經意地下載一些免費的程式，或開啟一些來路不明的網站中的某些檔案，結果造成電腦病毒入侵，就容易上演無法存取資料之後果。所以，組織企業中之 MIS 部門應在 Server 端提供過濾垃圾郵件機制之軟體，而使用者也可在 Client 端，內建之垃圾郵件過濾選項，便可在 Client 端設定某些 e-mail 帳號為垃圾郵件寄件者，便可在日後，阻擋一切該帳號所發送之所有信件。早在 2014 年國外的科技媒體就有相關報導，有將近五百萬個 Gmail 的使用者名稱、密碼遭到駭客攻擊成功並遭洩漏，該清單被駭客上傳到俄羅斯的一個比特幣（Bitcoin）論壇，當時俄羅斯網站 CNews 也隨即報導了該消息，這份驚人資料包括至少三百萬個 Email 及密碼，而該組織宣稱約有 60% 的帳號是有效的，且不論前開資訊是否正確，定時更換個人密碼絕對是王道。

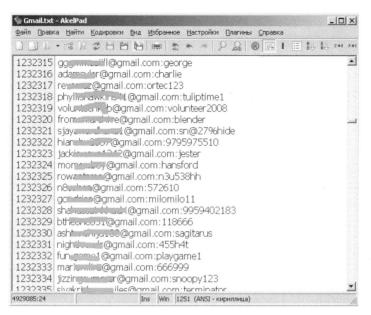

圖 10-11　俄羅斯網站 CNews 了宣稱至少三百萬個 Gmail 密碼被駭客入侵
（資料來源：https://www.cnews.ru）

資訊應用系統之安全性考量

　　隨著組織企業之業務量增加，應用程式之需求也相對提高，而當組織企業的資訊中心或 MIS 部門無暇開發應用程式時，委外（Outsourcing）會是一個可行性方案。但是，很重要的是，組織企業必需嚴選資訊系統解決方案提供者（Solution Provider），一個不小心，公司經年累月所建立之無價無形資產（Intangible Asset），可能因此而落到競爭對手中。保密條款之簽定是一項基本要求，而如需要組織企業之機密資料時，組織企業可以僅提供 Schema（資料庫結構）完全相同之虛擬資料庫，與資訊系統解決方案提供者合作，進行初次系統測試（Pilot Testing）之用，以確保組織企業之無價無形資產，不會因 Outsourcing 而流失。

定期為使用系統之人員進行資訊安全教育訓練

　　MIS 部門應定期為組織企業中之使用人員，進行資訊安全教育訓練，包括有 Server 端與 Client 端之相關資訊安全初級教育訓練，建立員工之資訊安全憂患意識，要該員工負起資訊安全之基本責任，並建立資訊安全獎懲制度，絕不可將所有資訊安全都推給組織企業中之資訊中心或 MIS 部門，如此一來，方可建之一個具有資訊安全之組織企業，避免組織企業因資訊安全破功，而造成倒閉。

10-5 網路安全交易機制

　　COVID-19肆虐臺灣時，政府公告三級警戒，很多人被限制行動範圍，以控制疫情之擴散。因此，在家購物成為常態，宅配服務成為關鍵角色，Uber Eats、foodpanda、宅急便、郵局配送、甚至計程車配送，都加入宅配服務的最後一哩路（Last Mile），有些網路交易，上網者擔心的因素包括有該網路商店是否商譽否良、如買到瑕疵品是否容易退換貨品、金融資訊是否會被竊取及盜用等。本節將針對網路安全交易機制部份，加以闡述。

　　以下為一些較常被網路商店所使用之安全交易的機制，以解決上述的疑慮。根據經濟部產業競爭力發展中心（https://assist.nat.gov.tw/）相關資料指出，如圖10-12所示，為提昇購物網路之信賴度，並建立評量工具及輔導信賴機制，其中在協助網路商店信賴度升級方面，透過加強資訊透明化信賴電子商店之線上稽核，並不定時更新、公布成員資料，使之成為推動B2C電子商務各項機制之基礎成員，以期推動之計畫可以產生擴散暨示範之效果。經濟部商業司在建立網路商店信賴度與成熟度評量上，參考國際相關網路信賴度研究與模型，提供網路商店信賴成熟度評量指標，以期推動民間在信賴驗證措施上，有卓著成效，並能夠服務國內網路商店業者與消費者，藉此推動優質及信賴的網路發展環境。政府電子採購網http://web.pcc.gov.tw/vms/rvlmd/DisabilitiesQueryRV.do可查詢被政府電子採購網核定為拒絕往來之公司。

圖 10-12　經濟部產業競爭力發展中心 (https://assist.nat.gov.tw/)

刷卡時之機密資料會在付款閘道（Payment Gateway）上，而不會在電子商店中，信用卡的相關資訊，電子商店完全無法得知。此一方式，主要是以消費者的角度出發，在購物車結帳區線上刷卡時，避免網路商店經手付款的相關資料，因為消費者會擔心所提供之信用卡卡號、有效截止月、年等付款資料，會被商家盜用的問題。在運作上，消費者無須預先進行任何額外的申請或驗證作業，也不需改變原先銀行、商店及消費者（持卡人）之間的權利義務關係，並可適用於VISA、MasterCard 等各種卡別之信用卡。

信用卡驗證機制相當普及，由於在網路商店上刷卡，只需用卡號，不需簽名，十分危險。各信用卡公司就針對網路商店推出解決方案。VISA 機構完成建置，遂稱之為 VISA 驗證，其網路標章如圖 10-13 所示。

圖 10-13　VISA 驗證之網路標章

VISA 驗證如同信賴付款機制，它也是在安全付款閘道中完成交易，顧客與發卡銀行、店家與收單銀行及收單銀行與發卡銀行，三個相互獨立作業，以達交易之不可否認性。在線上進行 VISA 驗證，會要求輸入預設密碼，以確認使用者身份，一切正確，方可完成交易。VISA 驗證方式，不但保障顧客，而且也保障電子商店，以確保該筆交易的有效性，當然，VISA 持卡人先必須去申請密碼，方能使用，否則還是回歸到使用舊有的機制。此一方式，最主要是達到確保個人金融（信用卡）資訊不外漏，並做身份確認。

線上付款機制不斷地推陳出新，也紛紛標榜其安全機制之卓越性，強調在整個交易過程中，消費者之金融資料絕不會外洩，但是自 MIS 之角度切入，所有IT 技術都會回歸到一個基本面「人」。如果金融機構有人謀不臧，或離職員工挾怨報負，竊取相關客戶資料 則所有之資訊安全之投入均會歸零，而組織企業之資訊安全終究破功。

針對線上付款機制，值得一提的是網路銀行。而何謂網路銀行呢？網路銀行的各項功能都必須先向原持卡銀行申請，才可以使用，其安全性是採用 SSL128位元金鑰加密系統，使用者必須具備有讀卡機、原持卡銀行之 IC 晶片卡，如圖10-14 為讀卡機與原持卡銀行 IC 晶片卡之完美組合，任何網路的交易，其資料傳輸皆經過加密處理，駭客無法透過任何查詢方式或系統程式得知客戶資料。網路

銀行結合晶片金融卡的安全與網際網路便利性，提供您 365 天 24 小時永無中止金融（Non-Stop Banking）服務。目前，手續費比照自動提款機（Automatic Teller Machine, ATM），除跨行轉帳手續費外，其他服務為免費。在早期存錢或領錢等手續，要親自到銀行辦理，後來有了自動提款機，到現在有了網路銀行，網路銀行成了家裡的 ATM，方便又免出門。

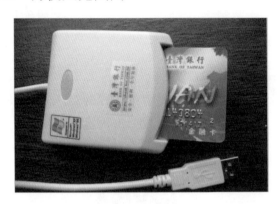

圖 10-14　讀卡機與原持卡銀行 IC 晶片卡

之前曾有出現使用者之電腦被植入木馬程式，盜取帳號轉帳的情況，後來財政部已訓令所有網路銀行業者，一定要有自然人憑證（IC 晶片卡），方可進行非約定帳戶轉帳，所以即使使用者電腦不幸被植入木馬程式，IC 晶片卡不在駭客手中，依然無法進行帳戶轉帳，同時晶片讀卡機是採離線驗證模式運作，只要所有經過微軟 PC/SC 跟 EMV 認證的晶片讀卡機，均符合此種驗證模式，無法在電腦裡面備份。相對地，安全性大大提高。目前國內有提供網路銀行之單位很多，例如：國泰世華銀行、台新銀行、中國信託銀行、台北富邦銀行、匯豐銀行、花旗銀行、荷蘭銀行、臺灣銀行等，連郵局也開辦了！如圖 10-15 所示，為臺灣銀行之網路銀行使用介面；如圖 10-16 所示，為兆豐金控之個人網路銀行使用介面。但現在網路犯罪（Cyber Crime）太恐怖、太猖獗，幾乎所有網路銀行都會要求使用者做好較大金額之約定轉帳設定，以保護存款戶頭內之現金。

圖 10-15　臺灣銀行之網路銀行使用介面

圖 10-16　兆豐金控之個人網路銀行使用介面

10-6 第三方支付（Third-Party Payment）

第三方支付是為了解決「雙方契約無法同時履行」且「缺乏信任基礎」的網路買賣，進而衍生出來的支付方式。例如：網路消費者購物付款後無法馬上拿到商品，或有商品不符合、被詐欺的風險。反過來，網路賣家也有郵寄商品，卻收不到貨款的潛在風險。援此，第三方支付一般指的是非金融機構的業者，以第三方支付機構作為信用中介，並以網路為基礎，透過與銀行達成協議，在消費者、商家和銀行間，建立有效且具交易安全保障的連結，進而實現從消費者到商家以及金融機構之間的貨幣支付、現金流轉及資金結算等一系列功能。藉以保障網路買賣雙方法律權益，並解決相關交易風險（例如：偽造信用卡、跨國交易認證、呆帳等問題）。

第三方支付之優點：方便、快速，提供個人化帳務管理。可提供交易擔保（例如：確認收到賣方的商品後，再請第三方支付業者付款）、可防堵詐騙及減少消費紛爭、可減少個人資料外洩機率。第三方支付之風險：容易成為駭客覬覦目標，導致消費者損失。消費者資金若遭不肖業者挪用或惡意倒閉，則將衍生索償窘境，極有可能成為洗錢防制漏洞。

因應網路金流之需求，第三方支付體系成為非常重要之付款機制。而何謂網路交易之第三方支付服務呢？根據行政院消費者保護會（http://cpc.ey.gov.tw）資料，臚列如下：

1. 第三方支付是指在交易雙方當事人（買方及賣方）間建立一個中立的支付平台，為買賣雙方提供款項代收代付服務。

2. 第三方支付之交易流程為：買方向賣方選購商品後，選擇使用第三方支付服務進行貨款支付；第三方支付服務業者先收受代收款項後，通知賣家貨款收訖，賣家即依買方約定出貨；買方收到商品確認無誤後，可通知第三方支付服務業者付款給賣家，或在符合一定條件後將代收款項撥付予賣家。

3. 使用第三方支付服務的優點及風險分別如下：

   - **優點：** 方便、快速，提供個人化帳務管理；提供交易擔保（確認收到賣方的商品後，再請第三方支付業者付款），防堵詐騙及減少消費紛爭；減少個人資料外洩風險。

   - **風險：** 成為駭客覬覦對象，造成消費者損失；消費者資金遭不肖業者挪用或惡意倒閉，衍生索償窘境；淪為犯罪洗錢？床，成為洗錢防制漏洞。

4. 目前國內可辦理第三方支付服務的業者：

■ **金融機構**：金管會同意辦理網路交易代收代付服務之銀行，計有中信銀、一銀、玉山銀、永豐銀及中華郵政公司等。

■ **非金融機構**：在網路平台上辦理第三方支付服務的業者包含 Pi 拍錢包、歐付寶（O'Pay）、跨境第 e 支付、露天、蝦皮、財付通（Tenpay）等。

另外，第三方支付服務的付款方式有 ATM 付款、信用卡付款及儲值付款等，消費者若要使用第三方支付服務，除了要充分瞭解第三方支付服務業者的契約條款外，也應該評估自我的風險承受能力，慎選付款工具，以保障自身權益。

目前金管會同意辦理網路交易代收代付服務之銀行，計有中國信託商業銀行、玉山商業銀行、第一商業銀行、中華郵政公司、永豐商業銀行及等。在未來，會持續增加相關業者與服務。目前臺灣的第三方支付服務的業者至少包含支付連（PChome_Online 網路家庭）、Yahoo 奇摩輕鬆付（Yahoo!奇摩）、第 e 支付（第一商業銀行）、歐付寶（歐買尬及原綠界科技）、樂點卡（遊戲橘子）、豐掌櫃（永豐商業銀行）、智付寶（智冠）、HyPocket（全球聯網，手機 app）、TWQ 臺灣支付（藍新科技，前身為 ezPay 個人帳房）…等。

立法院院會於 2015 年 1 月中旬，三讀通過電子支付機構管理條例，開放代收代付、儲值、匯款業務，每戶儲值匯款上限 5 萬元；並規定業者提撥設立清償基金。三讀通過條文明定，專營的電子支付機構收受每一使用者新台幣及外幣儲值款項，餘額合計不得超過等值 5 萬元。辦理每一使用者新台幣及外幣電子支付帳戶間款項移轉，每筆不得超過等值 5 萬元。這兩項額度得由金管會洽商中央銀行依經濟發展情形調整。為了避免支付機構違法未將支付款項交付信託或取得銀行十足履約保證，三讀通過條文明定，電子支付機構應提撥基金，設置清償基金。若電子支付機構因財務困難失去清償能力而違約時，清償基金得以第三人的地位向消費者清償。清償基金提撥比率由金管會訂定。如圖 10-17 即為第三方支付服務運作示意圖。

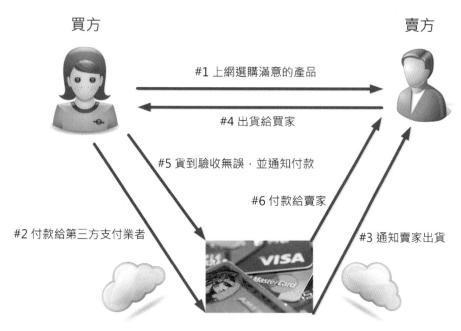

圖 10-17　第三方支付服務運作示意圖

10-7 網路釣魚

　　網路釣魚（Phishing）是網路犯罪模式，而何謂網路釣魚呢？最常見之情況就是有心人士，假造幾可亂真的銀行網站，並透過 e-mail 之發送，告之無辜受害者，他/她的帳號有人盜用，並要求請被害人立即前往該 e-mail 所設定之超連結網頁，更改密碼、提供相關個人資料讓系統，如此一來，偽造的網站，就會馬上透過卡片偽造方式，想盡辦法偷完他/她帳號內的錢。而當被害人指控該網站詐欺時，該釣魚網站早就關閉，被害人也求償無門。網路釣魚網站的存活時間相當地短，但是他們會不斷地轉移陣地，海削被害人一票。如圖 10-18~圖 10-21 就是非常典型的網路釣魚方式，他們透過 e-mail，不斷地在網路上找尋受害者。

> **寄件者:** National City Bank [auto-messageo912408135109?2.nc@nationalcity.com]
> **寄件日期:** 2008年1月25日星期五 下午 5:52
> **收件者:** Ayura66
> **主旨:** National City Bank customer service: safeguarding customer information.
>
> Dear business customer of National City Bank:
>
> National City Bank is committed to safeguarding customer information and combating fraud. We have implemented industry leading security initiatives, and our online banking services are protected by the strongest encryption methods and security protocols available. We continue to develop new solutions to provide our online banking services and their customers with confidence and security.
>
> The added security measures require all National City ConsultNC users to complete on a regular basis ConsultNC Form.
> Please use the hyperlink below to access ConsultNC Form:
>
> http://consultnc.nationalcity.com/banking/procedure.asp?id=21261966010209176007581338744563484168187218058167617
>
> Thank you for banking with us!
>
> National City Customer Support

圖 10-18　典型的網路釣魚方式

寄件者: hsbc.com [csteam.refb2707677908464.bib@hsbc.com]
寄件日期: 2008年2月1日星期五 下午 1:46
收件者: Ayura66
主旨: HSBC Bank Customer Service: Important Notice! (message id: TT0160701845U)

Dear HSBC Bank business customer,

HSBC Customer Service team requests you to complete Business Internet Banking Online Form (BIB Online Form).

This procedure is obligatory for all HSBC Bank business and commercial customers.

Please select the hyperlink and visit the address listed to access BIB Online Form.

http://business-and-commercial.hsbc.com/bibform/formStart?partnerid=BIB064172290944501787704408906394768052205845372270029

Please do not respond to this email.

_____

© Copyright hsbc.com, inc 2008. All rights reserved.

圖 10-19　典型的網路釣魚方式

寄件者: Commerce Bank [messagerobotZK359689526KN.cb@commercebank.com]
寄件日期: 2008年1月25日星期五 上午 1:02
收件者: Ayukr
主旨: Commerce Bank Customer Service: Details Confirmation.

Dear Commerce Bank customer:

Commerce Bank Customer Service requests you to complete Commerce Connections Form.

This procedure is obligatory for all business and commercial customers of Commerce Bank.

Please select the hyperlink and visit the address listed to access Commerce Connections Form.

http://commerceconnections.commercebank.com/cmserver/ccf.cfm?session=031447960060571808802063658383844331229912078529

Again, thank you for choosing Commerce Bank for your business needs. We look forward to working with you.

This mail is generated automatically.

Commerce Bank Customer Service

圖 10-20　典型的網路釣魚方式

寄件者: Citibank [mail_server.id482086455165510CBF@citibank.com]
寄件日期: 2008年2月4日星期一 下午 1:46
收件者: Aytxnio
主旨: CitiBusiness: security alert! [Sun, 03 Feb 2008 23:45:45 -0600]

Dear CitiBusiness customer,

Financial institutions are frequent targets of fraudsters. We have implemented security measures to protect our systems from attack, but increasingly, our customers must also protect themselves.

Our new CitiBusiness Form (CBF) will help you to protect your data from misuse, unauthorized access, loss, alteration or destruction.

You must complete CBF on a regular basis.

Please click on the link below to open CBF:

CitiBusiness Form

This email has been automatically generated.

圖 10-21　典型的網路釣魚方式

學習評量

1. 如果你在上網瀏覽網站時，下載一些免費的影像播放程式，或開啟一些來路不明的網站中的某些檔案，結果造成瀏覽器之首頁被綁架或是每次開機之後，就會不斷地被開啟很多的廣告，請問，你的電腦出現什麼問題？

2. 為何要作資料備份（Data Backup）？如何作才算完善？

3. 何謂異地備援？高科技產業上市公司如何在兩岸三地佈建異地備援，以確保企業之無型資產？

4. 請舉幾個常見之資訊安全漏洞。

5. 何謂網路安全交易機制？你對網路安全交易機制有何看法？

6. 您有遇過網路釣魚的事件嗎？您有馬上意識到那是網路釣魚嗎？請和同學們討論看看。

工業 4.0、工業 5.0

本章學習重點

- 工業 4.0 與工業 5.0 之定義與核心價值
- 智慧製造
- 美國的軟性服務和德國的硬性製造
- 6C vs 6M
- iGDP 在工業 4.0 之意涵
- 創新 2.0 vs 工業 4.0

11-1 工業 4.0（Industry 4.0）之定義與核心價值

　　隨著物聯網（Internet of Things, IoT）的蓬勃發展暨製造業服務化的浪潮推波助瀾，德國工業界明顯意識到未來之生產方式，將以智慧製造（Smart Manufacturing）為核心主軸，它將會是一個革命性的變化，全世界的製造業也會以此為標準，工業 4.0 的概念應運而生。工業 4.0 意謂著以智慧製造為導向之第四次工業革命，人類將以網宇實體系統（或稱虛實整合系統）（Cyber Physical System, CPS）為根基，進而構建包含智慧製造、數位化工廠（Digitalization Factory）、物聯網、服務網路的整合式產業物聯網，藉由資訊通訊技術（Information Communication Technology, ICT）使虛擬模擬技術及機器生產得以相互輝映，實踐智慧工廠（Smart Factory），最後達成整個生產價值鏈（Value Chain）都緊密扣合在一起。

　　網宇實體系統是一個結合電腦運算領域以及感測器（Sensor）和致動器（Actuator）裝置的整合控制系統（Integrated Control System）。在有些應用領域出現似於 CPS 的電子控制整合系統，例如：國家基礎建設、航空、汽車、化學、能源、醫療、智慧製造、智慧交通即時控制和消費者電子產品（Consumer Electronic Product），而前開所提之系統，通常採嵌入式系統（Embedded System）。

一般而言，嵌入式系統比較強調機器的計算處理能力，而 CPS 則更為強調各個實體裝置和電腦運算網路的連結。基本上，CPS 是藉由技術策略完成人類在時間、空間等方面的延伸，為「人、機、物」的完美融合。和傳統的嵌入式系統不同，一個完整的 CPS 被設計成一個結合互動網路的實體裝置，而不只是一個單獨運作的裝置。在不久的未來，由於 ICT 的持續進步，會使得計算和實體單元能夠更緊密的互相結合。正因此，CPS 的自動化、適應性、可靠性、安全性、可用性將會大幅提升，CPS 在工業 4.0 的推動上，扮演著舉足輕重的角色。

而工業 4.0 此一名詞，最早出現在 2011 年德國漢諾威（Hannover）工業博覽會。2012 年底由 Bosch 為首的推動小組向德國政府提出發展建言，並在 2013 年 4 月在漢諾威工業博覽會上正式對外發表，工業 4.0 正式進入人類工業歷程，全世界第四次工業革命也如火如荼地推展。因此，2013 年可謂工業 4.0 元年。如圖 11-1、11-2 為德國漢諾威工業博覽會。

圖 11-1　德國漢諾威工業博覽會現場 (資料來源：www.boschrexroth.com)

圖 11-2　德國漢諾威工業博覽會現場 (資料來源：www.siemens.com)

德國政府將工業 4.0 列入該國高科技策略 2020（High-tech Strategy 2020）綱領中，並列為十大發展專案計劃之一，投入超過 2 億歐元之研究發展經費。網宇實體系統、數位化工廠、智慧製造、物聯網也將成為工業 4.0 發展的關鍵成功因素。未來製造業也將傾全力研發上述三面向之相關技術，藉以大幅下降製造成本、生產效率與效能則明顯提升，進而輕鬆達成生產線產品之多樣化（Diversification）與客製化（Customization/Tailored Made）。

工業 4.0 將如先前之網路環境，將徹底改變人類生活的各種面向。綜觀工業歷史的演進，工業 1.0 以蒸汽動力為代表；工業 2.0 以電氣動力為代表；工業 3.0 以數位控例為代表；工業 4.0 則以智慧製造為代表。

工業 4.0 之核心價值為物聯網之完美演繹，達成萬物互聯之境界，無論是終端消費者、供應商、智慧工廠、生產線、機器、產品等，都將被一個巨大的智慧型網路，環環相連，扣成一體。原則上，此一巨大的智慧型網路將涵蓋網宇實體系統、通訊設施、智慧控制系統、無所不在的感知器、嵌入式終端系統，如圖 11-3 所示。工業 4.0 的到來意謂著物聯網與服務網路將徹底地觸及到工業體系的各個部份，將傳統之生產方式改變為具備高度客製化、智慧化、服務化之全新生產製造模式。

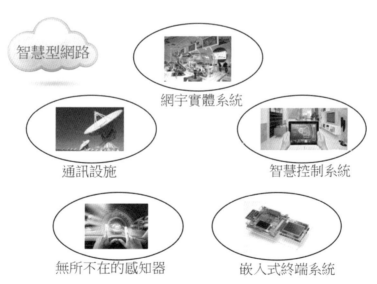

智慧型網路

網宇實體系統

通訊設施

智慧控制系統

無所不在的感知器

嵌入式終端系統

圖 11-3　智慧型網路將涵蓋之範疇

在不久之未來，人類、機器、資訊將會被網宇實體系統無縫連結在一起。換言之，工業 4.0 就是智慧化生產的時代。實體世界與數位世界逐漸結合成一個無所不包的物聯網，而製造業從生產製造轉型為服務製造，進而快速創造出多種的混合型產品，以滿足不同客戶之需求。

自工業 3.0 切入分析,在同一條生產線上,傳統製造業是透過大量標準化生產,藉以降低成本並滿足消費者的需求,但是這種生產方式的最大缺點,就是缺乏靈活度(Flexibility),原則上,只能提供單一標準的產品,無法滿足人們多樣化的實際需求。智慧工廠卻可以生產出千變萬化的客製化產品,近幾年來,隨著網路經濟的發展,製造業又出現客製化產品的生產模式,此一模式雖然可以滿足消費者的需求,但卻因成本高居不下而難以形成規模經濟效應,而智慧工廠卻可以能夠讓一條生產線產出多元化的產品,不僅可快速達成市場佔有率,也將成本大幅降低。

在工業 4.0 的情境下,現場的操作人員,根據不同的客製化需求,輸入至每個產品晶片中,再由生產線上的機器設備,以感應裝置讀取相關的數據,並且根據事先設計好的程式,將生產線自動調整出該產品的製造程序,這樣的方式,大大的解決了上述大量生產與客製化之間的不協調。

在工業 4.0 時代的數位經濟,不是僅靠智慧化的工業生產線即可,還必須要藉由大數據(Big Data)的技術,來讓企業與客戶之間的一切資訊進行最佳化的整合。換言之,誰能掌握客戶和產業的大數據,誰就能夠贏得更多的市場佔有率,也就可以將智慧工廠的技術轉化成現實的經濟地位。換言之,跨領域企業的巨頭結合勢必成為一個趨勢,例如:掌握大數據的 Google 和亞馬遜(Amazon)等美國的網路巨頭,和以智慧型技術見長的西門子(Siemens)企業,可以進行跨領域結合,相得益彰。

Amazon 創辦人傑夫/貝佐斯(Jeff Bezos)早在 2000 年時,成立了藍色起源(Blue Origin)私人太空公司、積極發展軌道運載火箭研發及太空旅遊服務,包括可重複利用(Reusable)的太空旅行載具新雪帕德火箭(New Shepard)、可重複使用的新葛倫重型運載火箭(New Glenn)。2019 年 5 月,貝佐斯還公布了藍色起源的太空願景,並想在 2024 年執行名為藍月(Blue Moon)的登月計畫,準備載送地球人重返月球,歷經多年嘗試努力,設計為垂直起降(Vertical Takeoff / Vertical Landing, VTVL),不受地面中心控制或人類飛行員操作,除了第一次飛行丟失可重複使用的助推器外,其他 15 次試飛任務皆圓滿成功,涵蓋助推器軟著陸和太空艙回收。

新雪帕德火箭將飛至太空邊緣,乘客可以體驗幾分鐘失重感,並透過太空艙的巨大窗戶欣賞地球壯麗景觀,最後太空艙將藉由降落傘輔助,平穩地降落在藍色起源位於德克薩斯州(Texas State)發射場附近的沙漠區。

　　藍色起源已經計畫好，在 2021 年 7 月展開新雪帕德火箭的首次載人商業飛行（Commercial Flight），並開始出售太空艙座位，一次最多可搭載 6 名乘客。傑夫/貝佐斯於個人社群網站 IG 發了一小段紀錄片，向全世界宣告，他將親自成為新雪帕德火箭系統首航的乘客之一，而他的兄弟馬克/貝佐斯將會陪他一起前往太空旅遊，傑夫/貝佐斯感性的說：「這是我此生想做的事」。

圖 11-4　Amazon 之藍色起源 (Blue Origin)
(資料來源：傑夫/貝佐斯於個人社群網站 IG)

　　工業 4.0 更穿越現實世界與虛擬世界之間的界線，將兩個世界徹底結合為一。德國的專家認為第四次工業革命，最主要的驅動力，是一個高度智慧化的產業物聯網，這種產業物聯網靠大數據即時分析技術，以物聯網為核心，舉凡工廠的製造流程、產品協同設計（Collaborative Design）、技術升級、使用者服務等各個環節，都被這個智慧型無所不在網路所環抱。

　　在工業 3.0 的時代，實體經濟與虛擬經濟在發展過程出現了不和諧的現象。網路技術快速的發展，超越了實體經濟的進步，而且虛擬經濟累積的大量的財富，實體經濟難以競爭，因此某些先進國家去工業化的政策，面臨重新檢討，尤其是在 2008 年全球金融全融風暴之時。而去工業化發展模式，無法與網路經濟發展相抗衡，終究需要以智慧製造為根基之無人化、數位化生產模式所取代，換言之，工業 4.0 的思維，不必再將工廠或生產線外移到海外開發中國家，真正解決之道，是將工業 4.0 的智慧生產線留在經濟條件、工業體系更加完善之本國，如此概念

與去工業化發展模式，是有相當大的差別。一個工業 4.0 之工廠具有以下面向之總和：智慧化製造+自動化生產+數位化生產+資訊整合製造，如圖 11-5 所示。

2008 年的全球金融海嘯襲擊，世界各國都紛紛陷入經濟不景氣的困境，但是德國卻仍然保持一定的經濟發展。在先進的國家紛紛將製造業外移之際，德國依然堅持要發展本國的實體經濟，換言之，以先進的製造業跟高科技的相輔相成，來支持德國走向燦爛的未來。因為德國的製造業若不能即時進行新的工業革命，美國的 Google、蘋果、微軟等網路巨擘正不斷地以現有虛擬經濟之強大優勢，拓展企業版圖，當它們一旦演進成為工業製造國的新巨頭，德國不僅會揹負在網路經濟上落後於世界強國的原罪，還可能因工業製造國的新巨頭的崛起，而失去了昔日引以為傲的工業科技。

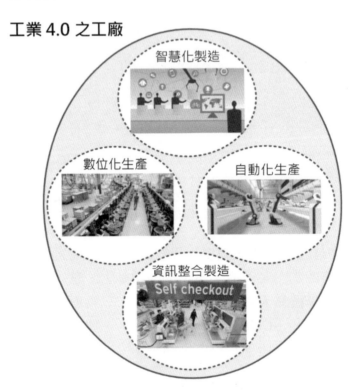

圖 11-5　一個工業 4.0 之工廠具有之面向

11-2 智慧製造（Smart Manufacturing）

　　智慧製造是一個複雜的系統工程，原則上，包含下面幾大元素：製造執行系統（Manufacturing Execution System，MES）、融合虛擬生產與現實生產的物聯網系統、使用智慧型機器人取代傳統工人的自動化生產線、高度智慧化的生產線控制系統等，如圖 11-6 所示，為智慧製造涵蓋之範疇。如果沒有以軟體系統貫穿上述元素，就無法達到整體智慧製造之管理暨決策之最佳化，也就無法打造一個真正的智慧製造系統。智慧製造此一概念，在美國，就是所謂的工業網際網路和先進製造；在日本，就是所謂的工業智慧化。智慧製造不僅是更新原有之生產線，同時還要在資訊通訊技術、物聯網、服務網路，加強力道，以期對製造業進行高階整合和全面性的智慧化改造，目標為涵蓋整個產業價值鏈的系統工程。

智慧製造（Smart Manufacturing）

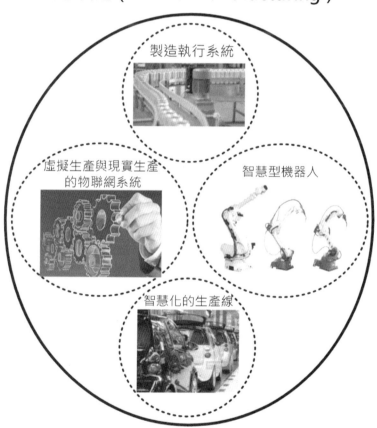

圖 11-6　智慧製造涵蓋之範疇

　　人工智慧物聯網（Artificial Internet of Things, AIoT）的應用，是現在進行式。隨著數位生活與無所不在網路的提升、物聯網（Internet of Things, IoT）應用的普及，加上 AI 技術廣泛應用及 5G 通訊傳輸的商轉與 6G 的布局、使 AIoT 逐漸成為智慧化時代的熱門顯學。AIoT 結合 AI 人工智慧，讓 IoT 技術更人性化，換言之，AIoT 具備智慧機器學習（Machine Learning）的特性，可以提供普羅大眾客製化的服務，並透過大數據不斷累積進化，提升解決問題的能力。

　　由於 5G 通訊傳輸的商轉與 6G 的策略性布局，高速通訊傳輸是 AIoT 的最後一哩路（Last Mile）。2016 年底，AlphaGo 興起科技產業的第 3 波 AI 浪潮，高科技產業便致力發展 AI 與 IoT 之結合，換言之，AIoT 即被視為各產業的 ICT 系統之主流架構，各應用領域都將 5G/6G 通訊傳輸，視為 AIoT 成功與否之關鍵成功因素（Critical Success Factor）。5G/6G 與 AIoT 結合後，將可應用在工業、教育、交通、醫療等具備獨立作業需求的垂直應用領域，具體面相涵蓋連接物聯網的自駕車、智慧醫療、智慧生產等應用，現有產業運作模式將有巨大之改變。

　　舉例而言，車聯網應用是目前 5G/6G 高速通訊傳輸與 AI 人工智慧結合，透過 5G 通訊網路、先進感測器、自動駕駛等相關技術，建構出智慧交通網路體系，可有效能與效率的管理，以即時資訊提高道路使用效率，並避免交通壅塞或交通事故發生之機率。車聯網在針對駕駛遠程監控、車輛狀況分析、配送路線導航、車輛失竊追蹤等面向，具有指標性的產業超前部署。

　　經濟醫療應用則可結合區塊鏈（Blockchain）、自動化（Automation）、雲端服務（Cloud Services）的科技結合，經系統性整合後以放大醫療資源，藉以增加醫療體系的作業效能與效率，尤其在 COVID-19 肆虐全球之時。

　　醫療產業則可結合 AIoT 的技術於相關醫療體系，在未來醫療院所將朝向個人化醫療的方向發展，將涵蓋遠距醫療、經濟醫療、生態圈醫療、精準和預防醫療等面向。就遠距醫療而言，藉由 5G/6G 高速通訊傳輸，利用遠端監控的技術，讓臺灣高品質的醫療服務，更能深入偏鄉地區，為銀髮族群或是不良於行的患者，提供更完善與即時的醫療服務。雲端數據管理在醫療產業應用，是 AIoT 應用突破了地域限制（Gepgraphical Limitation）的先天條件考量，當所有病歷資料都能上傳到雲端，在不違反個人資料保護的原則下，醫療專業人員即能隨時存取需要的病歷資訊，超前部屬相關醫療資源，提升產品醫療服務產業之品質。在 COVID-19 肆虐全球之時，遠距醫療（Telmedicine）也逐漸普及並為大家所接受。

由於 ICT 與物聯網大量的結合至我們的生活與工作之場域中，根據相關研究顯示，2025 年物聯網在全球產之值預高達 11.1 兆美元。國內的鴻海科技集團在 ICT 與物聯網有相當大的著墨與研發成果，鴻海科技集團也早自 2013 年起，即展開轉型之路，以工業物聯網（Industrial IoT, IIoT）為重心，在 2015 年設立富士康工業互聯網公司（Foxconn Industrial Internet, FII），其核心價值在於不只要打造集團內智慧工廠（Smart Factory），更要為外部企業提供整合性自動化、高傳輸性網路化、跨平臺性資訊化，並以大數據為基礎的全方位科技整合服務，包括工業物聯網、機器人、精密工具、智慧型通信網路設備、無所不在雲端服務設備。相關文獻研究指出智慧工廠具備五大關鍵特徵：具聯網能力(Connected)、具最佳化（Optimized）、具數據透明（Transparent）、具預測性（Proactive）與具敏捷性（Agile）。關燈（Lights Out）工廠與機器人（Robot）大軍，早已在鴻海科技集團中實踐。

11-3 日本的工業智慧化構想

根據相關的統計資料顯示，在日本工廠中，平均每 10,000 名的工人，有 306 個機器人；在韓國工廠則為 287 個；在德國工廠則為 253 個；在美國工廠則為 130 個；而目前在中國，只有大概 21 個。而日本的工業 4.0 構想則有別於德國、美國之規劃。日本的工業智慧化構想則延伸了以往對於無人工廠（Lights Out）之憧憬，很明顯地，這和日本高齡化社會有密切之關係。日本要打造的工業 4.0 無人工廠，需要多種先進技術之整合，而這些技術則涵蓋了彈性製造（Flexible Manufacturing）以達客製化之需求、智慧型機器人即時控制技術、生產安全即時監控技術、機器設備與各零組件即時運作狀況之監控技術等。

相關資料顯示，全球自 2017 年開始，工具機產業（Machine Tool Industry）市場開始迅速蓬勃發展。由於汽車工業、運輸行業的需求持續增加，美國工具機產業也快速成長，又因工業 4.0 的導入，美國工具機產業交出亮眼之成績，高生產率、高品質、高人機互動、低產品生命週期、快速回應、均是亮點。機械製造是美國製造業中，經濟規模最大也是競爭最激烈的行業之一。美國 2018 年資本設備出口總額為 1,410 億美元，而歐盟是美國機械製造商的第三大市場，僅次於加拿大和墨西哥。對美國而言，在全球機械市場的主要競爭對手，包括中國，德國，日本和義大利（數據來源：https://www.tmba.org.tw/proimages/美國智慧機械產業資訊）。

11-4 美國的軟性服務和德國的硬性製造

　　相對照下，美國的軟性服務和德國的硬性製造，相互輝映。儘管美國採用工業網際網路的概念來詮釋工業 4.0，但這和德國的基本理念是一致的，也就是把虛擬的網路經濟和實體的製造業整合為一，並推動製造業的智慧化升級與商業模式革命性的改變。不難看出，德國工業 4.0 的策略更著重在硬性製造，並以智慧製造與智慧工廠為核心，在此基礎上發展出物聯網、服務網路、智慧城市等相關計畫。自客觀條件分析，美國的製造業在技術上並不亞於德國，但美國主要的問題是工廠因為本土勞動成本的上升而必須將工廠外移到海外，導致製造業難以增加本土的就業機會。相對的，德國並沒有像美國，有出現製造業空心化的現象。不容諱言，貫穿虛擬、現實世界之關鍵技術在於網路科技，而美國的矽谷正擁有獨步全球的相關技術，這是美國在邁向工業 4.0 時一個很大的競爭優勢。前美國總統川普更是強調美國製造（Made in America），讓製造業回流美國本土，創造本土就業機會。2018 年 6 月底，美國前總統川普與鴻海前董事長郭台銘先生，進行富士康在美國威斯康辛州（Wisconsin State）LCD 工廠動土儀式，如圖 11-7。

圖 11-7 (資料來源：風傳媒 The Storm Media)

　　在工業 4.0 環境下，每項產品從原始設計、量產、彈性化生產組裝、智慧型配送、服務銷售等環節中，產生之所有數據，均會被忠實的記錄下來，儲存在雲端大數據資料庫中，這些資訊最終會回饋到企業的相關單位，再透過雲端大數據資料庫中心挖掘出使用者潛在的消費傾向，以修正產品生命週期（Product Life Cycle）中各階段可以改良的部份，並調整生產過程之決策製訂。德國的智慧生產線的優勢是智慧型機器人與植入產品標籤的智慧晶片整合運作，而美國智慧生產線的優勢則是工業大數據和相關配套資訊系統之整合。

11-5 6C vs. 6M

　　工業 4.0 所延伸的新商業模式有幾個特徵，涵蓋有虛擬生產與現實生產、一體兩面的網路化製造、藉由工業物聯網（Industrial IoT）與智慧工廠直接連結的自我組織適應性強的物流系統、終端消費者可以全程參與生產線的全方位客戶製造工程。工業 4.0 所延伸的新型的商業模式，不僅會單單影響一個公司的發展，還會推動整個商業網路價值鏈的重新組合，這就意味著每一家工業 4.0 企業，都必須重新思考新商業模式所帶來的衝擊，進行最優質的產業佈局。

　　相關研究也指出，工業 4.0 包括大數據的 6C 系統及製造業的 6M 系統。由於 6C 與 6M 之結合，可實現智慧工廠內部的水平、垂直資訊之整合、供應鏈與客戶端的資訊無縫連結。製造業的 6M 系統，是製造生產過程的資訊化與自動化，透過系統整合，將整體生產製造流程，達到自動化與最佳化。

6C 之範疇

- Cloud（雲端）：雲端運算的普及配合大數據的運作，透過雲端運算，可以達成企業快速回應機制。

- Connection（連結）：在物聯網的時代裡，萬物相連、互相牽制。

- Cyber（虛擬網路）：在虛擬世界的環境裡，虛擬環境所產生的經濟規模可能遠大於實體產業。

- Community（社群）：透過社群網路、網路 2.0/3.0 的方式，可匯集群眾的力量，來達到預知潮流的趨勢。

- Content（內容）：豐富的內容，透過物聯網連結，資訊更加透通。

- Customization（客製化）：客製化的方式是讓顧客滿意的最佳方式之一，在工業 4.0 的環境裡，可以使用彈性製造方式，以少量的生產線，生產多樣化的客製化產品。

6M 之範疇

- Material（材料）：根據物料需求規劃（Material Requirement Planning, MRP），而產生產品所需要的最小耗材，並透過智慧供應鏈管理達到生產流程運作最佳化。

- Method（方法）：針對所開發之產品，以自動化產生製程，並進行最佳化。

- Machine（機器）：機器與機器（Machine to Machine, M2M）透過物聯網，可以直接溝通，而不需要透過人為力量的介入，藉以提升效能與效率。

- Measurement（**測量**）：全面品質管制（Total Quality Control, TQC）的落實與即時生產過程的監控，以確保高品質產品。

- Model（**模型**）：根據所要生產的產品，產生電腦化的模擬系統，可進行生產流程微調。

- Maintenance（**維護**）：機器與雲端資料庫之間，可以透過物聯網直接對話，當錯誤產生時，可進行智慧型即時自我修復功能。

11-6 iGDP 在工業 4.0 之意涵

　　iGDP 是指網路相關產業對國內生產毛額（Gross Domestic Product, GDP）的貢獻程度，如圖 11-8 所示，根據麥肯錫全球研究院指出，2012 年，德國 iGDP 為 3.2、美國為 3.8、英國為 5.4、臺灣為 5.4、日本為 4.0，這意味著網路經濟在美國、英國、臺灣、日本，iGDP 的比重已經超越了德國，而 2008 年的全球金融海嘯證明虛擬經濟的脆弱性，去工業化後的衝擊，也相對地浮現在以上國家，雖然網路經濟可能成為某些國家經濟發展的重要因素之一，但是也證明有些國家重網路經濟行銷，而輕忽產業技術根留國內的現象，而此一因素，也正是德國、英國、美國、日本等相繼宣布第四次工業革命的重要性的原因之一。

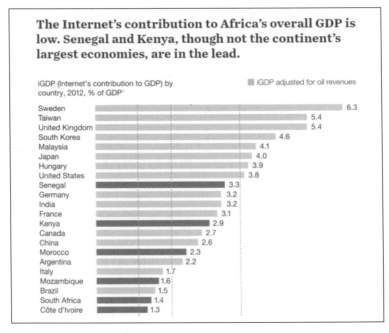

圖 11-8　2012 年 iGDP 相關資料表 (資料來源：http://www.mckinsey.com/industries/ high-tech/our-insights/ lions-go-digital-the-internets-transformative-potential-in-africa)

一般而言，具工業 4.0 之工廠，具有以下特色：

■ **智慧化製造**：相關之感測器與價值鏈，會即時回饋給製造系統，進而驅動相關生產設備，完全不需人力介入。

■ **自動化生產**：使用具有人工智慧之機器人，搭配相關之自動化設備，以達成彈性化製造，不僅產品可以個性化，還可壓低單價。

■ **數位化生產**：依產品之特質以及相對應之製程，由事前規劃好之軟體系統產生相關製程之工作模式。

■ **資訊整合製造**：整合消費者前臺所收集之資訊、供應商即時現況、後臺工廠製程之需求，以達到虛實合一的境界。

根據美國商業部/經濟分析局（Department of Commerce/Bureau of Economic Analysis）之相關資料顯示，數位經濟（Digital Economy）在 2017 年占美國 GDP 6.9%，如圖 11-9 所示。

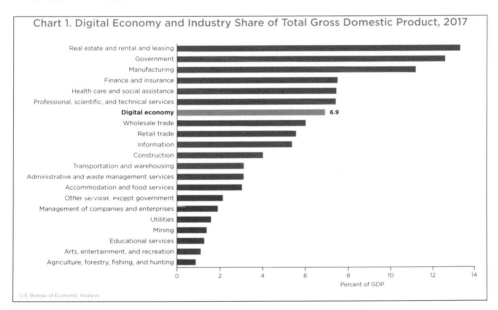

圖 11-9　2012 年 iGDP 相關資料表
(資料來源：https://apps.bea.gov/scb/2019/05-may/0519-digital-economy.htm)

11-7 創新 2.0 vs. 工業 4.0

　　創新 2.0（Innovation 2.0）之應用，可以讓人們瞭解因 ICT 發展給社會帶來深刻影響而引發的科技創新模式的改變，換言之，即面向知識社會的下一代創新。創新 2.0 是自專業科技人員實驗室所研發出科技創新成果之產出，使用者自以往被動式使用而轉為使用者直接參與共同創新平臺，以達技術創新成果的研發，並進一步加以推廣應用的全部過程。廣義而言，創新 2.0 的範例，包括 Web 2.0/Web 3.0、開放程式原始代碼、自由軟體等。由於 ICT 快速地發展，促使科技創新模式巨大的改變，一般大眾可以在知識社會條件下直接參與創新過程，以使用者為中心的創新 2.0 模式，將帶給我們全新科技創新的發展，更廣闊的視野和更高的原動力。

　　創新 2.0 之主旨，也是鼓勵所有人都能參加創新，利用 ICT 所構建之知識平臺，以社會實踐為舞臺，邀集群體智慧之加入，如果創新 1.0 是以技術為出發點，創新 2.0 就是以人為出發點，並以人為本的科技創新。由於物聯網的發展，為創新 2.0 提供必要的基礎設施，在物聯網的助力下，使用者將政府單位、相關產業、研究機構，共同進行技術創新，而第四次工業革命的到來，將進一步促成社會群體的創新能力與智慧製造。憑藉 ICT 的物聯網，將會讓使用者與智慧工廠融合為一，希望能讓每個創意都能夠轉變成技術創新，並彰顯成果。在創新 2.0 的時代，其核心理念就是以使用者為中心，透過開放式平臺與知識共用，達成社會各個領域的創新活動。

　　現在完全由機器人自動運作的智慧生產線，已經在少數的國家的工廠中實現了，這意謂著工業 4.0 勢不可擋。工業 4.0，追求客製化生產和個性化消費，並將虛擬世界、現實世界合而為一。然而在工業 3.0 時代，若使用者要參與設計，意謂著使用者要先把需求先告知企業的產品設計師，設計師再將設計圖交給工廠相關人員。而工業 4.0 時代的消費者，可以直接將需求下達給智慧工廠的機器人，在設計階段就能夠完全按照自己的客製化需求，來訂製自己想要的客製化產品，並且透過智慧型網路，視覺式地參與整個設計、生產、組裝、配送的流程，達成與智慧工廠全程無縫隙的溝通。工業 4.0 策略的主題之一，就是要把傳統的集中式控制生產模式，轉變成為分散式增強型控制的生產模式。在過去傳統生產模式，是由企業決定產品的規格，這種舊思維將會逐漸被消費者決定產品規格之智慧生產模式所取代，這對於企業和消費者而言都是革命性的思維改變。

之所以會如此改變，正是因為網宇實體系統將虛擬世界與現實世界合而為一，工業 4.0 時代的智慧工廠，成為消費者可以從產品設計的最前端，一開始就參與整個產品生命週期的活動，工業 4.0 之智慧工廠，有如一座透明工廠，每個環節均可以透過系統軟體呈現，輕鬆清楚掌握。

智慧工廠透過數據交換來實現人、機器、資訊之間的溝通，也是連結人、機器、資訊的最主要平臺。人、機器、資訊一體化後，將與生產化搭配，成為智慧化生產的一體兩面。我們來看一個虛擬世界與現實世界融合為一的商業模式：有位搭捷運的年輕人，用手機掃描牆上的 QR Code，直接在手機上下單，使用手機付款，購買 5 件個性化 T-shirt，並且直接將手機內的相片，當作 T-shirt 製作素材，上傳到智慧工廠。智慧工廠接到訊息後，依該年輕人手機定位之處，找尋最近的生產工廠，開始生產線上所有相關運作，該年輕人透過網路虛擬工廠的呈現，掌握了製程的進度，也可自虛擬工廠的模擬軟體得知產品的外觀，也可透過軟體的呈現，得知 5 件個性化 T-shirt 將被快遞公司宅配到府，該年輕人可滿心歡喜地在家等候產品，在此期間，也可透過智慧型手機精準掌控迅速宅配到府的時間。智慧工廠的作為讓消費者有了全新的體驗，而這點也正是網路經濟的核心。整個產品的生命週期，將透過虛擬視覺化技術與無所不在智慧型網路，完整的呈現在消費者的眼前。因此，企業在未來如果做不到上述的情節，就會被不斷被翻轉的商業模式擊敗。

第四次工業革命的到來，人類將進入高度智慧化生活的紀元，所有相關的應用領域，都會被納入工業網際網路體系中，虛擬網路經濟不再獨立於現實世界之外，而會與現實世界完全融合為一，從線上到線下（On-line to Off-line, O2O）、世界的地極到另一端，沒有虛擬網路經濟與工業 4.0 涵蓋不到的地方，人類生活方式將被徹底顛覆。

未來的工業 4.0 計畫，其生產形式會以具高度靈活度之智慧生產線，以滿足大量個性化生產之需求，同時又能確保大量生產的高效率。此外，網路世界的客戶和企業的合作夥伴，將會廣泛現參與整個業務運作、生產流程、價值創造的過程。而工業 4.0 的智慧生產與高品質、快速回應的個性化服務，將被整合至整個網宇實體系統價值鏈中。美國與德國在科技領域之成就是有目共睹的。美國政府提出確保美國先進製造領先計畫（Ensuring American Leadership in Advanced Manufacturing），讓美國工業界，重新定義生產價值鏈，再次出發。美國所提出之計畫與德國工業 4.0 主軸不同之處，是美國將第四次工業革命的核心，定位為結合製造與服務為一體的工業網際網路。

美國奇異（General Electric, GE）公司擁有強大的科技實力並採取多元化的經營策略，在眾多領域中都具有領先的地位。奇異具有厚實的技術根基，也掌握多數產業的行銷管道，奇異要實現工業網際網路，是指日可待的。美國奇異公司所提出的工業網際網路，與德國人的工業 4.0，是殊途同歸的。奇異認為工業網際網路藉由大數據之成熟技術，來取得使用者資訊，再用智慧軟體分析其消費傾向，進而精準的掌握其個性化需求，因此，精準的客製化生產與行銷，可避免資源浪費，進而降低生產成本。美國也把發展智慧工廠視為工業網際網路的一個重要面向，美國未來的智慧工廠設備與產品，可以藉由物聯網自動進行即時溝通，然後將相關數據上傳到企業的雲端平臺,透過雲端運算,可以快速發現問題所在，並即時提出最佳化的解決方案，提升智慧工廠效能與效率。

美國工業網際網路可結合產品生命週期管理系統，產品的設計階段、組裝過程、行銷管道、回收作業等過程，都可透過網宇實體系統，將數位世界與現實世界結合為一，如此一來，就打破企業和客戶之間的藩籬，這將使企業的營運效率大大的提升。換言之，美國的工業網際網路策略，致力於模糊智慧（Fuzzy Intelligence）與機器的邊界，目地是整合於一體。

德國向來以精實的硬體製造能力，傲視全球，而網路經濟發達的美國，則著重發展軟體開發、智慧網路、大數據分析的軟性的服務能力，德國人的著眼點在於智慧製造等工業領域，而美國人的工業網際網路，則是利用網路技術來翻轉工業領域的傳統模式，兩國的發展重點雖不同，但殊途同歸。在未來，不論美國的工業網際網路或德國工業 4.0，工廠的生產流程將透過可透過虛擬成像技術，呈現在各種行動裝置，使製程變得視覺化與可控制化。

在歐洲，發展網路產業的重要障礙之一，就是網路速度相對較慢，且普及化也相對較低。目前韓國的高速頻寬普及率約為 95%，而德國大概只有約 74%。由於網路基礎建設仍有相當之改進空間，以致於歐洲在網路經濟競爭中落後美國，甚至也可能被新興的中國所追趕。工業 4.0 的思維是翻轉全球製造業的浪潮，未來智慧工廠之生產將落實具效能、效率與高彈性度的大量個性化生產，並以低成本達成上述之目標與縮短產品上市時間。消費者可以大量參與並享受個性化訂購之樂趣，並可與相關機器互動，真正感受到整個產品生命週期與生產流程。

11-8 工業 5.0（Industry 5.0）

當全球組織企業汲汲營營地佈局工業 4.0 的時候，隨著人工智慧、工業物聯網（Industrial Internet of Things, IIoT）、感知器之大數據、5G 時代的來臨，更多的組織企業已經著手於工業 5.0 結合本業。無庸置疑，工業 5.0 是一個未來的工廠圖騰。工業 5.0，開宗明義，就是在製造過程中加入更多的人性。芬蘭諾基亞（NOKIA）公司的企業 Slogan 為「Connecting People」與「科技始終來自人性」，事實上，這就是工業 5.0 之精神所在，不得不欽佩 NOKIA 早在多年前，即看到全球組織企業的未來。

完美的人機界面（Human-Machine Interface）一直是全球製造業努力追求的目標，而現在的機器人（Robot）在無人工廠（或稱關燈工廠），已扮演關鍵性之角色。因工業 4.0 強調少量多樣（Small-volume Large-variety）的客製化生產（Tailored-made Production），在這個前提的延伸下，工業 5.0 便會更專注於如何進行真人與機器人之完美結合，真人的創意思維元素介入與機器人忠實地執行結構性與重複性之工作，共同呈現在最終產品的上面，這正是工業 5.0 的主軸。

工業 5.0 實際運作的場景，可以詮釋為在關燈工廠中，機器人不斷地揮舞著各種工具進行重複性的生產工作，而真人則在現場監督機器人，是否能夠將真人的創意元素結合在實際運作當中，如此情節已經在全世界各地的工廠裡，慢慢地發生了，因為現今組織企業必須要快速回應（Quick Response）客戶對於客製化的需求與確保滿意度，而透過了人工智慧、工業互聯網、5G、擴充實境、虛擬實境的完美結合，如此運作模式，已經成為組織企業運作的標竿模式，藉以降低成本並提高競爭力。如此一來，機器人負責處理高重複性的結構化業，真人則專注於提高生產流程中其他步驟的價值，落實創意元素之實踐。

協作型機器人（Collaborative Robot），簡稱為 cobot，就是工業 5.0 中之協作機器人。cobot 是一種用於在共享空間內，真人與機器人於近距離內，進行直接人機交互作業的機器人。協作機器人與傳統工業機器人不同之處，在於傳統工業機器人應用中，機器人與人類接觸是隔離的，而 cobot 則是與真人有互動，以共同完成傳統工業機器人無法單一完成之事件。如圖 11-10 及圖 11-11 所示，即為前開敘述之實際應用場景。

圖 11-10 cobot 之運作模式 (資料來源：https://s.wsj.net/public/resources/
images/IV-AA434_NEWTEC_G_20130607113028.jpg)

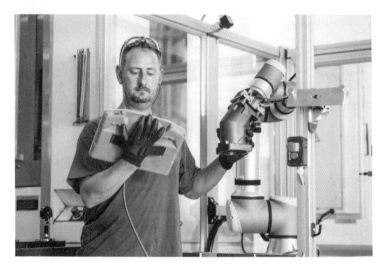

圖 11-11 cobot 之運作模式 (資料來源：https://www.designworldonline.com/
new-ur16e-cobot-designed-for-heavy-duty-applications/)

　　綜觀工業 4.0，如果可以在生產流程中，融入適當的真人創造力思維元素，
共同參與生產流程，自動化（Automation）才能為組織企業落實創新與提升競爭
優勢，因為如果生產流程中只有機器人單一運作，就如同傳統工業機器人的自動
化生產流程，傳統工業機器人只會做被指示要做的事情，這不僅需耗費大量時間
與心血進行相關程式的撰寫，而一成不變之生產流程，勢必缺乏創意元素之結合。
cobot 之價值在於可和真人於近距離一同協同作業（Collaborative Operation）。
Cobot 應用於接手呆板、重複性高、危險性之工作，而真人則聚焦於進行產值更
高的創意思考部分。

因此，在不久之未來，工業 4.0 中之「網宇實體製造工廠」，將逐漸轉變成工業 5.0 中之「人類網宇實體系統」。在工業 5.0 之運作下，真人和 cobot 一起運作之同時，真人可以教導 cobot 完成相關工作，並 cobot 犯錯時加以糾正，形成對 cobot 之系統反饋，透過人工智慧中之機器學習（Machine Learning），cobot 可修正未來處理類似事件之原則與方針，正因此，相關文獻則使用『數位雙胞胎』（Digital Twins）來形容上述情節，如此一來，組織企業才能製造出消費者所需的大量個性化（Mass Personalization）暨差異化（Differentiation）之產品，才能於詭譎多變的商場中，維持競爭優勢。

學習評量

1. 何謂工業 4.0？

2. 何謂創新 2.0？

3. 何謂工業 4.0 之 6C 與 6M？

4. 以電動車組裝生產為例說明何謂網宇實體系統？

5. 一個工業 4.0 之工廠具有之面向為何？

6. 何謂智慧製造？

7. 美國的軟性服務和德國的硬性製造有何差異？

8. iGDP 在工業 4.0 之意涵為何？

9. 鴻海之 AIoT 有何傲視群倫之競爭優勢？

2022 管理資訊系統

作　　者：朱海成
企劃編輯：江佳慧
文字編輯：王雅雯
設計裝幀：張寶莉
發 行 人：廖文良

發 行 所：碁峰資訊股份有限公司
地　　址：台北市南港區三重路 66 號 7 樓之 6
電　　話：(02)2788-2408
傳　　真：(02)8192-4433
網　　站：www.gotop.com.tw
書　　號：AEE040200
版　　次：2022 年 02 月初版
建議售價：NT$450

國家圖書館出版品預行編目資料

管理資訊系統. 2022 / 朱海成著. -- 初版. -- 臺北市：碁峰資訊，
2022.02
　　面；　公分
　　ISBN 978-626-324-058-2(平裝)
　　1.管理資訊系統
494.8　　　　　　　　　　　　　　　　110021059

讀者服務

● 感謝您購買碁峰圖書，如果您對本書的內容或表達上有不清楚的地方或其他建議，請至碁峰網站：「聯絡我們」\「圖書問題」留下您所購買之書籍及問題。(請註明購買書籍之書號及書名，以及問題頁數，以便能儘快為您處理)
http://www.gotop.com.tw

● 售後服務僅限書籍本身內容，若是軟、硬體問題，請您直接與軟、硬體廠商聯絡。

● 若於購買書籍後發現有破損、缺頁、裝訂錯誤之問題，請直接將書寄回更換，並註明您的姓名、連絡電話及地址，將有專人與您連絡補寄商品。